マルチレベルモデル入門
● 実習：継時データ分析

安藤正人 著
Masato Ando

Multilevel Model

ナカニシヤ出版

はじめに

　統計学を利用する学問の専門家でもなく，統計学の専門家でもない還暦を迎える老人が本書を執筆するに到った経緯は，奇妙な縁としか言いようのないものである。「たまたま」が三つくらい重なった結果である，と言わねばならないだろう。「たまたま」若い頃，数学に縁のある学問をやっていた。「たまたま」臨床心理学科に身を置いていた。「たまたま」FD委員長として授業評価のレポートを書く必要から統計学の勉強をしていた。もっとも，統計学の本を書く動機としては，「たまたま」というのはふさわしい理由かもしれない。

　同僚の若手の先生方から，継時データを分析するための「マルチレベルモデル（multilevel model）」という分析方法がどのようなものであり，どうすれば実行できるのか調べて欲しい，との依頼を受けたのは2年余り前のことであった。いろいろ調査をした結果，その全貌が明らかになったのは1年程が経過した後のことである。統計学の専門家であればすぐにも答えられたのであろうが，t検定を覚えたばかりの私にとってはまるで雲をつかむような話であった。ほとんど日本語の文献がなかったからである。「個体成長モデル（individual growth model）」「ランダム係数モデル（random coefficient model）」「階層線形モデル（hierarchical linear model）」「混合モデル（mixed model）」等々の呼び名が，ほぼ同類のモデルを指し示していることすら知らなかった。わかってみれば，この分析方法は1980年代に開発されており，2011年の現在では，すでに主だった汎用統計ソフトですぐにも実行できる環境が整っている。それにもかかわらず，この分析方法を用いた論文はあまり書かれておらず，多くの方々がどうすればよいのか途方に暮れておられる。どうしてこのような状況になってしまっているのだろうか。端的に言ってしまえば，一般線形モデルや混合モデルが，統計学を学問の道具として用いている学科・専攻においてきちんと講義されていないからである。依然として，t検定や分散分析などに代表される，平均値の差の検定を中心課題とする統計学の路線にしたがって講義がなされているのである。一般線形モデルと言っても，その実質的な内容である分散分析（ANOVA）や回帰分析（regression），共分散分析（ANCOVA）などの分析方法そのものが，まったく別のものに変わってしまうわけではない。そのため，あまり深刻な問題ではないと受け止められてきたのではあるまいか。ある意味では，確かに大した問題ではないのかもしれない。しかし，一般線形モデルという包括的な理解は，分析方法ひいては研究計画に対して極めて自由な発想を許すものである。この理解が得られないために，多くの可能な分析方法が馴染みのない方法として敬遠され，多くの可能な研究の芽が摘み取られているのであるとすれば，これはゆゆしき事態であると言わねばならない。

　本書は，2010年9月21日に大阪大学で開催された第74回日本心理学会の記念すべきワークショップでの発表を元にして編まれたものである。このワークショップを企画されたのは，私が所属する川崎医療福祉大学の臨床心理学科長である金光義弘教授である。また，マルチレベルモデルを用いた研究の事例を当日発表してくださったのは，同僚の清水光弘准教授，三野節子講師，広島大学の岩永誠教授のお三方であり，特定質問をしていただいたのは日本女子大学の岡本安晴教授と下関市立大学の横山博司教授であった。これらの方々は，いずれも継時データの分析に興味を持っておられる仲間の方々であり，彼らの協力があればこその本書であると言わねばならない。また，個人的には，統計学にまるで縁のない私にこのような暴挙をそそのかした張本人として，本学医療情報学科の田中昌昭准教授の名をあげておかねばならない。統

計学に対する私の疑問をカウンセラーのように忍耐強く聞いてくださり，とりとめもなく毎週のように交わした楽しい議論の中で，統計学についての私の理解が少しずつ深まっていったからである。また，貴重な歴史的資料を教えていただき，数学的な理解に関してもご助言をいただいた，本学医療情報学科の近藤芳朗教授にも，この場を借りてお礼申し上げたい。そして，評価の定まっていない本書に出版の機会を与えて下さったナカニシヤ出版の宍倉由高氏に，深甚なる感謝を申し上げる次第である。最後に，執筆に熱中するあまり，ともすれば憮然としてPCに向かう私をともかくも赦し，見守ってくれた妻に感謝しておかねばなるまい。

　本書の目的は，すでに分散分析や重回帰分析などを用いて研究されている文系研究者の方々に，できる限り煩雑な数学的議論を避けて，一般線形モデルや混合モデルという新しい分析の枠組みを理解していただき，継時データの分析において特に利用価値が高いと思われる「マルチレベルモデル」の解説を試みるというものである。統計学は，あくまで実用の学問であると筆者は考えている。いかに精妙な分析方法であるとしても，自由に使いこなすことができなければ，無用の長物でしかない。付録においてデータおよびSPSS，SAS，Rという代表的な統計ソフトのプログラムを敢えて紹介したのは，是非実際に統計ソフトを動かし，確認していただきたいからである。自らの手で分析を実行してみることで，さらに理解が深まるのではないだろうか。できる限り数学的な議論を避けて分析手法を理解していただく，という目標はささやかな目標ではあるが，過去に多くの人々が目指し失敗してきた目標でもある。本書がこれに成功しているか否かについては，筆者としてはただ祈るばかりである。

2011年3月吉日
安　藤　正　人

目　次

序　章　なぜ「マルチレベルモデル」なのか ———————————— 1

第1章　一般線形モデル・ア・ラ・カルト ———————————— 5

    1-1　一般線形モデルの考え方　　5
    1-2　1元配置分散分析　　8
    1-3　ネストした分散分析　　14
    1-4　2元配置分散分析　　16
    1-5　単回帰分析　　19
    1-6　重回帰分析　　21
    1-7　交互効果を含む重回帰分析　　27
    1-8　高次多項式回帰分析　　30
    1-9　変数の対数変換　　32
    1-10　共通の傾きを持つ共分散分析　　34
    1-11　水準ごとに傾きが変化する共分散分析　　37

第2章　変量効果と混合モデル ———————————— 40

    2-1　1元配置混合分散分析　　40
    2-2　ネストした混合分散分析　　45
    2-3　反復測定分散分析　　46
    2-4　反復測定混合分散分析　　56

第3章　マルチレベルモデルによる継時データの分析 ———————————— 66

    3-1　観測値（データセット）の確認　　66
    3-2　個体の変化と入試形態ごとの平均的変化　　67
    3-3　一般線形モデルによる分析　　70
    3-4　マルチレベルモデルによる分析　　79
    3-5　マルチレベルモデルの応用　　91

    付録A　データセット　　96
    付録B　SPSSシンタックス事例集　　100
    付録C　SASコード事例集　　122
    付録D　Rスクリプト事例集　　145

付録E　n次元ベクトルによる幾何学的説明の試み　160

参考文献　167
索　引　169

『実習：継時データ分析』の分析に用いたデータセットと SPSS, SAS, R のプログラムファイルを収めた zip ファイルを http://www.nakanishiya.co.jp/book/b134864.html　からダウンロードいただけます。

＊本書に記載されている SPSS, SAS, JMP などの社名やソフトウェア商品名はそれぞれ各社が商標として登録しています。本書では，それらの会社名・製品名の商標表示 Ⓡ や，TM を省略しました。

序章　なぜ「マルチレベルモデル」なのか

　時間に伴う変化は自然世界の本質であり，「盛者必衰の理」ではないが，自然的に存在するものはすべて変化を余儀なくされている。では，このような時間に伴う変化の様子を調べるには，どのようなデータが必要なのだろうか。たとえば，体型に性別の違いがはっきりしてくる中学生に対して，体脂肪率の年齢に伴う変化の男女差を研究課題とする場合，ある中学校のある年度の健康診断のデータを使わせていただくことも可能であろう。健康診断では，年齢の異なる多くの生徒たちの体脂肪率が測定されているはずであり，男女それぞれに横軸を年齢（age），縦軸を体脂肪率（body fat ratio）とする散布図を描くことができるからである（図0-1）。このような散布図において，たとえば回帰直線を引けば，年齢と共に1年あたり平均でどの程度体脂肪率が増加するのか（減少するのか）を知ることができるだろう。図0-1によれば，どうやら中学1年生の頃は男子も女子も体脂肪率は20％程度であるが，その後男子はあまり変わらない，あるいはやや減少気味なのに対して，女子はやや増加するようである。この場合，ポイントとなるのは，一人ひとりの生徒は1回しか調査・観測されていない，という点である。このように，各個体に対して1回の調査・観測で集めることが可能なデータを**横断データ（cross-sectional data）**と呼ぶ。横断データを用いても，体脂肪率のような**応答変数（response）**[1] の値の時間的変化を知ることができるように思われる。

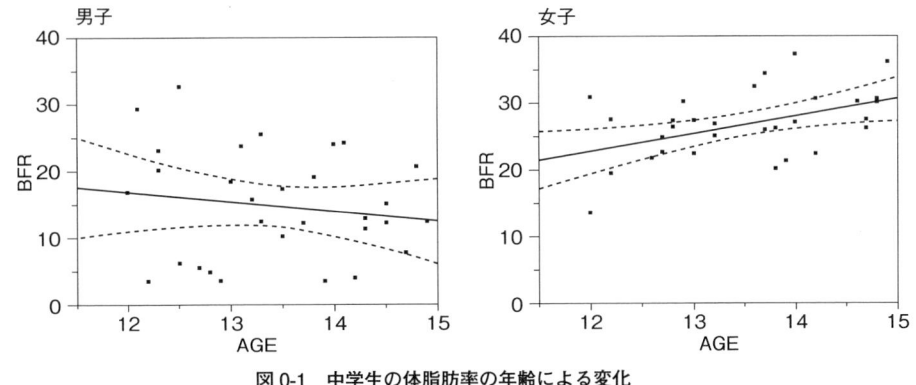

図0-1　中学生の体脂肪率の年齢による変化

　しかし，よく考えてみると，これは少し奇妙である。なぜなら，変化するのは本来個体であるはずなのだが，横断データでは各個体に対して1回しか調査・観測されていないからである。極論ではあるが，可能性としては，すべての生徒の体脂肪率はまったく変化しておらず，2年前の1年生，つまり現在の3年生男子の入学時の体脂肪率は現在の1年生男子より少し低く，2年前の1年生女子の体脂肪率は現在の1年生女子より少し高かったのだ，とも考えられるだろ

---

[1] 応答変数に関してはさまざまな名称が使用されている。従属変数（dependent variable），出力変数（outcome），目標変数（target）などである。本書では，応答変数という名称を使わせていただく。

う。少なくとも単年度の健康診断のデータだけでは，この可能性を実証的（empirically）に否定することはできない。つまり，1回収集されただけの横断データのみによっては，個体の変化であれ，時代の変化（中学1年生の様子の経年変化）であれ，およそ変化について何かを確定的に語ることはできないはずである。少なくとも，複数回の横断データが必要であろう。たとえば，この中学校の健康診断のデータを3年分利用させていただくことができれば，生徒個人が特定されていなくても，各学年が入学したときの様子を確認することができるため，1年生の体脂肪率の入学年度による単回帰分析を行うなど，何らかの仕方で時代の変化を補正することができるだろう。そうすることで，時間に伴う個体の変化と時代の変化を，ある程度分離して取り出すことができるように思われる。しかし，これで問題がすべて解消するわけではない。平均的な12歳の男子・女子の変化は一応推定できるとしても，個々の男子・女子の体脂肪率の年齢による変化は，一体どの程度の範囲に分布しているものなのだろうか。女子は平均的には年齢と共に体脂肪率が上昇しているが，中には下降する女子もいるのだろうか。そのような女子が存在した場合，それは病気とみなすべきなのだろうか。それともよくある現象の1つにすぎないのだろうか。そもそも，個体がさしたる複雑さを持っておらず，物理学で言う粒子のようなものであれば，つまり現在14歳のQさんが現在12歳のPさんの2年後の姿であるとみなしてあまり問題にならないようであれば，1回の横断データを用いても，時間に伴う個体の変化の研究を行うことができるはずなのである。しかし，少しでも実際に調査を行った経験のある人であれば，ただちに，上述の前提は受け入れがたいと感じるはずである。実際，研究に統計学を必要とする分野の学問においては，個体間差が極めて大きいのが通常だからである。したがって，個体間差の程度を含めた本来的な意味での変化を研究課題とする場合には，やはり時間をかけて，同一の個体に対して複数回の調査・観測を実施しなければならないのである。途中でのデータ欠損の可能性を考えれば，このような調査・観測を継続して行うことは極めて困難である。しかし，個体の様子も含めた変化の研究を実施するつもりであれば，同一個体に対する複数回の調査・観測が是非とも必要になるのである。個体に対する複数回の調査・観測によって得られるデータを，縦断データないしは**継時データ**（longitudinal data）と呼ぶ。変化を研究するには，継時データを分析しなければならない。

　昔から，発達心理学など時間的な変化を研究の本来的な対象としてきた分野では，継時データに基づく研究の必要性が叫ばれていた。しかし，適切な分析方法が見つからないまま，いたずらに時を重ねてきたのである[2]。

　先程の例を用いて考えてみよう。研究課題は，12歳から14歳の中学生に対する，体脂肪率の年齢に伴う変化率の男女間の違いである。継時データに基づいてこのような研究を実施するには，実際に複数の中学生（男子・女子）に対して，12歳のときから14歳まで，足掛け3年間の追跡調査を行わなければならない。何回観測するかで研究の精度が違ってくるが，今は最も簡単に，各人に対して，学年ごとに3回観測を行ったとしよう。こうして得られた継時データに対して，どのような仕方で分析すればよいのだろうか。とりあえず，個体ごとに，年齢に伴う体脂肪率の変化をモデル化しなければならないだろう。観測点は3つしかないのだから，通常は直線で近似することになるだろう。つまり，たとえばAさん（女子）の3回の観測データに対して，単回帰分析を行うことになる。結果として切片と傾きという回帰係数の推定値が得られるが，この値はAさんという個人の12歳から14歳までの体脂肪率の変化を特定する値

---

[2] Cronbach, L. J. と Furby, L. は1970年の論文 How we should measure "change" — or should we?, *Psychological Bulletin*, **74**, 68-80. の結論部分において，「増加得点（gain scores）に関する問を立てている研究者には，通常，彼らの問を別の方法で立てるように助言するのがよいように思われる」と述べている。

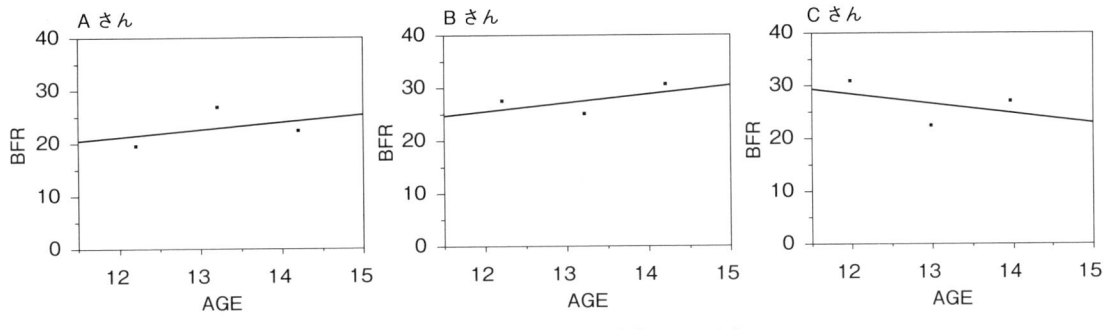

図 0-2 個人ごとの体脂肪率の年齢による変化

である。同様にして，B さんに対しても，C さんに対しても，切片と傾きの推定値が得られるだろう（図 0-2）。C さんはダイエット中なのであろうか。女子ではあるが，体脂肪率が減少している。さて，研究の目標は「体脂肪率の年齢に伴う変化率の男女の違い」であるから，傾きの値を男女の群に分け，それぞれの群の平均値を求めて，2 つの群の間で t 検定（あるいは分散分析）を行えば目的を達成することができるように思われる。極めて自然に思われる以上の分析方法の，どこに問題があるのだろうか。

第 1 の問題は，個体ごとの変化軌跡を求めるために，たとえば A さんの 3 つのデータに対して**単回帰分析**を行ったことに関係している。一般に，回帰分析を行うためには，応答変数の観測値と予測値の誤差が，それぞれのデータごとに独立していなければならない。もし 3 回の観測データが別人のデータであれば，それぞれが独立であることに異議を申し立てる人はいないだろう。しかし，変化の軌跡を求めるためには，定義上，これらのデータは同一個体のデータでなければならない。そうであるなら，それらの間に何の相関関係も存在しないという前提は，容易に承認できるものではないだろう。つまり，変化軌跡を求めるために，個体ごとに単回帰分析を行うのは，明らかに不適切なのである。

第 2 の問題も，**個体ごとに回帰係数を求める**という操作に関係している。たとえば A さんの場合，まず A さんに固有な切片と傾きがパラメータとして母集団に存在するとみなし，その値を推定した後，他の女子の値と平均して，女子の切片と傾きを求めたのであった。性別には男と女しかないのであるから，性別という名義尺度の変数の水準が 2 つであることには何の問題もない。母集団のパラメータとして，男子の切片と傾き，女子の切片と傾きを設定することに，誰も異論はないだろう。しかし，A さんという個体を他の個体から区別するための変数についてはどうであろうか。確かに，個体ごとに体脂肪率の変化の様子は違っていると思われる。しかし，その水準は，はたして今回調査した個体の数だけ存在するのであろうか。とてもそうであるとは思えない。今回調査した個体数は，たまたまの値でしかないからである。A さん独自の切片と傾きは，確率的なものとみなすべきではないのだろうか。女子の切片と傾きを平均（期待値）とし，ある分散を持つ分布から抽出された値ではないのだろうか。従来のパラメータのように，母集団において固定した値とみなされるものの効果を，**固定効果**（fixed effect）[3]と呼ぶ。それに対して，母集団において確率的にふるまうものの効果を，**変量効果**（random effect）と呼ぶのである。そして，固定効果と変量効果が混ざり合ったモデルのことを**混合モデル**（mixed model）と呼ぶ。個体の変化を必然的に含まざるをえない継時データの分析には，

---

[3] "fixed effect" の邦訳としては，「母数効果」という表現が与えられているようであるが，元の英語の表現に馴染んだ「固定効果」という表現を利用させていただく。ご容赦いただきたい。

この混合モデルが必要なのではないだろうか。

　混合モデルでは，確率的にふるまう項が誤差を含めて複数存在することになる。したがって，このモデルに基づいて値を予測するためには，単純な最小2乗法を用いるわけにはいかない。このような困難を，1980年代にコンピュータの発達が解決してくれたのである。つまり，コンピュータの発達により，数値的に混合モデルの問題を解くための反復計算アルゴリズムが考案されたのである。それが**最尤法**（ML: maximum likelihood）[4]であり，**制限最尤法**（REML: restricted maximum likelihood）[5]であった。これらの推定法の数学的な詳細は，本書の射程を超える問題なので，本書では扱わない。ともかくも，これらの推定法が考案されることによって，変量効果を含む混合モデルを数値的に解くことが可能になったのである。継時データの分析で用いる**マルチレベルモデル**（multilevel model）は，この混合モデルの一種である。マルチレベルモデルという名称は，モデルを考えるレベルとして，個体ごとの変化軌跡を求めるレベルと，得られた個体ごとの回帰係数を性別のような全体に関わる予測変数で決定される固定値からの偏差として理解するレベルという，複数のレベルが存在しているからに他ならない。同様の意味で，**階層線形モデル**（hierarchical linear model）と呼ばれることもある。また，個体ごとに変化軌跡を求めるため，**個体成長モデル**（individual growth model）と呼ばれたり，回帰係数が個体ごとに変化するため，**ランダム係数モデル**（random coefficient model）と呼ばれることもある。

　本書の目的は，継時データを分析するためのマルチレベルモデルを紹介することである。しかし，このモデルを理解するためには，一般線形モデルや混合モデルの考え方に慣れておく必要があるのではないか，と筆者は考えている。日本で30年もの間，マルチレベルモデルが特別な人たちにしか利用されず，広く利用されてこなかったのは，一般線形モデルや混合モデルについての基本的な理解が得られていないからではないだろうか。そこで，本書では，やや迂回することになるかもしれないが，基本的な一般線形モデル（第1章）や混合モデル（第2章）の考え方をまず確認することにしたい。そして最後に，それらの知識を基礎として，マルチレベルモデルによる分析方法を紹介することにしよう（第3章）。

　また，このようなモデルを身近なものとして理解し活用するには，実際に統計ソフトを動かし，データを分析してみることが必要であると思われる。お話だけでは，なかなか新しい分析手法を我が物とすることはできないだろう。そこで，本書では，事例としての観測値（データセット）と代表的な統計ソフトであるSPSS, SASおよびRのプログラム事例集を付録にした[6]。実際に統計ソフトを動かし，内容を確認していただければ幸いである。

---

[4] 応答変数の値の独立性と正規性，等分散性の前提が成立している古典的な場合であれば，最尤法は最小2乗法と等価になる。今問題となっているのは，そのような美しい古典的な前提が成立していない場合の最尤法である。
[5] ヨーロッパでは，REMLは残差最尤法（residual maximum likelihood）の省略と考えられている。
[6] Rの利用については，さまざまな制限がある。

第1章　一般線形モデル・ア・ラ・カルト

　数ある統計分析手法の中で，これまでに最もよく利用された方法と言えば，おそらく t 検定（t test）あるいは分散分析（ANOVA：analysis of variance）であろう。要因（factor）と呼ばれる名義尺度の水準（level）によって区別される群ごとの平均値の違いの統計学的有意性を検定する，というその目的の汎用性は，これらの分析方法を極めて利用価値の高いものにしている。ギネスブックで有名なあのギネス・ビール工場における品質管理やロザムステッド農業試験場における収穫量の研究だけではなく，何らかの調査結果を統計学的に検討するとなると，まずは群ごとの平均値であろう。この分散分析の検定力を上げるという目的で，連続尺度の共変量（covariate）[1]を追加して分析する共分散分析（ANCOVA: analysis of covariance）が開発された。他方，回帰分析（regression analysis）は，1つあるいは複数の予測変数（predictor）の値によって応答変数（response）の値を予測することを本来の目的としている。言い換えれば，予測変数と応答変数の間の関係性を明確にするための分析法である。もちろん，複数の予測変数を用いる重回帰分析は，どの予測変数が応答変数に最も大きな影響を与えるかを確認するための手段としてもよく利用されている。以上，統計分析手法の花形的存在である3種の分析方法は，元来別々の方法として開発され利用され発展してきたわけであるが，現在では一般線形モデル（general linear model）という統一的な見地から理解されるようになっているのである。理解の仕方が変わったことで，一体何が変わったのだろうか。

1-1　一般線形モデルの考え方

　一般線形モデルの基礎となる考え方は，回帰分析の考え方である。応答変数を一般に Y，p 個の予測変数を $X_1, X_2, \cdots X_p$ とすると，i 番目の観測値に対する一般線形モデルのモデル式は以下のようになる。ただし，β_j はパラメータ，e_i は誤差（残差）である。

$$Y_i = \beta_0 + \beta_1 X_{i1} + \beta_2 X_{i2} + \cdots + \beta_p X_{ip} + e_i \qquad e_i \sim N(0, \sigma_e^2)$$

　これは，重回帰分析のモデル式に他ならない。X_1 から X_p までの変数がそれぞれ i 番目の値をとる場合，それぞれの値にそれぞれ係数 β_1 から β_p までを掛け合わせたものに定数項 β_0 を加えたものが，応答変数 Y の母集団における i 番目の条件下での期待値であり，実際に観測される値 Y_i は，その期待値から正規分布 $N(0, \sigma_e^2)$ に従う誤差 e_i だけ外れている，というモデルである。通常，重回帰分析の予測変数はすべてが連続尺度の変数であるが，仮に名義尺度の変数であったとしても，各水準をそれぞれ1つの変数とみなし，その水準に属するか否かを 1, 0 で

---

[1]「共変量」という名称は，検定力を上げるための「補助的な変数」という意味で用いられている。今日的な一般線形モデルで考えると，後に示すように，単なる連続尺度の予測変数の1つにすぎない。

表記すれば，連続尺度の変数と同様に扱うことができる，という発見が，一般線形モデルという統一的な見方の基礎となったのである．すなわち，**予測変数が名義尺度の変数である場合が分散分析**であり，**予測変数が連続尺度の変数である場合が回帰分析**である．そして，**名義尺度の変数と連続尺度の変数が混ざっている場合が共分散分析**になる．一般線形モデルという統一的な視点から見ると，たったこれだけの違いでしかない[2]．いずれの場合にも，予測変数の値で応答変数の値を予測（説明）するという枠組みでとらえられることになるのである．個別的な分析方法については，後で個々に例を示しながら具体的に議論するが，最初に一般線形モデル全体に関する共通事項を簡単にまとめておこう．

(1) **線形（linear）**と呼ばれるのは，**パラメータに関して線形**という意味である．

　線形とは1次結合を意味するため，一般線形モデルでは高次多項式や指数関数，対数関数などを用いたいわゆる非線形近似は扱えないのではないか，と考えておられる方がいるかもしれない．これはとんでもない誤解である．一般線形モデルの「線形」とは，パラメータに関して，つまり先程の式で言えば β_j に関して線形という意味であって，たとえば $X_2 = X_1^2$ と考えれば，全体として2次の近似式を作ることができるし，$X_3 = X_1 \times X_2$ と考えれば，変数の積を新たな変数とすることもできる．また，$X_2 = \log X_1$ と考えれば対数関数を扱うこともできる．要するに，予測変数に関しては何の制限もないのである．変数が相互に独立である必要もないし，同一の変数内のそれぞれの値が独立である必要もない．予測変数の値は，応答変数の値を観測するための単なる条件として理解されているのである[3]．

(2) e_i は i に関して相互に独立であり，$N(0, \sigma_e^2)$ に従う．

　通常，一般線形モデルでは，誤差 e_i に対して，いわゆる古典的な前提，すなわち (1) **正規性（normality）**，(2) **独立性（independence）**，(3) **等分散性（homoscedasticity）**の前提がなされている．この前提をさらに一般化して，正規分布以外の分布にも対応できるようにしたモデルは，**一般化線形モデル（generalized linear model）**と呼ばれているが，本書では扱わない．

(3) 推定値は**最小2乗法（the method of least square）**によって求められる．

　一般線形モデルでは，パラメータ（β_j）の値を推定するために，最小2乗法を利用する．すなわち，先程のモデル式において，誤差 e_i の部分を**確率部分（stochastic part）**，右辺から e_i を除いた部分，すなわち，ある予測変数の値を条件として与えた場合の応答変数の母集団での期待値に相当する部分を**構造部分（structural part）**と呼ぶが，確率部分 e_i の平方和を最小にするように，構造部分のパラメータを決定するのである．e_i に

---

[2] 最もスマートに一般線形モデルをパッケージ化していると思われる SAS 社の統計ソフト JMP は，最初に変数の尺度を指定しておくだけで，後はパッケージが必要な分析を自動的に選択するようになっている．ほとんど，いずれの分析方法を利用するかを意識する必要がない．

[3] 予測変数の値が実験計画等によって定まっている場合には何も問題はないが，予測変数の値も観測値であるという場合も少なくない．たとえば，それぞれの人に対して身長と体重を測定した場合，どちらを応答変数とみなし，どちらを予測変数とみなすかは，何が知りたいのかによって決定される．このような場合，応答変数にのみ独立性などの制限が課されるのは，いかにも奇妙である．対称性を考えると，回帰分析ではなく主成分分析をすべきであるようにも思われるが，主成分分析では主成分軸の傾きが相関係数を反映しないため，やはり問題であろう．したがって，通常はこのような場合にも，奇妙ではあるが，回帰分析が利用されている，というのが実情である．

関して前項のような古典的な前提が成立している場合には，最小2乗法は，そのデータセットが観測される確率，すなわち**尤度**（likelihood）を最大にする値を求める**最尤法**（maximum likelihood）と等価である．最小2乗法によって推定された値は，**最良線形不偏推定量**（BLUE: best linear unbiased estimator）になることが知られている．すなわち，応答変数の値の線形結合で得られる不偏推定量の中で分散が最小になる推定量である．最小2乗法が一般線形モデルの心臓部であると言えるだろう．

(4) モデルを観測値（データセット）に**あてはめる**（fit）という形で問題を立てる．

「モデルのあてはめ」という考え方は，回帰分析の場面においては極めて自然なことであるが，群平均の違いの検定を目的としてきた分散分析や共分散分析を実行する場面においては奇妙に思われるかもしれない．しかし，後に詳述するが，一般線形モデルでは，分散分析も，ある群に属するすべての観測値を同一の固定値（群平均）で近似するモデルとして扱われるのである．序章の図 0-1 に示した体脂肪率のデータを，年齢を無視して性別（MALE）だけで分散分析を行うと，図 1-1 のような散布図に似た図が得られる．群平均もまた，最小2乗法によってこのモデルを観測値にあてはめた結果として得られる推定値なのである．したがって，群平均の違いの検定とみなされていた場合とは異なって，分散分析の場合にも，「あてはめの適合度（goodness of fit）」という問題が発生することになる．すなわち，群平均でその群に属するすべての観測値を代表させてそれでよいのか，という問題である．あてはめの適合度を検討するための指標としては，一般線形モデルでは通常 R^2 統計量（R^2 statistics）[4] が利用される．R^2 統計量は，応答変数の観測値の分散の内，どの程度の割合の分散が予測変数によって予測（説明）されたかを示す値として，これまで回帰分析の場合に計算されてきたが，分散分析に対しても同様に計算されることになる．

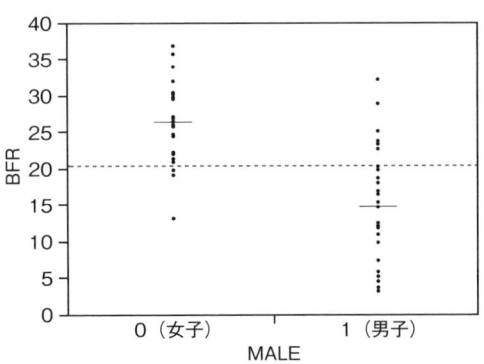

図 1-1 中学生の体脂肪率の男女差

(5) 予測変数については，その**効果**（effect）が検定の対象とされる．

分散分析においては，ご存じのとおり，全体平均からの観測値の偏差平方和が，全体平均からの群平均の偏差平方和と，群平均からの観測値の偏差平方和に分割されていた．前項で述べたように，それぞれの群の群平均を要因の各水準に対応する推定値と考える

---

[4] 分散説明率（proportion of variance accounted for）あるいは決定係数（coefficient of determination）とも呼ばれる．応答変数の観測値と予測値の間の相関係数（R）の平方である．

と，全体平均からの群平均の偏差平方和は，予測変数（要因）によって「予測（説明）された平方和」とみなすことができるだろう。そして，群平均からの観測値の偏差平方和は，予測（説明）されずに残された「誤差の平方和」とみなすことができるだろう。分散分析は，「説明された平方和」と「誤差の平方和」に基づいて，平均平方（分散）の比を算出し，F 検定していたのである。それと同様に，一般線形モデルでは，回帰分析の場面においても，それぞれの予測変数を加えることによって増加する「説明された平方和」，言い換えれば減少する「誤差の平方和」をもって，その予測変数の効果と考えるのである。予測変数が複数の場合の効果については，後に詳述するようにいくつかの考え方があるが，ともかくもこの「説明された平方和」と「誤差の平方和」を基にして，分散分析の場合と同様の検定が可能なのである。つまり，回帰分析の場合にも，予測変数ごとに，その効果についての分散分析が行われることになる。この検定結果は，それぞれの偏回帰係数（β_j）に対して従来行われていた t 検定と，完全に等価である。

　大よその感じは，つかんでいただけたであろうか。分散分析も回帰分析も，また共分散分析も，本質的な点において以前と分析方法が変わるわけではない。解釈が変わったために，見かけが変わったにすぎない。では，一般線形モデルは，単に見かけを変えるだけの化粧法にすぎず，何も実質的なメリットはないのであろうか。それは，とんでもない誤解である。一般線形モデルの視点に立てば，変数が名義尺度であるか連続尺度であるかを気にすることなく，一連の予測変数で応答変数を予測（説明）すればよいのである。つまり，モデルを立てればよいのである。そのモデルを観測値（データセット）にあてはめる場合，どのような分析方法が利用されるかは，あまり意識する必要がない。結果は，分散分析であれ共分散分析であれ回帰分析であれ，同様の形式で出力されるからである。つまり，まったく自由に，予測変数の組み合わせを考えることができるのである。名義尺度2つに連続尺度1つでも構わない。2つの連続尺度にそれらの積を加えることにより，連続尺度同士の交互効果を検定することも可能である。研究の道具として利用される統計手法の自由度は，そのまま研究計画の自由度につながるだろう。ほとんど分析方法について考えることなく，必要な予測変数を自由に設定することが可能になったのである。これほど便利な道具はないのではないだろうか。

1-2　1元配置分散分析

　2つの学部（L, S）にそれぞれ3つの学科 L：(a, b, c)，S：(d, e, f) が所属する大学の共通科目の授業で，それぞれの学科に所属する男女3名ずつ，合計36名の学生を無作為に抽出し，100点満点の「達成度（ACHIEVE）」テストを行ったとする[5]。合わせて，「自主学習（STUDY）」の程度と当該科目についての「興味（INTEREST）」の程度も，10点満点で評価したとする。このデータセットについてしばらく考えてみよう。「達成度」の「学部（FACULTY）」「性別（GENDER）」「学科（DEPART）」ごとの標本平均と平均の標準誤差は表1-1の「標本」のとおりである。

　まずは，学科ごとの達成度の平均に，統計学的に有意な違いがあるか否かを検討することにしよう。何を今さら，と思われるかもしれない。しかし，何事も基本が大切である。「学科」を要因として「達成度」を **1元配置分散分析**（oneway layout ANOVA）すればよいわけであるが，

---

[5] データは付録 A の1を参照。このデータは作られたデータである。

一般線形モデルの手順に従うなら，まずはモデルを構築しなければならない。「学科」による1元配置分散分析〈モデル1.2.1〉のモデル式は以下のとおりである。ただし，学生には学科ごとに1から順番に番号を付けるものとする。そして，j学科のk番目の学生の「達成度」をY_{jk}，「達成度」の全体母平均をμ，全体母平均からj学科に固有の偏差をβ_j，誤差をe_{jk}と表記する。なお，学科数はJと表記する。

$$Y_{jk} = \mu + \beta_j + e_{jk} \qquad e_{jk} \sim N(0, \sigma_e^2) \qquad \langle 1.2.1 \rangle$$

$$\text{ただし，} \sum_{j=1}^{J} \beta_j = 0$$

前節冒頭に示した一般線形モデルの一般式と比較して，Xがないではないか，と疑問を持たれる読者がおられるかもしれない。前節でも簡単に説明したのだが，予測変数が本例の「学科」のように名義尺度である場合には，それぞれの水準を1つの予測変数とし，その水準に属するか否かを表す1，0をその変数の値と考えればよい。つまり，水準がp個ある場合には，$X_1 \sim X_p$というp個の予測変数があり，それらは1か0を値としてとるのである。ところで，学生kについての式を考えると，学生kはいずれか1つの学科（それをjとしよう）に属するのであるから，X_jだけが1であり，それ以外の予測変数は0であることになる。その結果，1元配置分散分析のモデル式は，上記のように表現されることになるのである。つまり，β_jは，厳密には$\beta_j \times 1$なのである。なお，μが前節の一般式におけるβ_0に相当することは，言うまでもない。

さて，〈モデル1.2.1〉のポイントは，β_jが学生kにはよらず，学科jによってのみ変化するという点である。つまり，$\mu_j = \mu + \beta_j$と表記すると，学科jに所属するすべての学生の真の達成度はμ_jというその学科固有の値であり，実際に観測された学生の達成度は真の値の周りにその学生に固有な誤差e_{jk}だけ外れて正規分布にしたがって分布している，というモデルなのである。このようなモデルは，β_jの合計を0とする制約が付くことから，通常**Σ制約モデル** (model with Σ restriction) と呼ばれる[6]。この制約は，$\mu = (1/J)\sum_{j=1}^{J}\mu_j$と等価なので，**群平均の算術平均で全体平均を定義**したことになる。したがって，学科に属する学生数がアンバランスな場合には，μの値は実際の全体平均とは異なった値になることに注意しなければならない。

前節で説明したように，一般線形モデルでは，このモデル式を最小2乗法によって観測値（データセット）にあてはめるのである。すなわち，e_{jk}^2をすべての学生に関して加えたものが最小となるように，μおよびβ_jの値を決定するのである。こうして決定された$\mu_j = \mu + \beta_j$は，学科jの群平均に等しくなる（図1-2参照）。実際，表1-1の〈モデル1.2.1〉を見ると，「全体」「学科」の推定値は，それぞれの標本平均と一致している。ただし，それぞれの標本平均の標準誤差は，それぞれの学科の不偏分散を観測数で除した値の平方根になるため，学科ごとに異なった値になっている。これに対して，一般線形モデルでは，各推定値の標準誤差は，モデルの誤差の平均平方に基づいて決定されるため，すべての学科で共通の値になるのである。実際，表1-2によれば〈モデル1.2.1〉の「誤差」の平均平方は20.050であるが，全体の観測数は36，各学科の観測数は6であるから，全体平均の標準誤差は$(20.050/36)^{1/2} = 0.746$，各学科平均の標準誤差は$(20.050/6)^{1/2} = 1.828$となるのである。一般線形モデルの考え方からすれば，真なる値の間の関係をモデル式として定立し，そのモデル式を観測値にあてはめて真なる値を

---

6) 分散分析のモデルとしては，他に「セル平均モデル (cell mean model)」もあるが，本書では扱わない。

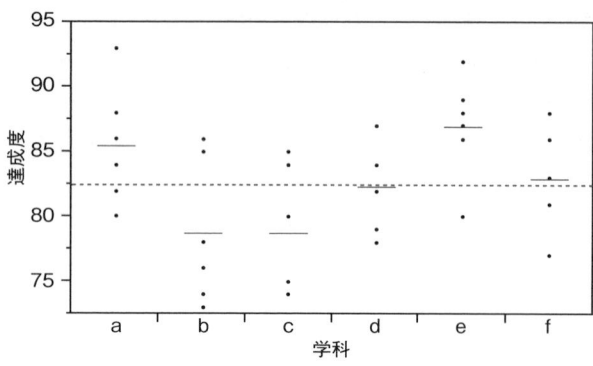

図1-2 学科ごとの最小2乗平均

推定することになるので，学科ごとの通常の標本平均は全体を見ずに局所的に推定された値として批判されることになるだろう。しかし，モデル式の正当性には疑問の余地が残るわけであるから，そのまま観測値の平均を求めた場合とどちらが正当であるかについては，一概に結論できる問題ではないように思われる。

表1-1 一般線形モデル（分散分析）による最小2乗平均

観測数	項	標本	1.2.1	1.3.1	1.3.2	1.4.1	1.4.2	1.4.3
36	全体	82.528	82.528	82.528	82.528	82.528	82.528	82.528
	標準誤差	0.871	0.746	0.841	0.746	0.875	0.618	0.618
18	学部［L］	80.944		80.944	80.944			80.944
	標準誤差	1.373		1.189	1.055			0.875
18	学部［S］	84.111		84.111	84.111			84.111
	標準誤差	0.970		1.189	1.055			0.875
18	女子	83.222				83.222		83.222
	標準誤差	0.992				1.238		0.875
18	男子	81.833				81.833		81.833
	標準誤差	1.442				1.238		0.875
9	学部［L］女子	85.000					85.000	85.000
	標準誤差	1.443					1.237	1.237
9	学部［L］男子	76.889					76.889	76.889
	標準誤差	1.348					1.237	1.237
9	学部［S］女子	81.444					81.444	81.444
	標準誤差	1.144					1.237	1.237
9	学部［S］男子	86.778					86.778	86.778
	標準誤差	0.954					1.237	1.237
6	学科［a］	85.500	85.500		85.500			
	標準誤差	1.893	1.828		1.828			
6	学科［b］	78.667	78.667		78.667			
	標準誤差	2.275	1.828		1.828			
6	学科［c］	78.667	78.667		78.667			
	標準誤差	2.060	1.828		1.828			
6	学科［d］	82.333	82.333		82.333			
	標準誤差	1.382	1.828		1.828			
6	学科［e］	87.000	87.000		87.000			
	標準誤差	1.633	1.828		1.828			
6	学科［f］	83.000	83.000		83.000			
	標準誤差	1.571	1.828		1.828			

表 1-2 一般線形モデル（分散分析）による効果の検定

項		1.2.1	1.3.1	1.3.2	1.4.1	1.4.2	1.4.3
学部	平方和		90.250	90.250			90.250
	偏η^2乗		0.095	0.130			0.170
	自由度		1	1			1
	平均平方		90.250	90.250			90.250
	F値		3.549	4.501			6.554
	p値		0.068	0.042			0.015
性別	平方和				17.361		17.361
	偏η^2乗				0.018		0.038
	自由度				1		1
	平均平方				17.361		17.361
	F値				0.630		1.261
	p値				0.433		0.270
学部＊性別	平方和					514.306	406.694
	偏η^2乗					0.539	0.480
	自由度					3	1
	平均平方					171.435	406.694
	F値					12.449	29.533
	p値					<.001	<.001
学科	平方和	353.472		263.222			
	偏η^2乗	0.370		0.304			
	自由度	5		4			
	平均平方	70.694		65.806			
	F値	3.526		3.282			
	p値	0.013		0.024			
モデル	平方和	353.472	90.250	353.472	17.361	514.306	514.306
	R^2乗	0.370	0.095	0.370	0.018	0.539	0.539
	調整R^2乗	0.265	0.068	0.265	−0.011	0.495	0.495
	自由度	5	1	5	1	3	3
	平均平方	70.694	90.250	70.694	17.361	171.435	171.435
	F値	3.526	3.549	3.526	0.630	12.449	12.449
	p値	0.013	0.068	0.013	0.433	<.001	<.001
誤差	平方和	601.500	864.722	601.500	937.611	440.667	440.667
	自由度	30	34	30	34	32	32
	平均平方	20.050	25.433	20.050	27.577	13.771	13.771
総和	平方和	954.972	954.972	954.972	954.972	954.972	954.972
（修正済）	自由度	35	35	35	35	35	35

・平方和はすべて「タイプⅢ平方和」である。

　表 1-2 の〈モデル 1.2.1〉の分散分析の結果を見ると，「学科の効果は 0 である」という帰無仮説の下でこのデータセットが得られる確率が $p=0.013$ なのであるから，この帰無仮説は棄却される．すなわち，学生の所属学科ごとの固定値（学科平均）を各学生の達成度とみなすモデ

ルは，統計学的に有意であることになる。別の表現をすれば，学科ごとの平均はそれぞれ異なっているのである。すべての学科平均が等しければ，学科平均を学生の達成度とするモデルは何も特定しないことになり，無意味になるはずだからである。

このモデルによって説明される割合を示すR^2は，「学科」要因の平方和を総和の平方和で除した値，すなわち353.472/954.972 = 0.370で計算される[7]。通常，R^2はモデルの適合度を表す指標として利用されるが，**効果の大きさ**（effect size）を表す指標としても最近利用されるようになっている。ある効果がどの程度の大きさかという問題と，その推定値がどの程度精確かという問題は区別しなければならない。観測数を多くすることによって精度を上げることができるため，それほど大きな効果でなくても，p値を小さくすることができるからである。すなわち，統計学的には有意であっても些末でしかない効果もあるだろうし，反対に極めて重要な効果と思われるにもかかわらず，観測数が少ないために統計学的に有意にならない場合もあるだろう。そこで，観測数の影響を受けにくい，効果の大きさを示す値を報告することが重要視されるようになったのである[8]。ところで，R^2は比の形をしているため，観測数の影響を受けにくい。また，分子が要因の効果であるから，当然ながら効果の大きさに比例している。こうした理由からR^2が効果の大きさとして利用されるようになったのである。効果の大きさとして利用する場合には，分散分析では通常η^2と表記される[9]。慣例的に，η^2は，0.01程度が小さな効果，0.06程度が中くらいの効果，0.14以上が大きな効果とされる。本例の場合は$\eta^2 = 0.370$であるから，十分すぎるほど大きな効果である。

さて，学科の効果が統計学的に有意であること，つまり学科ごとの平均に違いがあることは示されたのであるが，具体的にどの学科間に達成度の違いがあるのだろうか。最後に，学科ごとの最小2乗平均に対する**事後検定**（posthoc test）として，代表的な**多重比較**（multiple comparison）である Tukey の HSD （honestly significant difference）**検定**の結果を確認しておこう。よく知られているように，最初から学科のペアごとに比較検定を行うことはご法度であるが，一旦分散分析によって統計学的に有意であることが確認された後に，参考として事後検定を行うことは許されている。表1-3では，差が統計学的に有意でない平均値の群が同じ文字で示されているので，e学科とb学科およびe学科とc学科の間の達成度の差が有意であることになる。

ところで，Σ制約モデルの場合，各群平均の算術平均で全体平均を定義していた。各群の観測数が同数の場合，つまりデータがバランスしている場合には，各群平均の算術平均は全体平均に一致する。しかし，各群の観測数が異なる場合には，全体の標本平均と全体の最小2乗平均は値が異なってくる。j学科の学生数をn_j，総学生数をNと表記したとき，

$$\mu = \frac{1}{N}\sum_{j=1}^{J} n_j \mu_j$$

表1-3　学科別最小2乗平均の多重比較
（Tukey, $\alpha = 0.05$）

水準			平均
e	A		87.000
a	A	B	85.500
f	A	B	83.000
d	A	B	82.333
b		B	78.667
c		B	78.667

---

[7] **自由度調整R^2**はいろいろに解釈できるが，学科の平均平方から誤差の平均平方を引いたものに学科の自由度を掛けて総和の平方和で除したもの，として理解することもできる。すなわち，5 ×（70.694 − 20.050）/954.972 = 0.265である。通常のR^2と比較すると，誤差の分散だけ説明される分散を低く見積もっており，誤差程度の分散しか説明しない予測変数でも数を増やせばいくらでもR^2を大きくできることへの対策として利用されている。

[8] アメリカ心理学会（APA）やアメリカ教育学会（AERE）では効果の大きさの報告がすでに義務化されている。

[9] 自由度調整R^2は，ε^2と表記される。

のように，各群の観測数の重みをつけた平均で全体平均を定義すれば，観測数がアンバランスな場合でも最小2乗平均は標本平均に一致する。しかし，母集団のパラメータの関係に観測数が入るのは奇妙であるとの考えから，通常このような特殊な定義は採用されない。一般線形モデルでは，データがアンバランスであっても，特に問題なく推定や検定の計算は行われるが，全体の最小2乗平均が通常の平均ではなくなっていることを知っておく必要があるだろう。ただし，1元配置の場合には，平方和は通常の全体平均を利用して求められるため，分散分析表に問題は生じない。確認するために，先程のデータから，f学科に属する4人の学生 ID=32, 33, 35, 36 を除いたデータセットの標本平均（表 1-4）と一般線形モデルによる推定結果（表 1-5, 表 1-6）を示しておこう。

表 1-4　達成度の標本平均（アンバランスなデータ）

	全体	a学科	b学科	c学科	d学科	e学科	f学科
平均	82.281	85.500	78.667	78.667	82.333	87.000	80.000
標準偏差	5.413	4.637	5.574	5.046	3.386	4.000	4.243
平均の標準誤差	0.957	1.893	2.275	2.060	1.382	1.633	3.000
観測数	32	6	6	6	6	6	2

表 1-5　達成度の最小2乗平均（アンバランスなデータ）

	全体	a学科	b学科	c学科	d学科	e学科	f学科
平均	82.028	85.500	78.667	78.667	82.333	87.000	80.000
平均の標準誤差	0.882	1.870	1.870	1.870	1.870	1.870	3.239
観測数	32	6	6	6	6	6	2

表 1-6　達成度の学科による分散分析表（アンバランスなデータ）

要因	平方和	自由度	平均平方	F 値	p 値
学科	362.969	5	72.594	3.460	0.016
誤差	545.500	26	20.981		
総和（修正済）	908.469	31			

$R^2=0.400$，自由度調整 $R^2=0.284$

表 1-4 と表 1-5 を比較すると，学科の最小2乗平均は標本平均と一致しており，最小2乗平均の標準誤差も，a学科からe学科に対しては $(20.981/6)^{1/2} = 1.870$，f学科に対しては $(20.981/2)^{1/2} = 3.239$ となっている。しかし，全体の最小2乗平均は $(85.500 + 78.667 + 78.667 + 82.333 + 87.000 + 80.000)/6 = 82.028$ になるのであって，全体の標本平均 82.281 とは異なっている。また，標準誤差も，$(20.981/32)^{1/2} = 0.810$ にはならない。各学科の観測数の調和平均，すなわち，$6/(1/6 + 1/6 + 1/6 + 1/6 + 1/6 + 1/2) = 4.5$ を平均的な群の観測数とみなした場合の全体の観測数，つまり $4.5 \times 6 = 27$ を全体の観測数と考えて計算した $(20.981/27)^{1/2} = 0.882$ が，全体の最小2乗平均の標準誤差となるのである。調和平均は逆数の平均の逆数であるから，少ない観測数が逆数としては大きな値になり，平均を求める際に支配的になる。したがって，観測数をアンバランスに多くしても，全体の最小2乗平均の標準誤差は少ない観測数の群に支配され，あまり小さくならない。一般線形モデルでは，やはり，極端にアンバランスにならないように注意する必要がある。

　最後に，このモデルによる分析の前提条件が満たされているかどうか，確認しておくことにしよう。前提条件は，残差の (1) 正規性，(2) 独立性，(3) 等分散性の3つであっ

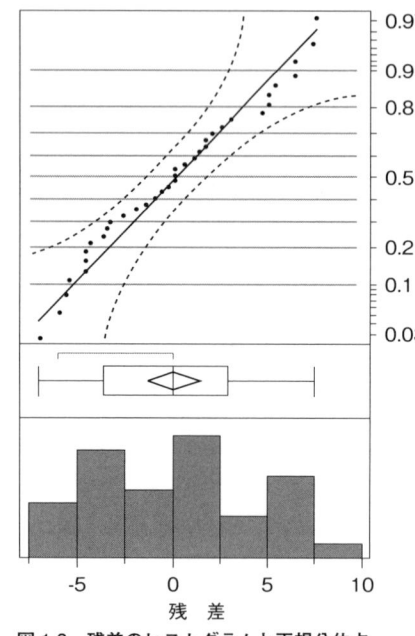

図 1-3 残差のヒストグラムと正規分位点プロット〈モデル 1.2.1〉

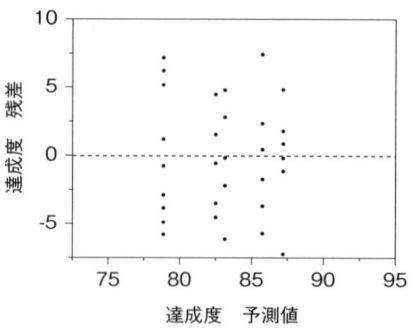

図 1-4 残差の予測値に対する散布図〈モデル 1.2.1〉

た。これらのうち，(2) 独立性については，すべての観測値が異なった個体についての値である以上，特に問題があるとは思われない。確認しておく必要があるのは，(1) 正規性と (3) 等分散性である。まず，残差の正規性を確認することにしよう。正規性は，分析に先立って応答変数の観測値について確認される場合が多いが，モデル式に従えば，残差に関して確認するのが本来である。全体を唯一の平均で近似する場合には両者は等価になるが，モデルが複雑になれば当然両者は等価にならない。図 1-3 は，本モデルをあてはめた場合の残差のヒストグラムと**正規分位点プロット**（normal quantile plots）である[10]。正規分位点プロットでは，データが正規分布に従っている場合，プロットが 1 直線に並ぶことになる。本例の場合，あまりほめられた分布ではないが，「正規分布に従っている」という帰無仮説に対する Shapiro-Wilk 検定の結果は $p=0.211$ であり，「正規分布に従っていない」とは言えないことになる。また，等分散性については，残差の予測値に対する散布図を図 1-4 に示す。特に大きな問題があるようには見えない[11]。

1-3 ネストした分散分析

「学部」と「性別」など，互いに独立した要因を組み合わせた分散分析はいわゆる 2 元配置分散分析になるが，対象を分類する場合には，「学部」と「学科」のように，一方が他方の入れ子になるような場合が結構ある。すなわち，女子学生はいずれの学部にも存在するが，a 学科は L 学部にしか存在しないのである。このような場合，「学科」は「学部」にネストする，と表現される[12]。ネストした要因による分散分析を**ネストした分散分析**（nested ANOVA）と呼ぶ。では，先程の例で，「達成度」を「学部」「学科」要因で分散分析することにしよう。学部，学科ごとの標本平均については，表 1-1 の「標本」を確認していただきたい。

---

10) 正規分位点プロットの横軸は，変数の観測値である。また，観測数を n，i 番目のデータの順位（小さい順）を r_i，$N(0,1)$ の累積分布関数を $\Phi(x)$ とすると，正規分位点プロットの縦軸は，$\Phi^{-1}(r_i/[n+1])$ である。観測値が正規分布に従っている場合には，観測点が直線上に並ぶことになる。

11) 等分散性を確認するためによく実施されていた Levene 検定をはじめとする多くの検定は，一般の統計ソフトでは，いずれも標本平均に基づく検定としてしか準備されておらず，最小 2 乗平均用には準備されていない。

12) "nest" は「巣籠り」「入れ子」「枝分かれ」などさまざまに和訳されているが，本書ではそのまま「ネストする」と和訳する。

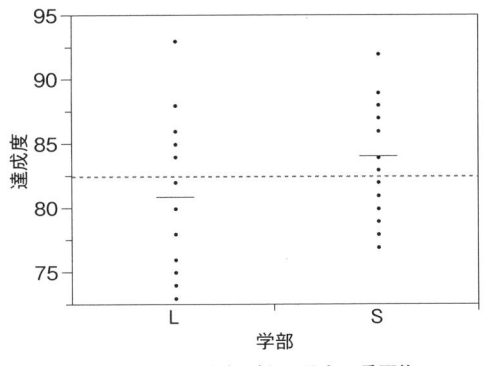

図1-5 学部ごとの最小2乗平均

学科の平均の違いを検定するには,「学科」要因で1元配置の分散分析を行えばよかった。では,学部の平均の違いを検定するのであれば,「学部」要因で1元配置分散分析〈モデル1.3.1〉をすればよいことになる。表1-2の〈モデル1.3.1〉によると,「学部」要因の効果のp値は0.068であり,残念ながら統計学的に有意ではない。R^2も0.095と小さく,水準が2つしかない「学部」を予測変数にするだけでは,やはり適合度はあまり良くならないようである(図1-5参照)。なお,「学部」で1元配置分散分析を行った場合の残差のヒストグラムと散布図は図1-6のとおりである。正規性(Shapiro-Wilk, $p=0.220$)にも等分散性にも大きな問題はない。

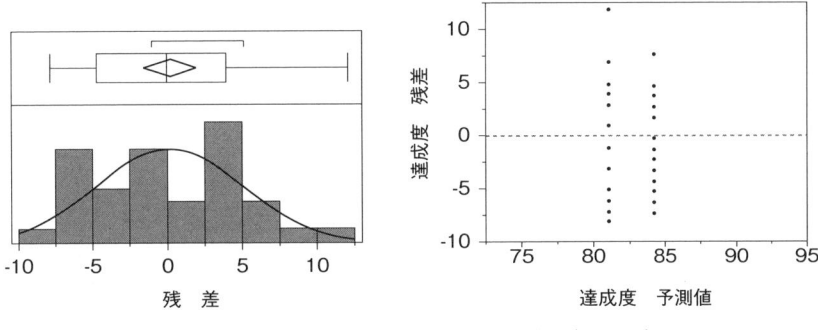

図1-6 残差のヒストグラムと散布図〈モデル1.3.1〉

それでは,「学部」と「学科」を2つの要因として予測変数に含む,ネストした分散分析のモデル式を考えてみよう〈モデル1.3.2〉。前節で説明した学科についての1元配置分散分析のモデル式に,学部に固有な値を新たなパラメータとして追加すればよい。学部をiで表記し,学部の数をI, i学部に属する学科数をJ_iとしよう。そして,学部に固有の達成度の偏差をα_i, i学部のj学科に固有の達成度の偏差をβ_{ij}と表記する。

$$Y_{ijk} = \mu + \alpha_i + \beta_{ij} + e_{ijk} \qquad e_{ijk} \sim N(0, \sigma_e^2) \qquad \langle 1.3.2 \rangle$$

$$\text{ただし,} \sum_{i=1}^{I} \alpha_i = \sum_{j=1}^{J_i} \beta_{ij} = 0$$

1元配置分散分析の場合と基本的には同様なので,モデル式の意味は明らかだろう。学部iに属する学科jの達成度は$\mu + \alpha_i + \beta_{ij}$であり,その学科に所属する学生の達成度はこの値の周りに正規分布にしたがって分布している。学部iの達成度は,学部iに属する学科の達成度の算術平均,すなわち$\mu + \alpha_i$である。そして,全体の達成度は,この学部の達成度の算術平均μになる[13]。このモデル式を最小2乗法によって先程のデータセットにあてはめた結果については,表1-1および表1-2の〈モデル1.3.2〉の列を確認していただきたい。

---

13) 前節の場合と同様に,学科ごとの観測数がアンバランスな場合には,学部の最小2乗平均は学部の平均にならないし,全体の最小2乗平均も全体の平均にならない。また,学科数が学部によって異なる場合には,全体の最小2乗平均は学部最小2乗平均の算術平均になるのであって,学科最小2乗平均の算術平均になるのではない。

表1-2において〈モデル1.3.2〉を「学科」による1元配置分散分析〈モデル1.2.1〉と比較するとすぐに気付かれると思うが，ネストした分散分析のモデル全体の効果は，「学科」で1元配置分散分析した結果とR^2統計量の値まで含めて完全に同一である。これは，両モデルの最も細かいセルが，いずれも「学科」のセルであるからに他ならない。したがって，推定値の様子は，図1-2とまったく同じになる。残差もまったく同一になるため，あらためて正規性や等分散性の確認はしない。「学科」による1元配置分散分析で「学科」要因の効果とされていた平方和が，「学部」要因と「学科［学部］」要因に分配されるだけなのである。さらに，「学部」要因による1元配置分散分析〈モデル1.3.1〉の結果と比較すると明らかであるが，「学部」要因の効果を示す平方和は同一になっている。ただし，誤差の平均平方が学科で1元配置分散分析した場合の値になるため，F値は大きくなり，ネストした分散分析では「学部」の効果が統計学的に有意になっている（$p=0.042$）。「学科［学部］」要因の平方和はそれだけ減少することになるので，一概にネストした分散分析の方が有利とは言えないが，予測変数の構造がそのまま分析に生かされており，「学科」による違いと思われていたものの内に，実は「学部」の違いによるものが混ざっていたのだと再解釈されたことになっている。

要因が複数ある場合，それぞれの要因の効果の大きさを評価するには，それぞれの「効果を表す平方和」をその平方和に「誤差の平方和」を加えたもので除した値で定義される偏η^2が利用される。本例の場合，「学部」の効果は偏$\eta_A^2 = 90.250/(90.250 + 601.500) = 0.130$で評価され，「学科」の効果は偏$\eta_B^2 = 263.222/(263.222 + 601.500) = 0.304$で評価される。「学部」の効果より「学科」の効果の方が大きい。モデル全体についての偏η^2は通常のη^2，すなわちR^2に一致する。本例の場合$\eta^2 = 0.370$である。

学部，学科の最小2乗平均を標本平均と比較すると，本例の場合にはデータがバランスしているため，すべての最小2乗平均は通常の標本平均に等しい。また，平均の標準誤差について言えば，全体・学科の標準誤差は〈モデル1.2.1〉と同一であるが，学部の標準誤差は〈モデル1.3.1〉と同じにはならない。誤差の平均平方が「学科」で1元配置分散分析したときの誤差の平均平方になるため，$(20.050/18)^{1/2} = 1.055$となっている。学科ごとの学生数，学部を構成する学科の数などがアンバランスになった場合，学部の最小2乗平均や全体の最小2乗平均がそれぞれの平均と異なってくるだけではなく，平方和の計算においても複雑な調整が必要になる。その結果，「学部」の平方和と「学科［学部］」の平方和の合計がモデルの平方和に一致しなくなる。分散分析で通常利用されるタイプIII平方和は，このようなΣ制約モデルに特徴的な問題を解決するための平方和なのである[14]。なお，1元配置分散分析における全体の最小2乗平均について説明したように，極端にアンバランスなデータの場合には，一番不利な部分の影響が分析全体において支配的になることを記憶に留めていただきたい。なお，「学科」の最小2乗平均についてのTukeyのHSD検定の結果は，表1-3と同じになるので省略する。

1-4 2元配置分散分析

2元配置分散分析（two-way layout ANOVA）は，ネストした分散分析以上に馴染みのある分析方法であろう。今取り上げている例で言えば，「学部」と「性別」のように2つの要因が交叉する場合，すなわち，L学部にもS学部にも女子学生はいるという場合の分散分析である。すでに分析自体についてはよくご存じだと思うが，一般線形モデルとして考える場合の考え方

---

[14] 平方和のタイプの違いについては，「1-6 重回帰分析」で再度取り上げる。詳細は，Searle, S. R. (1997)を参照。

を確認しておこう。

　まず,「学部」「性別」ごとの標本平均は表1-1の「標本」のとおりである。「学部」の周辺平均を見るとやや S 学部の達成度（84.111）が高く,「性別」の周辺平均を見るとやや女子の達成度（83.222）が高い。「学部」要因と「性別」要因が交叉して生じる4つの**セル**（cell）を確認すると, L 学部の中では女子の達成度（85.000）が高いが, S 学部では男子の達成度（86.778）が高い。以上のような, 標本平均の様子から気づくことのできる傾向性が, 統計学的に有意か否かが問題である。最初に,「学部」「性別」「学部・性別」それぞれの要因に関して1元配置分散分析を実行した結果を確認しておこう（図1-7参照）。ただし,「学部・性別」は「学部」と「性別」の交叉によって生じる4つのセルを水準とする要因である。「学部」による1元配置分散分析は前節で確認した〈モデル1.3.1〉である。「性別」による1元配置分散分析を〈モデル1.4.1〉,「学部・性別」による1元配置分散分析を〈モデル1.4.2〉とする。それぞれの結果は表1-1および表1-2のとおりである。

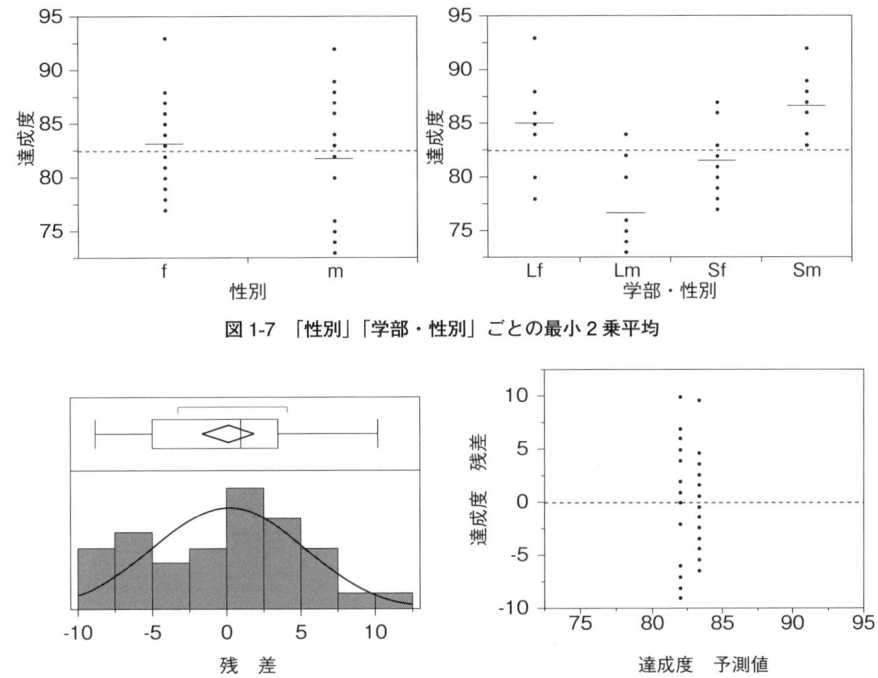

図1-7　「性別」「学部・性別」ごとの最小2乗平均

図1-8　残差のヒストグラムと予測値に対する散布図 〈モデル1.4.1〉

　「学部」の効果については前節で確認したように, 統計学的に有意ではない（$p=0.068$）。「性別」については, さらにその効果は小さい。自由度調整 R^2 が負の値になっている（-0.011）。誤差ほどの分散もない, ということである。当然ながら統計学的に有意ではない（$p=0.433$）。なお,「性別」による1元配置分散分析〈モデル1.4.1〉の残差の正規性（Shapiro-Wilk, $p=0.305$）, 等分散性については, 特に大きな問題はない（図1-8）。

　以上のように, 1元配置分散分析によれば「学部」「性別」共にその効果は統計学的に有意ではないのであるが, 両者の交叉によって生じる「学部・性別」の効果は大きく, 統計学的にも問題なく有意である

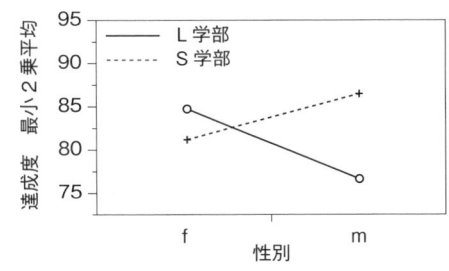

図1-9　達成度の「学部・性別」ごとの最小2乗平均

（$p<0.001$）。それぞれの学部で男女の達成度の順位が入れ替わっており（図1-9），その結果，周辺平均としてはあまり大きな差にはならないが，両要因の交叉によるセルごとの平均の違いは大きいのである。なお，「学部・性別」要因による分散分析の残差も，正規性（Shapiro-Wilk, $p=0.509$），等分散性共に，大きな問題はない（図1-10）。

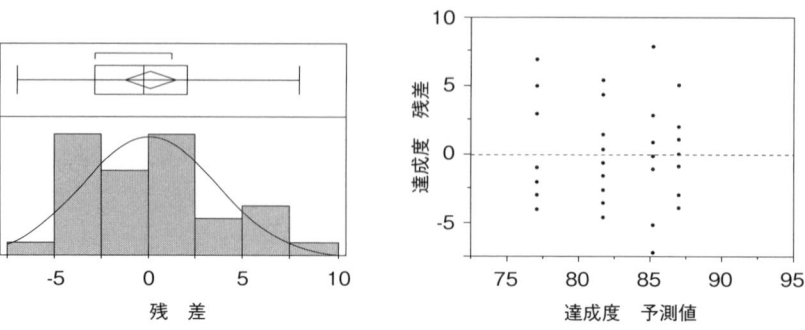

図1-10　残差のヒストグラムと予測値に対する散布図〈モデル1.4.2〉

本例の場合には群ごとの観測数が同数であり，バランスがとれているので，いずれのモデルも最小2乗平均は各群の標本平均と一致している。また，最小2乗平均の標準誤差も，対応する誤差の平均平方を観測数で除したものの平方根になっている。たとえば，〈モデル1.4.1〉の全体平均の標準誤差は $(27.577/36)^{1/2} = 0.875$ であり，〈モデル1.4.2〉の全体平均の標準誤差は $(13.771/36)^{1/2} = 0.618$ である。全体平均の推定値はいずれも 82.528 であるが，それぞれのモデルの誤差の平均平方が異なるため，標準誤差の値が異なるのである。

以上は，それぞれの要因ごとに実行した1元配置分散分析の結果であるが，全体の構造を生かして一度に分散分析するための2元配置分散分析〈モデル1.4.3〉のモデル式は，以下のとおりである。

$$Y_{ijk} = \mu + \alpha_i + \beta_j + \gamma_{ij} + e_{ijk} \qquad e_{ijk} \sim N(0, \sigma_e^2) \qquad \langle 1.4.3 \rangle$$

$$ただし，\sum_{i=1}^{I}\alpha_i = \sum_{j=1}^{J}\beta_j = \sum_{i=1}^{I}\gamma_{ij} = \sum_{j=1}^{J}\gamma_{ij} = 0$$

ただし，i 学部の性別 j である学生 k の達成度を Y_{ijk}，達成度の全体母平均を μ，i 学部の偏差を α_i，性別 j の偏差を β_j，i 学部 性別 j のセルの偏差を γ_{ij}，誤差を e_{ijk} と表記する。つまり，i 学部の周辺母平均を $\mu + \alpha_i$，性別 j の周辺母平均を $\mu + \beta_j$，i 学部 性別 j のセル母平均を $\mu + \alpha_i + \beta_j + \gamma_{ij}$ と定義したことになる。

この2元配置分散分析のモデル式を観測値（データセット）にあてはめた結果は，表1-1および表1-2の〈モデル1.4.3〉のとおりである。ネストした分散分析の場合と同様に，最下層のセルにあたる「学部・性別」要因による1元配置分散分析の結果〈モデル1.4.2〉と2元配置分散分析のモデル全体の効果は，誤差や R^2 の値も含めて完全に同じである。したがって，推定値の様子は図1-7（右）のようになり，残差の正規性や等分散性については，図1-10のようになる。要するに，〈モデル1.4.2〉でモデルの効果とされていた「学部・性別」の平方和が，「学部」「性別」の主効果の平方和と「学部＊性別」の交互効果の平方和に分割されるだけなのである。さらに，「学部」「性別」の平方和は，それぞれ「学部」「性別」要因で1元配置分散分析をした場合の平方和に一致している。ただし，今回は誤差の平均平方が「学部・性別」要因で1元配置分散分析した場合の誤差の平均平方に等しくなるため，F 値が大きくなり，「学

部」の効果は統計学的に有意になっている（$p=0.015$）。「性別」の効果はF値が大きくなっているものの，統計学的に有意となるには至っていない（$p=0.270$）。このように，分類の構造を生かして一気に分析することによって，統計学的な有意差が出にくい大きな群の検定を有利に行うことができると共に，それぞれの要因による効果を分けて取り出すことができるようになる。

前節で説明したように，要因ごとの効果の大きさは，偏η^2で示される。すなわち，「学部」の効果の大きさは偏$\eta_A^2 = 90.250/(90.250+440.667) = 0.170$，「性別」の効果の大きさは偏$\eta_B^2 = 17.361/(17.361+440.667) = 0.038$，交互効果の大きさは偏$\eta_{A*B}^2 = 406.694/(406.694+440.667) = 0.480$である。「学部」の効果は中くらい，「性別」の効果は小さく，交互効果は大きいということになる。モデル全体では，$\eta^2 = R^2 = 0.539$である。

また，本例の場合には，観測数がバランスしているため，各群の最小2乗平均はそれぞれの標本平均に一致している。その標準誤差は，誤差の平均平方をそれぞれの観測数で除した値の平方根に等しい。たとえば，全体の最小2乗平均の標準誤差は，$(13.771/36)^{1/2} = 0.618$である。

最後に，「学部＊性別」のセルごとの最小2乗平均間の多重比較（TukeyのHSD検定）を確認しておこう。表1-7のように，S学部の男子と女子およびL学部の男子と女子は，いずれも有意に達成度が異なっている。また，S学部の男子とL学部の男子も有意に異なっている。しかし，L学部の女子とS学部の女子の違いは統計学的に有意ではない。

表1-7　学部＊性別最小2乗平均の多重比較
（Tukey $\alpha = 0.05$）

水準				平均
S, m	A			86.778
L, f	A	B		85.000
S, f		B	C	81.444
L, m			C	76.889

1-5　単回帰分析

これまでは，予測変数がすべて名義尺度である場合について見てきた。分散分析は，名義尺度の水準ごとの固定値（最小2乗平均）で応答変数の値を予測するモデルとして理解されたのである。では，予測変数が連続尺度の場合にはどのようになるのであろうか。たとえば，常識的に考えて，「達成度」は「自主学習」をしっかり行った者の方が高くなると思われる。そこで，「達成度」と「自主学習」の相関係数を求めてみると，$r=0.713$であった（表1-9）。両者の間には強い正の相関が認められるのである。したがって，「達成度」を「自主学習」で予測するというモデルが当然考えられるだろう。最も単純に，「自主学習」の1次式で「達成度」を予測するモデルが，**単回帰分析**（simple regression analysis）である。それでは，それぞれのデータを要約し，散布図を描いてみよう。図1-11を見れば明らかであるが，傾向性として，「自主学習」の点数が高くなると共に「達成度」も高得点になっている。

さて，単回帰モデルのモデル式は以下のとおりである〈モデル1.5.1〉。ただし，学生iについて，「達成度」をY_i，「自主学習」

表1-8　達成度と自主学習と興味の要約

	達成度	自主学習	興味
平均	82.528	7.722	7.806
標準偏差	5.223	1.667	1.261
平均の標準誤差	0.871	0.278	0.210
観測数	36	36	36

表1-9　達成度，自主学習，興味の相関係数行列

	達成度	自主学習	興味
達成度	1	0.713*	0.723*
自主学習	0.713*	1	0.110
興味	0.723*	0.110	1

*$p<0.05$

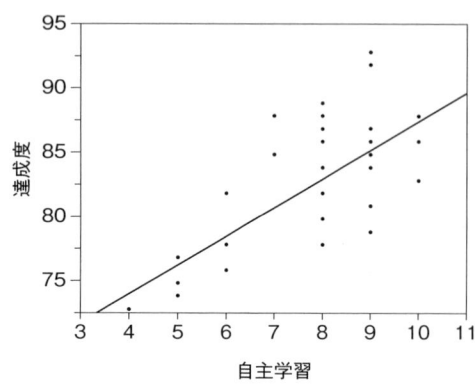

図 1-11　達成度と自主学習の散布図

を X_{i1}，誤差 e_i と表記している。モデルの意味は，説明するまでもあるまい。達成度の期待値は，すべての学生に共通な切片 β_0，傾き β_1 で決定される回帰直線で示され，観測値はその回帰直線を中心に縦軸方向に正規分布にしたがって分布するのである[15]。

$$Y_i = \beta_0 + \beta_1 X_{i1} + e_i \quad e_i \sim N(0, \sigma_e^2) \qquad \langle 1.5.1 \rangle$$

このモデルを，最小2乗法を用いて観測値にあてはめると，すなわち e_i^2 の総和を最小にするように β_0，β_1 を求めると，表 1-12 および表 1-13 の〈モデル 1.5.1〉のようになる。予測変数「自主学習」の回帰係数 β_1 の推定値は，よく知られているように，相関係数に応答変数と予測変数の標準偏差の比を掛け合わせたものになる。すなわち，0.713 × 5.223/1.667 = 2.23 である[16]。

「自主学習」の値に基づいて推定された「達成度」の推定値の偏差平方和が，「自主学習」によって説明された平方和とされるが，この説明された平方和と観測値の総平方和の比で，R^2 が定義される。単回帰分析の場合には，この R^2 は，応答変数と予測変数の間の相関係数の平方になる（$0.713^2 = 0.508$）。全体として5割以上を説明できているのであるから，この単回帰分析は妥当な分析と言えるだろう。なお，R^2 統計量は，分散分析の場合と同様に，効果の大きさを表すためにも利用される。回帰分析の場合には，そのまま R^2 と表記される。また，慣例的に，R^2 は 0.02 程度が小さな効果，0.13 程度が中位の効果，0.26 以上が大きな効果と呼ばれている。したがって，「自主学習」の効果は十分に大きい。

なお，残差のヒストグラムと予測値に対する散布図を図 1-12 に示す。正規性に関しては，少し左に偏っているようであるが，Shapiro-Wilk 検定の結果は特に問題ではなかった（$p=0.211$）。

さて，単回帰直線の方程式は以下のとおりである。

達成度 = 65.270 + 2.235 × 自主学習

すなわち，「自主学習」の得点が 0 の時の達成度は 65.270 であり，「自主学習」が1ポイント上昇すると達成度は 2.235 ポイント上昇する。ところで，「自主学習」が平均のときの達成度を計算すると，65.270 + 2.235 × 7.722 = 82.5 となる。これは達成度の平均に他ならない。つまり，回帰直線は，予測変数と応答変数それぞれの平均を座標とする平均点を通るのである。したが

---

15) 誤差は，回帰直線に垂直な方向に分布するのではない。誤差を回帰直線に垂直な方向に考えて最小2乗法を行うと，主成分軸を求めることになる。

16) したがって，応答変数と予測変数をいずれも標準化（standardize）してから，すなわち Z 得点を求めてから回帰分析を行うと，傾きは両変数の相関係数になる。

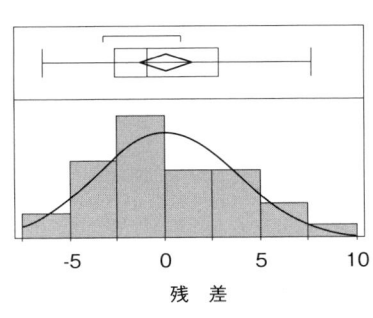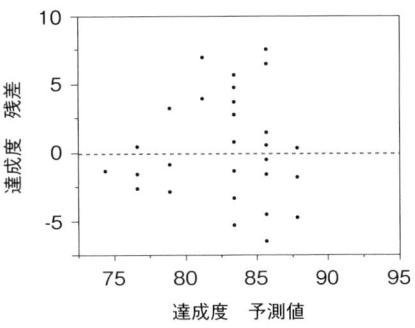

図 1-12　残差のヒストグラムと予測値に対する散布図〈モデル 1.5.1〉

って，回帰直線の方程式は，次のように書き換えることも可能である。

$$（達成度 - 82.528）= 2.235 \times （自主学習 - 7.722）$$

　このように書き換えると，切片がなくなってしまう。回帰分析では，切片より傾きの方が重要な情報だと言えるだろう。切片は，「自主学習」の値が 0 の時の達成度の値であるから，「自主学習」が 0 という事態に特別な意味がなければ，切片の値にも特別な意味はない。実際，「自主学習」の最低点は 4 であり，「自主学習」が 0 の学生は存在しない。したがって，そのような学生の達成度を示す 65.270 という値にも，あまり大きな意味があるとは考えられないだろう。変数からその平均を減ずることを本来の意味で**中心化（centering）**と呼ぶが，一般に変数から任意の定数を減じても，グラフでは直線が平行移動するだけであり，その傾きに影響はない。そこで，変数から任意の定数を減ずることを，広い意味で中心化と呼ぶことがある。中心化を行っても，傾きの検定結果には何ら影響を与えないので，切片が適切な意味を持つように，積極的に変数の中心化を行うべきである。

　表 1-12 の t 検定は，それぞれのパラメータが 0 であるという帰無仮説に基づくものである。他方，表 1-13 の F 検定は，要因によって説明される平方和が 0 であるという帰無仮説に基づくものである。ところで，傾きの t 値は 5.931 であるが，$5.931^2 = 35.2$ であり，これは表 1-13 の F 値に他ならない。すなわち，パラメータの推定値をその標準誤差で除して得られる t 値による t 検定と，平均平方の比として得られる F 値による F 検定は等価なのである[17]。回帰係数に関する t 検定は，表 1-13 のような分散分析としても理解できることになる。分散分析には，最小 2 乗平均の推定という回帰分析に似た解釈が与えられたが，反対に回帰分析における回帰係数の推定値に関する検定は，分散分析を用いて解釈することが可能なのである。一般線形モデルとして捉えることによって，分散分析と回帰分析が統一的に解釈されることになる。

1-6　重回帰分析

　前節では，「達成度」と「自主学習」の間に強い相関関係があったため，「自主学習」の値で「達成度」を予測する単回帰分析を試みた。表 1-9 の相関係数行列を見れば明らかであるが，

---

[17] 分子の自由度が 1 の F 分布による F 検定は，分母の自由度による t 検定と等価になる。F 分布を利用した F 検定は，分子の自由度も自由に設定できるように，t 検定を一般化したものに他ならない。したがって，水準数が 2 の分散分析は，t 検定と等価なのである。

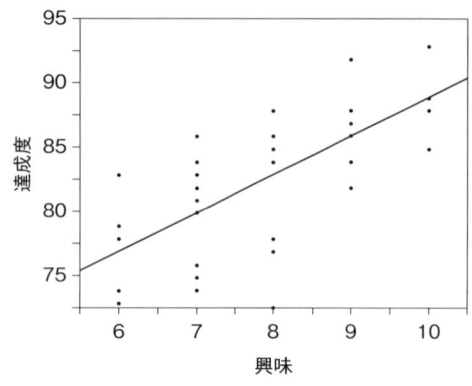

図1-13 達成度と興味の散布図

「達成度」と「興味」の間にも大きな正の相関関係がある（r=0.723）。ただし，「自主学習」と「興味」は，いずれも「達成度」と相関関係が強いにもかかわらず，お互いの間の相関関係は小さい（r=0.110）。

そこで，まず前節と同様に，「達成度」を「興味」で単回帰してみよう〈モデル1.6.1〉。学生 i の「興味」の値を X_{i2}，「興味」の回帰係数を β_2 と表記している。このモデル式を観測値（データセット）にあてはめた結果は，表1-12と表1-13の〈モデル1.6.1〉のとおりである。当然ながら，傾きは統計学的に有意となる（p<.001）。興味が1ポイント上昇すると，達成度が2.996ポイント上昇するという結果である。自主学習（2.235）より，やや変化率が大きい。R^2=0.523も5割を超えており，十分な説明率である。

$$Y_i = \beta_0 + \beta_2 X_{i2} + e_i \quad e_i \sim N(0, \sigma_e^2) \quad \langle 1.6.1 \rangle$$

なお，残差の正規性については，あまり適合度が高いとは言えないが，「正規分布に従わない」とは言えない（Shapiro-Wilk, p=0.071）。等分散性については大きな問題はない（図1-14）。

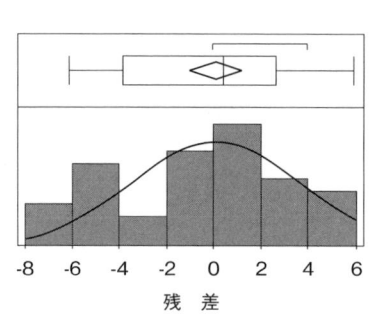
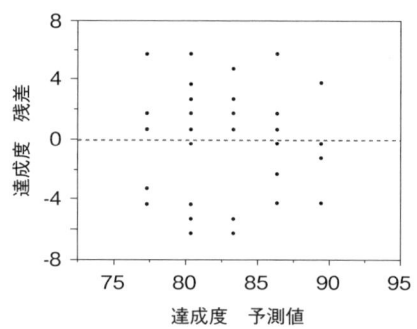

図1-14 残差のヒストグラムと予測値に対する散布図〈モデル1.6.1〉

では，「達成度」を「自主学習」と「興味」の両方で予測すればどのようになるのだろうか。ご存じのように，複数の連続尺度の予測変数によって応答変数を予測する場合の分析を**重回帰分析（multiple regression analysis）**と呼ぶ。重回帰分析では，予測変数同士の相関係数が大きすぎると，予測変数で決定される予測平面が不安定になり，安定した分析結果が得られなくなることがある。極端な場合として，同じ変数の名前を変え2つの変数に見立てて重回帰分析を行うと，予測平面が決定されず，重回帰分析は不可能になる。こうした問題を**多重共線性（multicollinearity）**の問題と呼ぶ。したがって，予測変数同士の相関係数は，あまり大きくならないように注意しておく必要がある。本例の場合には r=0.110 なので，特に問題はない。相関係数が大きい場合には，因子分析ないしは主成分分析を先に行って，変数をまとめておくべきであろう。

さて，重回帰分析のモデル式は以下のとおりである〈モデル1.6.2〉。ただし，学生 i の「達成度」を Y_i，「自主学習」を X_{i1}，「興味」を X_{i2}，誤差を e_i と表記している。β_0 は切片，β_1 と β_2 はそれぞれの予測変数の**偏回帰係数（partial regression coefficient）**と呼ばれる。この重回

帰分析のモデルが一般線形モデルの原点であることについては，1-1節で述べたとおりである．

$$Y_i = \beta_0 + \beta_1 X_{i1} + \beta_2 X_{i2} + e_i \qquad e_i \sim N(0, \sigma_e^2) \qquad \langle 1.6.2 \rangle$$

最小2乗法によって〈モデル1.6.2〉を観測値（データセット）にあてはめると，表1-12と表1-13の〈モデル1.6.2〉のようになる．残差の正規性（Shapiro-Wilk, $p=0.389$），等分散性（図1-15）については大きな問題はないが，少し外れ値が目立っているようである．

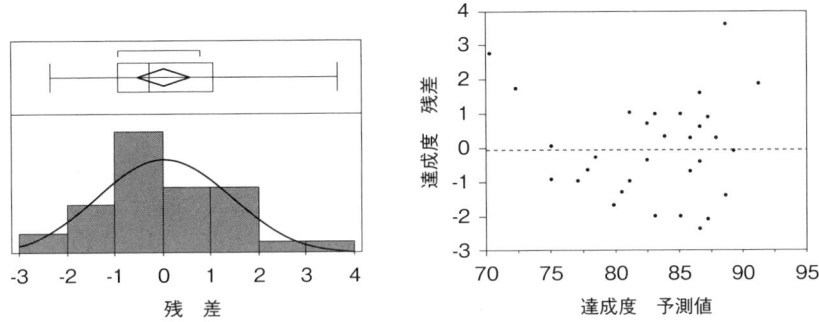

図1-15　残差のヒストグラムと予測値に対する散布図〈モデル1.6.2〉

まず，パラメータの推定値であるが，表1-12から明らかなように，いずれの推定値も統計学的に有意である．〈モデル1.5.1〉および〈モデル1.6.1〉と〈モデル1.6.2〉を比較すると，それぞれの予測変数に対応する傾きは，単回帰分析の場合の傾きとは少し異なっている．これは，予測変数が互いに相関している（直交していない）ためである．また，今はp値に余裕があるためあまり問題ではないが，t値を比較すると，いずれも単回帰分析の場合と比較して大きくなっている．誤差が小さくなったためである．

「自主学習」と「興味」が平均の場合の「達成度」を計算すると 45.887 +（2.011 × 7.722）+（2.705 × 7.806）= 82.5 となるが，これは達成度の平均である．つまり，単回帰分析の場合と同様に，重回帰分析においても，予測変数の平均と応答変数の平均で決定される平均点を回帰平面が通るのである．つまり，それぞれの変数をそれぞれの平均で中心化すると，切片はなくなり，回帰平面の式は以下のようになる．

（達成度 − 82.528）= 2.011 ×（自主学習 − 7.722）+ 2.705 ×（興味 − 7.806）

ところで，重回帰分析では予測変数が複数になるため，グラフ化するためには他の予測変数の値を固定しなければならない．このように，他の予測変数の値を固定した場合の傾きのことを**単純勾配**（simple slope）と呼ぶ[18]．図1-16の左側は，「興味」の値を平均および平均±標準偏差に固定した場合の「自主学習」の単純勾配，右側は，「自主学習」の値を平均および平均±標準偏差に固定した場合の「興味」の単純勾配である．この図のように，単純勾配が平行になることが，通常の重回帰分析の特徴である．

さて，少し煩雑であるが，「タイプI平方和」と「タイプII平方和」の違いについて説明しておこう．モデルへの予測変数の投入順序を変えた2種類の分散分析表を以下に示す．

---

18) Aiken, L.S., West, S.G. (1991) p.12 を参照

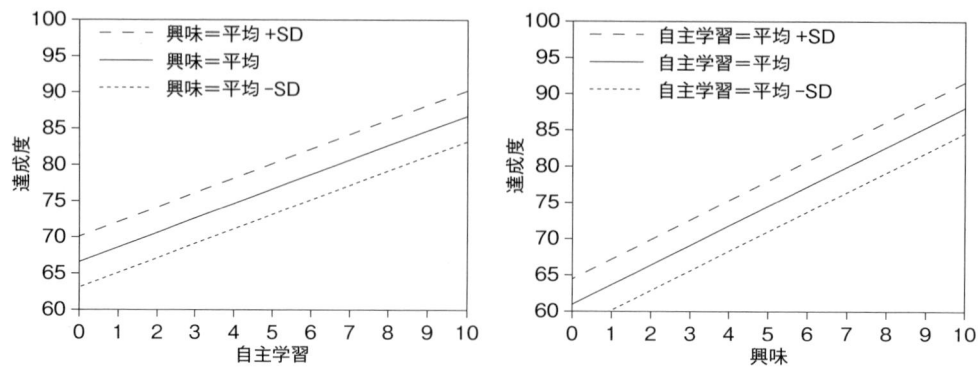

図 1-16　達成度と自主実習・興味の関係

表 1-10　モデル 1.6.2（自主学習・興味）の分散分析表

要因	タイプ I 平方和	タイプ II 平方和	偏 η^2 乗	自由度	平均平方	F 値	p 値
自主学習	485.585	388.361	0.853	1	388.361	190.729	<.001
興味	402.193	402.193	0.857	1	402.193	197.523	<.001
モデル	887.778	887.778	0.930	2	443.889	218.000	<.001
誤差	67.194	67.194		33	2.036		
総和（修正済）	954.972	954.972		35			

$R^2=0.930$, 自由度調整 $R^2=0.925$

表 1-11　モデル 1.6.2（興味・自主学習）の分散分析表

要因	タイプ I 平方和	タイプ II 平方和	偏 η^2 乗	自由度	平均平方	F 値	p 値
興味	499.418	402.193	0.857	1	402.193	197.523	<.001
自主学習	388.361	388.361	0.853	1	388.361	190.729	<.001
モデル	887.778	887.778	0.930	2	443.889	218.000	<.001
誤差	67.194	67.194		33	2.036		
総和（修正済）	954.972	954.972		35			

$R^2=0.930$, 自由度調整 $R^2=0.925$

　表 1-10 と表 1-11 に結果が示されている分析方法の違いは，予測変数をモデルに投入した順序だけである．表 1-10 では「自主学習」を先に，表 1-11 では「興味」を先にモデルに投入したものとする．さて，2 つの表を比較すれば明らかであるが，「タイプ II 平方和」の値は両方の表において相等しい．しかし，「タイプ I 平方和」は，後から（最後に）投入された予測変数の値はいずれも「タイプ II 平方和」に等しいが，先に投入された予測変数の値は「タイプ II 平方和」の値と異なっている．以前に単回帰分析したときの結果と比較すると，表 1-10 の「自主学習」の「タイプ I 平方和」は〈モデル 1.5.1〉の平方和に等しい．さらに，〈モデル 1.5.1〉の「誤差の平方和」から〈モデル 1.6.2〉の「誤差の平方和」を減ずると，〈モデル 1.6.2〉の「興味の平方和」になる（469.387 − 67.194 = 402.193）．同様に，表 1-11 の「興味」の

表 1-12　一般線形モデル（回帰分析）によるパラメータ推定値

		1.5.1	1.6.1	1.6.2	1.6.2Z	1.7.1	1.7.1C
切片	推定値	65.270	59.142	45.887		67.123	82.441
	標準誤差	2.975	3.879	1.791		7.420	0.216
	自由度	34	34	33		32	32
	t 値	21.939	15.248	25.622		9.046	380.886
	p 値	<.001	<.001	<.001		<.001	<.001
自主学習	推定値	2.235		2.011	0.642	−0.747	2.274
	標準誤差	0.377		0.146	0.046	0.950	0.159
	自由度	34		33	33	32	32
	t 値	5.931		13.810	13.811	−0.787	14.298
	p 値	<.001		<.001	<.001	0.437	<.001
興味	推定値		2.996	2.705	0.653	−0.287	2.702
	標準誤差		0.491	0.192	0.046	1.035	0.174
	自由度		34	33	33	32	32
	t 値		6.105	14.054	14.054	−0.278	15.570
	p 値		<.001	<.001	<.001	0.783	<.001
自主学習＊興味	推定値					0.387	0.387
	標準誤差					0.132	0.132
	自由度					32	32
	t 値					2.932	2.932
	p 値					0.006	0.006

「タイプ I 平方和」は〈モデル 1.6.1〉の平方和に等しい。そして，〈モデル 1.6.1〉の「誤差の平方和」から〈モデル 1.6.2〉の「誤差の平方和」を減ずると，〈モデル 1.6.2〉の「自主学習の平方和」になる（455.555−67.194 = 388.361）。すなわち，予測変数を次々とモデルに投入した場合に，その都度増加する説明された平方和，言い換えれば減少する「誤差の平方和」をもって，投入した予測変数の効果と考えるのがタイプ I 平方和なのである。したがって，すべての予測変数の「タイプ I 平方和」を合計すると，モデルの平方和に一致する。しかし，通常のモデルでは，予測変数を投入した順序にそれほど大きな意味はない。したがって，順序が変わるごとにその予測変数の効果が変化するようでは，かえって予測変数の効果を評価するのに煩雑であろう。そこで，ある予測変数の効果を考える際に，それ以外のすべての予測変数がすでに投入されており，最後にその予測変数を投入する場合に増加する説明された平方和，言い換えれば減少する「誤差の平方和」をもってその予測変数の効果とみなすのがタイプ II 平方和である[19]。予測変数同士が直交しておれば，「タイプ I 平方和」と「タイプ II 平方和」は一致するのだが，通常は両者の間に何がしかの相関関係があるため，「タイプ II 平方和」の方が小さくなる。その結果，すべての予測変数の「タイプ II 平方和」を加えても，モデルの平

---

19) 分散分析において利用されたタイプ III 平方和は，Σ制約モデルに特徴的な，アンバランスな観測数を調整するための特殊なタイプ II 平方和である。したがって，水準による群が定義されない回帰分析にタイプ III 平方和を指定すると，タイプ II 平方和と等しい結果になる。多くの統計ソフトでデフォルトがタイプ III 平方和になっているのは，そのためである。

表 1-13 一般線形モデル（回帰分析）の効果の検定

項		1.5.1	1.6.1	1.6.2	1.6.2Z	1.7.1	1.7.1C
自主学習	平方和	485.585		388.361	14.234	1.025	338.348
	偏η^2乗	0.508		0.853	0.853	0.019	0.865
	自由度	1		1	1	1	1
	平均平方	485.585		388.361	14.234	1.025	338.348
	F値	35.173		190.729	190.729	0.619	204.421
	p値	<.001		<.001	<.001	0.437	<.001
興味	平方和		499.418	402.193	14.740	0.127	401.255
	偏η^2乗		0.523	0.857	0.857	0.002	0.883
	自由度		1	1	1	1	1
	平均平方		499.418	402.193	14.740	0.127	401.255
	F値		37.274	197.523	197.523	0.077	242.428
	p値		<.001	<.001	<.001	0.783	<.001
自主学習＊興味	平方和					14.229	14.229
	偏η^2乗					0.212	0.212
	自由度					1	1
	平均平方					14.229	14.229
	F値					8.597	8.597
	p値					0.006	0.006
モデル	平方和	485.585	499.418	887.778	32.537	902.007	902.007
	R^2乗	0.508	0.523	0.930	0.930	0.945	0.945
	調整R^2乗	0.494	0.509	0.925	0.925	0.939	0.939
	自由度	1	1	2	2	3	3
	平均平方	485.585	499.418	443.889	16.269	300.669	300.669
	F値	35.173	37.274	218.000	218.000	181.657	181.657
	p値	<.001	<.001	<.001	<.001	<.001	<.001
誤差	平方和	469.387	455.555	67.194	2.463	52.965	52.965
	自由度	34	34	33	33	32	32
	平均平方	13.806	13.399	2.036	0.075	1.655	1.655
総和（修正済）	平方和	954.972	954.972	954.972	35.000	954.972	954.972
	自由度	35	35	35	35	35	35

・平方和はすべて「タイプII（タイプIII）平方和」である。
・〈モデル1.6.2Z〉は〈モデル1.6.2〉の変数を標準化したものである。
・〈モデル1.7.1C〉は〈モデル1.7.1〉の予測変数をそれぞれの標本平均で中心化したものである。

方和より小さくなる。予測変数の効果を検定する場合には，通常「タイプII平方和」が利用される。従来の偏回帰係数に対するt検定と等価なのは，この「タイプII平方和」に基づく分散分析である。

さて，「自主学習」と「興味」では，どちらの方が「達成度」に大きな影響を与えると考えるべきなのであろうか。表1-12の〈モデル1.6.2〉の傾きの推定値を見る限り，「興味」の傾きの方が大きいわけであるから，「興味」の方が「達成度」に大きな影響を与えると考えることができそうである。しかし，すぐにおわかりであろうが，予測変数の単位（尺度）や分布の様子が

同じである保証はどこにもない。たとえば，「身長」と「体重」のいずれが「心臓病罹患率」に影響するかを判定するような場合に，cm と kg をそのまま比べることはできないだろう。したがって，通常はそれぞれの変数を標準化（Z 得点化）してから重回帰分析を行い，それぞれの傾きの大きさを比較する。

　この場合の傾きを**標準偏回帰係数**（standard partial regression coefficient）と呼ぶ。本例の場合，すべての変数を標準化してから重回帰分析した結果は〈モデル 1.6.2Z〉のとおりである。やはり，「興味」の方が標準偏回帰係数は大きいが，その差は小さくなっている。ところで，予測変数を標準化しても，t 値や偏 η^2，F 値，R^2 などは変化していない。すなわち，これらの値は比の形をしているため，標準偏差の違いが相殺されているのである。特に偏 η^2 は各予測変数の効果の大きさを示す指標として利用されるものであるから，どちらの予測変数の影響が大きいかを確認するだけであれば，わざわざ標準化してから重回帰分析をしなくても，偏 η^2 に基づいて判断することが可能である。傾きを考える際には，通常用いている単位を利用した方が，実感が湧くというものであろう。また，可能性のある予測変数がたくさんあって，探索的に有効な予測変数を絞り込む必要がある場合にも，予測変数を追加した際に増加する R^2 の量やそれぞれの偏 η^2 などを手掛かりにすることができるだろう。実際，自動的に有効な予測変数を絞り込むためのステップワイズ法は，R^2 の増加量や追加した変数の偏回帰係数の p 値を判定基準に用いることが多い。

1-7　交互効果を含む重回帰分析

　2 元配置分散分析の場合，2 つの要因の効果を考える際に，交互効果を入れて考えるのが通常であった。両要因が独立していなければ，当然ながら交互効果があると考えられるからである。予測変数が連続尺度になっても，事情は同じである。前節では，「自主学習」と「興味」を予測変数として「達成度」を予測したわけであるが，本節では「自主学習」と「興味」の交互効果を含めた重回帰分析について考えてみよう。交互効果を含む重回帰分析のモデル式は以下のとおりである〈モデル 1.7.1〉。2 元配置分散分析の交互効果が両要因の論理的な積であったのに対して，連続尺度の変数の交互効果はそのまま両変数の積になる。すなわち，$\beta_3 X_{i1} X_{i2}$ が X_1 と X_2 の交互効果の項である。それ以外の項については，前節で述べた通常の重回帰分析の場合と同様である。

$$Y_i = \beta_0 + \beta_1 X_{i1} + \beta_2 X_{i2} + \beta_3 X_{i1} X_{i2} + e_i \qquad e_i \sim N(0, \sigma_e^2) \qquad \langle 1.7.1 \rangle$$

　〈モデル 1.7.1〉を最小 2 乗法によって観測値（データセット）にあてはめた結果は表 1-12 および表 1-13 の〈モデル 1.7.1〉のとおりである。なお，残差の正規性（Shapiro-Wilk, $p=0.690$），等分散性については特に大きな問題はない（図 1-17）。

　交互効果は統計学的に有意になったものの，「自主学習」「興味」共に 1 次の効果は統計学的に有意でなくなってしまった。しかも，係数はいずれも負になっている。自主学習すればするほど，興味を持てば持つほど，達成度は下がるのだろうか。「自主学習」と「興味」をそれぞれの標本平均で中心化してから，同様の重回帰分析をやり直してみよう。結果は表 1-12 および表 1-13 の〈モデル 1.7.1C〉のとおりである。

　中心化した「自主学習」や「興味」の 1 次の項のパラメータ推定値は，交互効果を考えずに重回帰した前節の結果〈モデル 1.6.2〉に近い値になり，効果の検定結果も統計学的に有意に

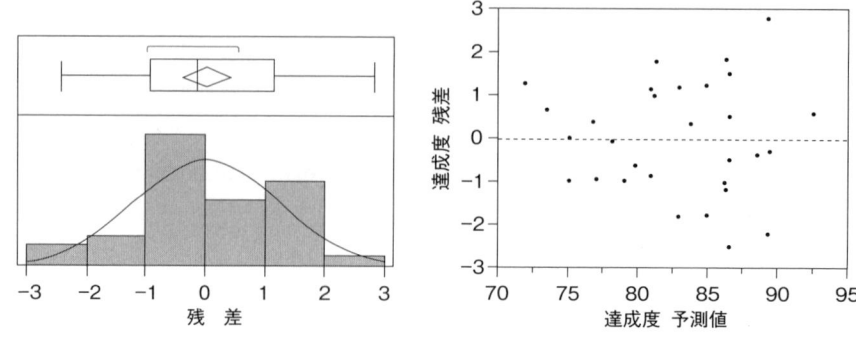

図1-17　残差のヒストグラムと予測値に対する散布図〈モデル1.7.1〉

なっている。他方，交互効果に関してはパラメータの推定値も分散分析の結果も変化していない[20]。これはどうしたことであろうか。ヤラセのようで恐縮であるが，実はこの劇的な変化は見かけ上のものにすぎないのである。実際，

達成度 = 82.441 + 2.274 ×（自主学習 − 7.722）+ 2.702 ×（興味 − 7.806）
　　　　+ 0.387 ×（自主学習 − 7.722）×（興味 − 7.806）

の括弧を展開すると，

達成度 = 67.123 − 0.747 × 自主学習 − 0.287 × 興味 + 0.387 × 自主学習 × 興味

となるのである。つまり，交互効果の項を展開すると1次の項が現れるため，見かけ上1次の項が変化したにすぎない。示されている曲面に変化はないのである。ただ，そうは言っても，1次の項は統計学的に有意と言えばよいのだろうか，それとも統計学的に有意ではないのだろうか。問題は，それぞれの式における回帰係数が0という帰無仮説が一体何を意味しているか，である。実際，変数を中心化していない場合，興味 = 0 とすると，上の式は

達成度 = 67.123 − 0.747 × 自主学習

となる。つまり，−0.747 という「自主学習」の係数は，興味 = 0 という状況における「自主学習」の傾きなのである。興味 = 2 とすると，交互効果から「自主学習」の1次の項が発生するため，「自主学習」の傾きは −0.747 + 0.387 × 2 = 0.027 になる。「興味」の値が増加するにつれて，「自主学習」の傾きが大きくなることに気付かれるだろう。つまり，**交互効果（2次の項）を含めた場合，他の予測変数の値を特定しなければ，ある予測変数の傾きという概念が成立しないのである**。したがって，「自主学習」の傾きは統計学的に有意なのか，という問はナンセンスでしかない。−0.747 は興味 = 0 のときの「自主学習」の傾きであり，2.274 は「興味」の値がその平均値（7.806）であるときの「自主学習」の傾きなのである。興味 = 0 の状況では，「自主学習」の効果は統計学的に有意ではない。そして，興味 = 7.806 の状況では，「自主学習」の

---

[20] 切片の推定値は，微妙に「達成度」の平均 82.528 からずれている。これは，「自主学習」と「興味」をそれぞれ標本平均で中心化してから掛け合わせたものの平均が，必ずしも0にはならないためである。

効果は統計学的に有意になる。それだけのことなのである。一般に，高次の項を含む回帰分析においては，予測変数の値と無関係に評価可能な偏回帰係数は，最高次の項の偏回帰係数だけである。通常の重回帰分析において，切片以外の偏回帰係数が他の予測変数の値とは無関係に評価可能であったのは，それが1次の回帰分析だからなのである。ところで，単回帰分析の切片についてすでに述べたように，自主学習=0，興味=0という学生は実際には存在しないのであるから，やはり中心化した結果で議論しなければ，すなわち，平均的な学生の様子について議論しなければ，全般的な判断を誤ることにもつながりかねないだろう。

さて，交互効果は統計学的に有意となったが，この効果はどのように解釈すべきなのであろうか。すでに予想されている方もおられるだろうが，どちらの予測変数を主とするかによって，2とおりの解釈が可能である。

達成度 = (67.123 − 0.287 × 興味) + (−0.747 + 0.387 × 興味) × 自主学習

達成度 = (67.123 − 0.747 × 自主学習) + (−0.287 + 0.387 × 自主学習) × 興味

上側は，「達成度」を「自主学習」の1次式で予測するときの切片と傾きが「興味」によって変化するという式であり，下側は，「達成度」を「興味」の1次式で予測するときの切片と傾きが「自主学習」によって変化するという式である。いずれの式を利用するかは，研究者が何に関心を持っているかによって決定される。本例の場合には，上側の式の方が解釈しやすいであろう。すなわち，同じ量だけ「自主学習」をしたとしても，より大きな「興味」を持つ学生の方が「達成度」は高くなるのである。反対に言えば，「興味」をあまり持っていない学生の場合には，いくら「自主学習」したとしても，あまり「達成度」は伸びないことになる。このように，交互効果が統計学的に有意な場合には，他の予測変数が変化することによって，傾きが連続的に変化するのである。実際，一方の変数を平均および平均±標準偏差の値に固定した場合のグラフは，以下のようになる。

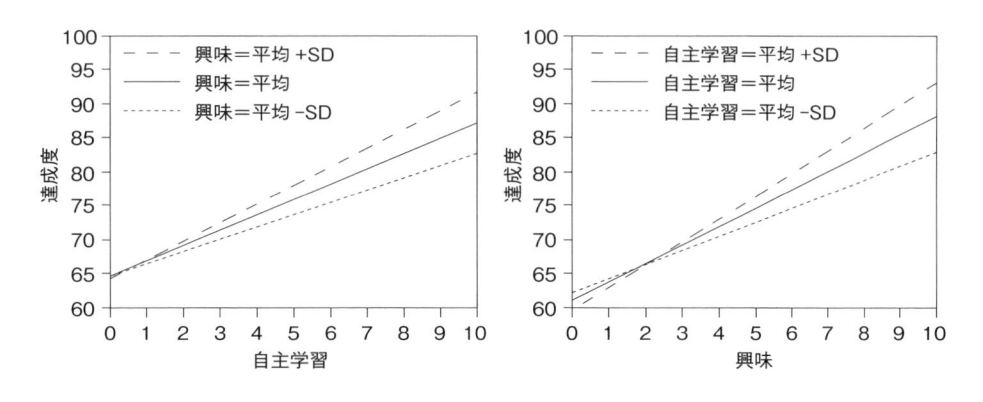

図1-18 達成度と自主学習・興味の関係（交互効果あり）

グラフは前節の図1-16のように平行になるのではなく，傾きが変化していることに注目していただきたい。表1-13で交互効果が統計学的に有意であるということは，これらの傾きの違いが統計学的に有意であることを示している。たとえば，「興味」が平均+標準偏差のときの「自主学習」の傾き（2.762）と「興味」が平均−標準偏差のときの「自主学習」の傾き（1.786）の差が，統計学的に有意なのである。この場合，「興味」の変化の幅は任意である。変化の幅を増加させれば，傾きの差は増加するが，同時に傾きの標準誤差も大きくなり，比を取って t

値を求めると等しい値になるのである．したがって，交互効果が統計学的に有意である場合には，一般に傾きの違いが統計学的に有意になる．また，他の予測変数の値が平均±標準偏差であるときの単純勾配（例えば，先程の 2.762 と 1.786）が 0 でないと統計学的に主張できるか否かについては，別に t 検定が可能である（表 1-14）[21]．こうした，単純勾配に関する一連の分析を，Aiken, L. S. (1991) は**単純勾配分析（simple slope analysis）**と呼んでいる．

表 1-14 自主学習・興味についての単純勾配検定

項	推定値	標準誤差	自由度	t 値	p 値
自主学習 H	2.762	0.288	32	9.592	<.001
自主学習 L	1.786	0.152	32	11.753	<.001
興味 H	3.347	0.279	32	11.979	<.001
興味 L	2.056	0.281	32	7.316	<.001

H: 他の予測変数の値が平均＋標準偏差のときの単純勾配
L: 他の予測変数の値が平均－標準偏差のときの単純勾配

なお，図 1-18 を見ると，「自主学習」「興味」の値にかかわらず，「達成度」が一定になる所（単純勾配の交点）が存在することがわかる．この値を求めるには，以下のように変形すればよい．自主学習 =0.742 であれば「興味」の値がいくらであっても，興味 =1.931 であれば「自主学習」の値がいくらであっても，常に達成度 =66.569 になることがわかる．この自主学習および興味の値は，それぞれ興味，自主学習の傾きが 0 になる値でもある．すなわち，たとえば，興味が 1.931 未満だと，自主学習の傾きが負になるのである．

達成度 $-66.569 = 0.387 \times$（自主学習 -0.742）$\times$（興味 -1.931）

1-8 高次多項式回帰分析

1-5 節では「達成度」を「自主学習」の 1 次式で近似する単回帰分析を行った結果，「自主学習」が増加すれば「達成度」も高くなることがわかった．しかし，場合によっては，傾きの変化が問題になることもあるだろう．つまり，「自主学習」が増加するのに応じて，「達成度」の伸びは頭打ちになるのか，それともさらに一層伸びるようになるのかが問われる状況もあると考えられる．このような場合，たとえば「自主学習」の 2 乗を予測変数に加えて[22]重回帰分析すればよい．このような高次多項式回帰分析のモデル式は，以下のとおりである〈モデル 1. 8. 1〉．ただし，学生 i の「達成度」を Y_i，「自主学習」を X_{i1}，誤差を e_i とする．

$$Y_i = \beta_0 + \beta_1 X_{i1} + \beta_2 X_{i1}^2 + e_i \qquad e_i \sim N(0, \sigma_e^2) \qquad \langle 1.8.1 \rangle$$

このモデル式を観測値（データセット）にあてはめた時の残差の正規性（Shapiro-Wilk, p=0.711），等分散性については図 1-19 のとおりである．

---

[21] パラメータの線形結合で表現できる統計量についての t 検定については，付録 B あるいは C を確認していただきたい．
[22] 「自主学習」の自分自身との交互効果を設定しても同じことである．

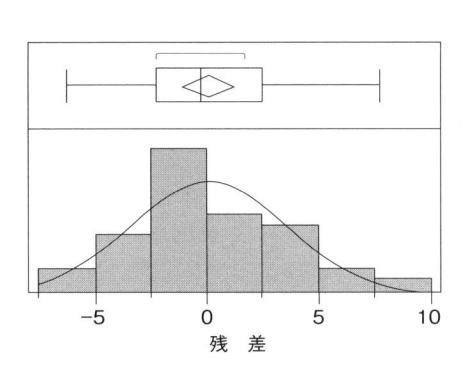

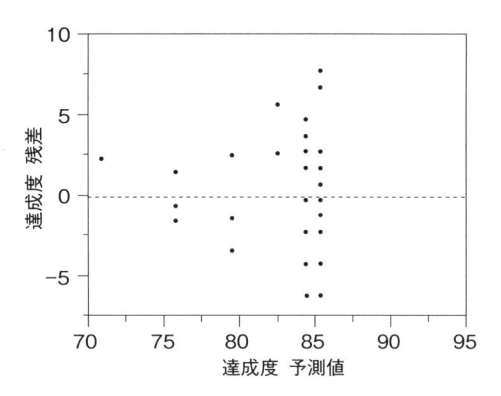

図1-19 残差のヒストグラムと予測値に対する散布図〈モデル1.8.1〉

前節で予測変数の中心化について述べたように，高次多項式回帰分析においても，予測変数を中心化するか否かで1次の項の回帰係数の推定値や効果の検定が大きく変化する。このモデル式を最小2乗法によって観測値（データセット）にあてはめた結果を，そのままの場合と，中心化した場合〈モデル1.8.1C〉について以下に示す。

表1-15 パラメータ推定値〈モデル1.8.1〉

項	推定値	標準誤差	自由度	t値	p値
切片	42.002	11.153	33	3.766	0.001
自主学習	9.096	3.201	33	2.841	0.008
自主学習＊自主学習	−0.477	0.221	33	−2.157	0.038

表1-16 分散分析表〈モデル1.8.1〉

要因	タイプⅡ平方和	偏η2乗	自由度	平均平方	F値	p値
自主学習	100.637	0.197	1	100.637	8.072	0.008
自主学習＊自主学習	57.983	0.124	1	57.983	4.651	0.038
モデル	543.568	0.569	2	271.784	21.801	<.001
誤差	411.404		33	12.467		
総和（修正済）	954.972		35			

$R^2=0.569$，自由度調整$R^2=0.543$

表1-17 パラメータ推定値〈モデル1.8.1C〉

項	推定値	標準誤差	自由度	t値	p値
切片	83.815	0.838	33	99.993	<.001
C自学	1.734	0.427	33	4.061	<.001
C自学＊C自学	−0.477	0.221	33	−2.157	0.038

表1-18 分散分析表〈モデル1.8.1C〉

要因	タイプⅡ平方和	偏η^2乗	自由度	平均平方	F値	p値
C自学	205.645	0.333	1	205.645	16.495	<.001
C自学＊C自学	57.984	0.124	1	57.984	4.651	0.038
モデル	543.568	0.569	2	271.784	21.801	<.001
誤差	411.404		33	12.467		
総和（修正済）	954.972		35			

$R^2=0.569$, 自由度調整 $R^2=0.543$

表1-15と表1-17を比べると明らかなように，2次の項の回帰係数は変わらないが，1次の項や切片の推定値や検定結果は大きく異なっている[23]。しかし，これも単なる見かけ上のことであって，

$$達成度 = 83.815 + 1.734（自主学習 - 7.722）- 0.477（自主学習 - 7.722）^2$$

の右辺を展開すると，

$$達成度 = 42.0 + 9.10 \times 自主学習 - 0.477 \times 自主学習^2$$

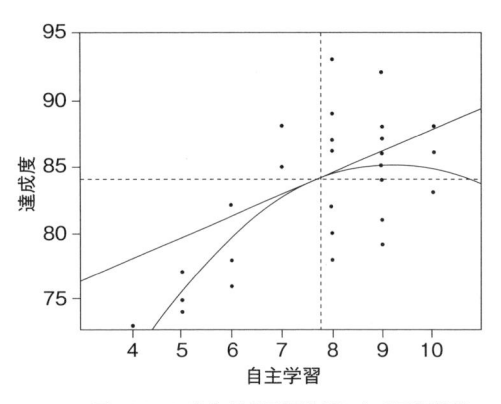

図1-20 2次多項式回帰分析による回帰曲線

となるのである。中心化していない場合の「自主学習」の1次の係数（9.096）は，自主学習 =0のときの接線の傾きであり，中心化した場合の自主学習の1次の係数（1.734）は，「自主学習」が平均（7.722）のときの接線の傾きである。2次の係数が負であるため，2次曲線は図1-20のように上に凸となり，自主学習が増加するのに応じて，接線の傾きは小さくなる。つまり，達成度の伸び率は頭打ちになるのである。単回帰分析における切片についての議論と同様に，自主学習 =0の学生は存在しないのであるから，中心化してから多項式近似する方が適切な場合が多いだろう。なお，2次曲線の頂点を明確にするには，以下のような変形をすればよい。「自主学習」が9.54のとき，平均的達成度は最大85.4になる，ということを意味している。「自主学習」が9.54を超えると，かえって「達成度」は減少することになる。

$$達成度 - 85.4 = -0.477 \times （自主学習 - 9.54）^2$$

1-9 変数の対数変換

「達成度」を「自主学習」と「興味」で予測（説明）する場合，通常無反省に重回帰分析を利

---

[23] 交互効果を含む重回帰分析の場合と同様に，予測変数を中心化してから高次多項式回帰分析を行う場合，切片は必ずしも応答変数の平均82.528にならない。

用しているが，果たして「自主学習」の効果と「興味」の効果は加算されるべきものなのだろうか。少なくとも自明とは言えないだろう。場合によっては，両者の効果は積算されるべきであるかもしれない。このような場合，変数の対数を取るのも一つの選択肢である〈モデル1.9.1〉。すなわち，学生 i の「達成度」を Y_i，「自主学習」を X_{i1}，「興味」を X_{i2}，誤差を e_i と表記すると，今考えようとしているモデルの式は以下のようになる。

$$\log Y_i = \beta_0 + \beta_1 \log X_{i1} + \beta_2 \log X_{i2} + e_i \qquad e_i \sim N(0, \sigma_e^2) \qquad \langle 1.9.1 \rangle$$

この式の両辺を整理すると，このモデルは，次のような曲面で観測値を近似することになる。

$$Y = e^{\beta_0} X_1^{\beta_1} X_2^{\beta_2}$$

応答変数の対数をとることに正当性があるかどうかは問題であるが，残差の正規性 (Shapiro-Wilk, $p=0.099$) および等分散性については，図1-21 のとおりである。本例の場合には，少し問題がありそうであるが，とりあえず結果を示すことにしよう。

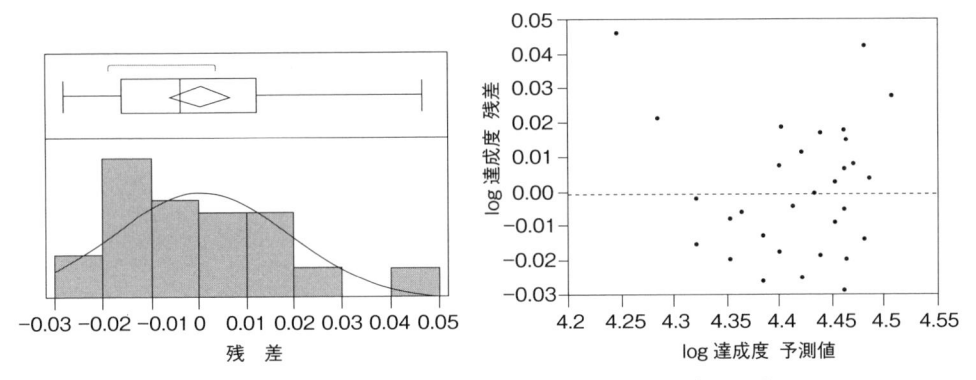

図1-21 残差のヒストグラムと予測値に対する散布図〈モデル1.9.1〉

モデル式を観測値（データセット）にあてはめた結果は以下のとおりである。

表1-19 パラメータ推定値〈モデル1.9.1〉

項	推定値	標準誤差	自由度	t値	p値
切片	3.578	0.046	33	78.588	<.001
log 自学	0.170	0.013	33	12.632	<.001
log 興味	0.240	0.020	33	11.840	<.001

表1-20 分散分析表〈モデル1.9.1〉

要因	タイプⅡ平方和	偏η^2乗	自由度	平均平方	F値	p値
log 自学	0.0576	0.829	1	0.0576	159.575	<.001
log 興味	0.0506	0.810	1	0.0506	140.186	<.001
モデル	0.1306	0.916	2	0.0653	180.903	<.001
誤差	0.0119		33	0.0004		
総和（修正済）	0.1425		35			

$R^2 = 0.916$，自由度調整 $R^2 = 0.911$

$e^{3.578}$=35.8 なので,予測式は以下のようになる。

$$Y = 35.8 X_1^{0.170} X_2^{0.240}$$

通常の重回帰分析の場合の図1-16に相当するグラフを描くと図1-22のようになる。左側は「興味」の値を平均および平均±標準偏差に固定した場合の「自主学習」と「達成度」の関係であり,右側は「自主学習」の値を同様に固定した場合の「興味」と「達成度」の関係である。いずれも,右上がりではあるが,傾きに頭打ち効果が認められる。これは,β_1 および β_2 が,いずれも1より小さい正の値になっているためである。2次の項を追加しなくても,少ない項で傾きの変化が推定される点は,対数をとる分析の長所であろう。

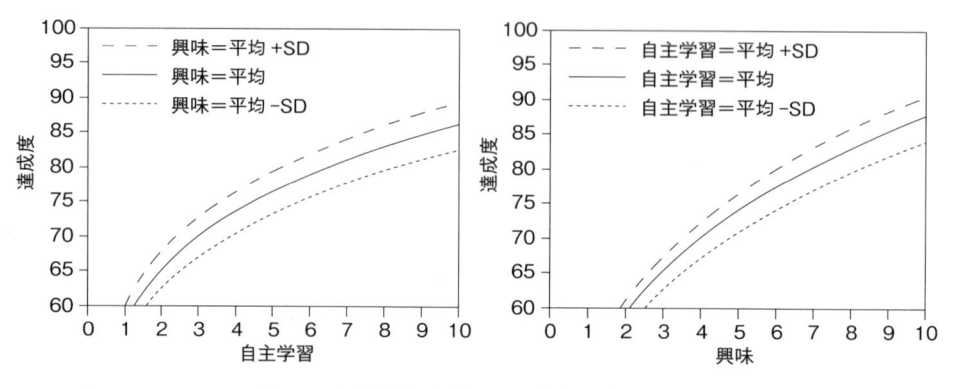

図1-22　「達成度」と「自主学習」「興味」の関係

1-10　共通の傾きを持つ共分散分析

　一般線形モデルという視点が最も大きな意味を持つのは,おそらくこの**共分散分析 (analysis of covariance)** ではないだろうか。ANCOVAは,従来,分散分析の検定力を上げるために,連続尺度の**共変量 (covariate)** を加えて分析する,という文脈で捉えられていた。あくまでその使命は,水準ごとの群平均の違いの検定と見られていたのである。しかし,一般線形モデルとして捉えることによって,もちろん従来と同様の検定を行うことも可能であるが,むしろ,**水準ごとに異なった回帰直線を持つ回帰モデルとして理解されることになるのである。すなわち,名義尺度の変数(要因)と連続尺度の変数を合わせて応答変数の値を予測(説明)するモデル**なのである。本節では,まず,回帰直線の切片だけが水準によって変化するモデルについて説明しよう。

　「達成度」を「自主学習」へ単回帰することによって,「自主学習」が増加するのに応じて「達成度」も増加することが確認された。1-5節の結果によれば,予測式は,

$$達成度 = 65.270 + 2.235 \times 自主学習$$

であった。さて,問題となるのは,学部によって達成度と自主学習の関係に違いはないのか,ということである。こうして,名義尺度の変数である「学部」と連続尺度の変数である「自主学習」を用いて,「達成度」を予測するという状況が生じることになる。これに対して従来の考え方は,L学部の達成度の平均80.944とS学部の達成度の平均84.111の違いを検定すること

が問題であった。表1-2の〈モデル1.3.1〉に示される「学部」による1元配置分散分析では，その違いは有意にならないのである（$p=0.068$）。そこで，「自主学習」を共変量として用いることによって，分散分析の検定力をあげるという問題状況が生じることになる。2つの状況はあまりにも異なっており，同じ分析とは思えないほどである。

切片の値が学部ごとに異なり，傾きは両学部に共通である場合の共分散分析〈モデル1.10.1〉のモデル式は以下のようになる。ただし，学部 i の学生 k の「達成度」の値を Y_{ik}，全体の平均的切片を μ，各学部の切片の偏差を α_i，共通の傾きを β，「自主学習」の値を X_{ik}，誤差を e_{ik} とする。なお，学部の数は I である。学部 i の切片は $\mu + \alpha_i$ であるが，この値は学部 i に応じて変化する。傾き β は，いずれの学部にも共通である。

$$Y_{ik} = \mu + \alpha_i + \beta X_{ik} + e_{ik} \qquad e_{ik} \sim N(0, \sigma_e^2) \qquad \langle 1.10.1 \rangle$$

ただし，$\sum_{i=1}^{I} \alpha_i = 0$

このモデル式を最小2乗法によって観測値（データセット）にあてはめた結果は以下のとおりである。ただし，残差の正規性（Shapiro-Wilk, $p=0.125$）と等分散性は，図1-23のとおりである。

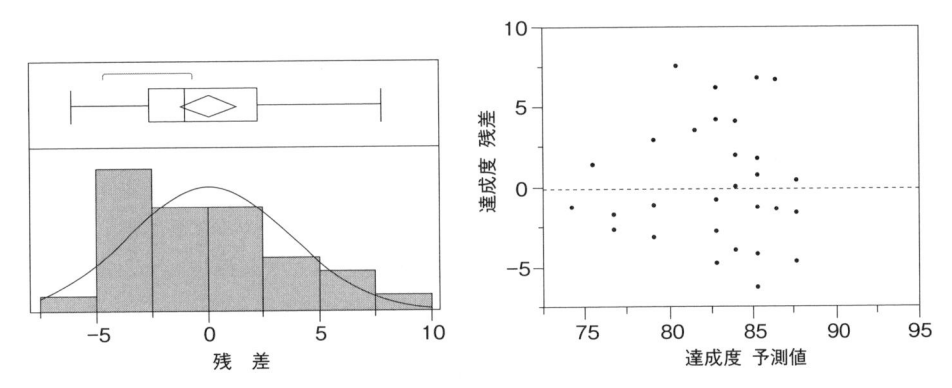

図1-23 残差のヒストグラムと予測値に対する散布図〈モデル1.10.1〉

表1-21 パラメータ推定値〈モデル1.10.1〉

項	推定値	標準誤差	自由度	t 値	p 値
切片 [L]	64.391	3.204	33	20.100	<.001
切片 [S]	63.251	3.980	33	15.892	<.001
自主学習	2.422	0.451	33	5.374	<.001

表1-22 「タイプI平方和」による分散分析表〈モデル1.10.1〉

要因	タイプI平方和	偏 η 2乗	自由度	平均平方	F 値	p 値
学部	90.250	0.164	1	90.250	6.459	0.016
自主学習	403.608	0.467	1	403.608	28.885	<.001
モデル	493.858	0.517	2	246.929	17.672	<.001
誤差	461.114		33	13.973		
総和（修正済）	954.972		35			

$R^2=0.517$，自由度調整 $R^2=0.488$

表1-23 「タイプIII平方和」による分散分析表〈モデル1.10.1〉

要因	タイプIII平方和	偏η^2乗	自由度	平均平方	F値	p値
学部	8.273	0.018	1	8.273	0.592	0.447
自主学習	403.608	0.467	1	403.608	28.885	<.001
モデル	493.858	0.517	2	246.929	17.672	<.001
誤差	461.114		33	13.973		
総和（修正済）	954.972		35			

$R^2=0.517$，自由度調整$R^2=0.488$

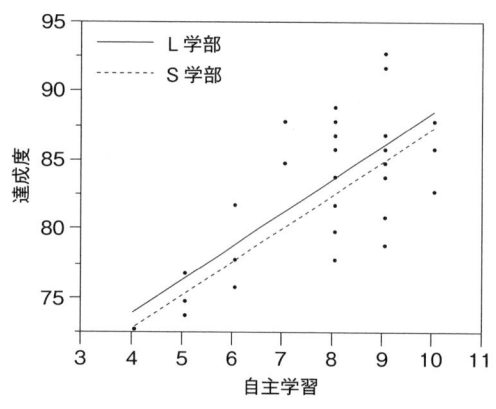

図1-24 学部ごとの達成度と自主学習の関係

表1-22は「タイプI平方和」を利用した分散分析であり，表1-23は「タイプIII平方和」を利用した分散分析の結果である。1-6節で説明したように，「タイプI平方和」は予測変数をモデルに投入した際に増加する「説明される平方和」，あるいは減少する「誤差の平方和」によって定義される。したがって，表1-22の「学部」の「タイプI平方和」（90.250）は，「学部」による1元配置分散分析であった〈モデル1.3.1〉の平方和に等しい（表1-2参照）。しかし，誤差の平方和が「自主学習」によって説明される平方和分だけ減少しているため，誤差の平均平方が小さくなり，「学部」の効果は統計学的に有意になるのである（$p=0.016$）。これが，従来の共分散分析の考え方である。すなわち，名義尺度の変数（学部）の水準で定義される群平均の違いの検定を，連続尺度の共変量（自主学習）を加えて分析することによって有利に行おうという文脈である。したがって，従来の意味での共分散分析は，名義尺度の予測変数を最初にモデルに投入する場合の「タイプI平方和」に基づく分散分析によって実行することが可能である。

これに対して，一般線形モデルとしての共分散分析の目的は，水準ごとの回帰直線を求めることであった。L学部とS学部それぞれの回帰直線は図1-24のとおりである。学部の平均はL学部（80.944）の方がS学部（84.111）より低かったのであるが，表1-21によれば，回帰直線の切片はわずかであるがL学部の方が大きい。つまり，L学部の回帰直線の方が上にあるのである。どうしてこのようなことになるのであろうか。回帰直線が，予測変数の平均と応答変数の平均で決定される平均点を通ることはすでに述べた。共分散分析の場合にも，それぞれの水準ごとの回帰直線は，それぞれの群の平均点を通るのである。L学部の「達成度」の平均は80.944であるが，L学部の回帰直線上で「達成度」がこの値になるのは，「自主学習」がL学部の平均6.833のときなのである。これに対して，S学部の「達成度」の平均は84.111であるが，これは「自主学習」がS学部の平均8.611のときである。つまり，S学部の達成度が高いのは，S学部の学生の方がよく「自主学習」をするために他ならない。同じ程度の「自主学習」得点の学生同士を比較すれば，学部の違いはほとんどなく，むしろL学部の方が「達成度」が高いという結果になっているのである。実際，それぞれの学部の切片の差をt検定すると，表1-24のとおり，統計学的に有意にはならない[24]。こうした知見は，「学部」ごとの群平均の違いを検

---

[24] 一般線形モデルでは，パラメータの線形結合で表現される統計量について，全体の誤差の平均平方に基づく検定を行うことができる。各統計ソフトで実行する方法については，付録を参照。

定するだけの分散分析によっても，「学部」を区別しない「自主学習」による単回帰分析によっても得られない。まさに，「学部」と「自主学習」を用いて「達成度」を予測する共分散分析ならではの知見なのである。このように，一般線形モデルとしての共分散分析の応用範囲は極めて広いと思われる。これまであまり利用されていないのは，残念なことである。

表 1-24　学部ごとの切片の差の検定〈モデル 1.10.1〉

項	推定値	標準誤差	自由度	t 値	p 値
切片（L 学部—S 学部）	1.140	1.481	33	0.769	0.447

ところで，表 1-24 の t 値を 2 乗すると $0.769^2 = 0.591$ となるが，これは表 1-23 の「学部」の F 値に他ならない。すなわち，「タイプ III 平方和」に基づく分散分析で「学部」の効果として検定されているのは，実は切片の違いなのである。「タイプ III 平方和」は名義尺度を扱う際の Σ 制約に対応できるようにした「タイプ II 平方和」に他ならない。したがって，「学部」の「タイプ III 平方和」は，「自主学習」がすでにモデルに投入されている時，最後に「学部」をモデルに投入したときに増加する「説明される平方和」あるいは減少する「誤差の平方和」である。つまり，「自主学習」の違いによって生み出される「達成度」の違いとは無関係な，「自主学習」に直交する平方和になっており，結局のところ切片の差に対応する平方和になるのである。したがって，「タイプ III 平方和」に基づく「学部」の効果の検定は，切片の差についての検定になる。もちろん，要因の水準が 3 つ以上ある場合には，「それぞれの水準ごとの切片に違いがない」，という帰無仮説に対する検定になる。最後にもう一度確認しておくが，要因の水準で区別される群の群平均の違いの検定は「タイプ I 平方和」による検定であり，群ごとの切片の違いの検定は「タイプ III 平方和」による検定である。

なお，「自主学習」に関する検定は，当然ながら回帰直線の「傾きが 0 である」という帰無仮説についての検定である。「自主学習」の回帰係数，すなわち学部共通の傾き（2.422）は，「自主学習」による単回帰分析〈モデル 1.5.1〉の結果（2.235）とは少し異なった値になっている。これは，単回帰分析が，全体平均からの偏差に対する回帰分析であるのに対して，共分散分析は，それぞれの学部平均からの偏差に対する回帰分析だからである。

1-11　水準ごとに傾きが変化する共分散分析

重回帰分析は，予測変数の積で定義される交互効果をモデルに含めることにより，一方の予測変数の値の変化によって他方の予測変数の傾きが連続的に変化するモデルになった。同様に，名義尺度と連続尺度の予測変数を含む共分散分析においても，2 つの変数の交互効果をモデルに含めることによって，水準ごとに切片だけでなく傾きも変化するモデルになる。前節で問題にした「達成度」を「学部」と「自主学習」で予測するモデルに，両者の交互効果「学部 ∗ 自主学習」を追加したモデルのモデル式は以下のとおりである〈モデル 1.11.1〉。新たに追加された $\omega_i X_{ik}$ が，「学部 ∗ 自主学習」の効果に対応している。この項が，学部によって変化する ω_i と自主学習の予測変数 X_{ik} の積になっている点に注目していただきたい。傾き $\beta + \omega_i$ が学部 i によって変化するようになる点が，前節のモデル式と異なっている。

$$Y_{ik} = \mu + \alpha_i + (\beta + \omega_i)X_{ik} + e_{ik} \qquad e_{ik} \sim N(0, \sigma_e^2) \qquad \langle 1.11.1 \rangle$$

$$\text{ただし,} \sum_{i=1}^{I}\alpha_i = \sum_{i=1}^{I}\omega_i = 0$$

　このモデル式を最小2乗法によって観測値（データセット）にあてはめた結果は以下のとおりである。ただし，残差の正規性（Shapiro-Wilk, p=0.563）および等分散性については，図1-25のとおりである。分散分析の検定力を上げるという旧来の解釈はもはや問題とならないので，分散分析表はタイプⅢ平方和を用いたものだけを示す。

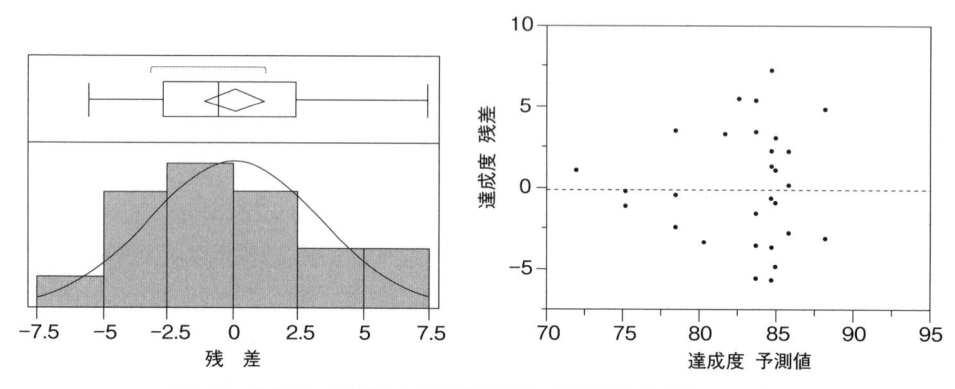

図1-25　残差のヒストグラムと予想値に対する散布図〈モデル1.11.1〉

表1-25　パラメータ推定値〈モデル1.11.1〉

項	推定値	標準誤差	自由度	t 値	p 値
切片 [L]	57.783	3.732	32	15.750	<.001
切片 [S]	74.681	5.893	32	12.673	<.001
自主学習 [L]	3.243	0.533	32	6.086	<.001
自主学習 [S]	1.095	0.678	32	1.616	0.116

表1-26　分散分析表〈モデル1.11.1〉

要因	タイプⅢ平方和	偏η2乗	自由度	平均平方	F 値	p 値
学部	62.689	0.140	1	62.689	5.194	0.029
自主学習	305.607	0.442	1	305.607	25.323	<.001
学部 * 自主学習	74.920	0.162	1	74.920	6.208	0.018
モデル	568.778	0.596	3	189.593	15.710	<.001
誤差	386.194		32	12.069		
総和（修正済）	954.972		35			

R^2=0596，自由度調整 R^2=0.558

表1-27　パラメータの線形結合に対する検定〈モデル1.11.1〉

項	推定値	標準誤差	自由度	t 値	p 値
$\alpha_1 - \alpha_2$	−15.898	6.975	32	−2.279	0.029
β	2.169	0.431	32	5.032	<.001
$\omega_1 - \omega_2$	2.148	0.862	32	2.492	0.018

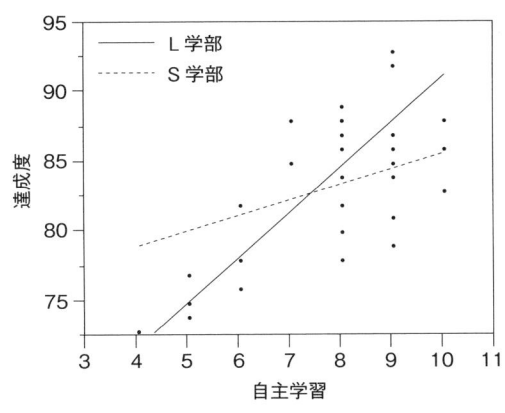

図 1-26　学部ごとの達成度と自主学習の関係

図 1-26 のグラフから明らかなように，L 学部の学生の方が S 学部の学生より傾きが大きい。そのかわり，L 学部の学生の切片は S 学部の学生の切片よりかなり小さい。具体的な推定値は表 1-25 のとおりである。表 1-25 の p 値は，推定値が 0 であるという帰無仮説に対するものであるから，S 学部の学生の傾きだけが「0 でない」とは必ずしも言えない，という結果になっている。切片の学部による違いの検定結果は，表 1-26 の「学部」の効果を見ればよい。また，傾きの学部による違いの検定結果は，同じ表 1-26 の「学部＊自主学習」の効果を見ればよい。「自主学習」の効果として検定されているのは，モデル式の記号を用いると，$\beta = 0$ という帰無仮説である。実際にそのようになっているのかどうか，それぞれの推定値についての t 検定の結果（表 1-27）と比較してみよう。両方の表において，p 値が同じであることに気づかれるだろう。実際，表 1-27 の t 値を 2 乗すると，それぞれ $(-2.279)^2 = 5.194$，$5.032^2 = 25.321$，$2.492^2 = 6.210$ となるが，これらの値は四捨五入による誤差を除けば表 1-26 の F 値に等しい。これらの検定は等価なのである。前節でも述べたが，要因（学部）の水準が 3 つ以上の場合には，当然ながら分散分析による効果の検定は，「すべての水準の推定値が等しい」という帰無仮説に対する検定になる。本例の場合には，どうやら学部による切片の違いも傾きの違いも統計学的に有意になるようである。すなわち，L 学部の学生の方が現時点での「達成度」の平均は低いわけであるが，これは「自主学習」をあまりやっていないことによるのであって，頑張れば S 学部の学生以上に伸びる可能性がある，ということになる。

以上，ただ 1 つのデータセットを例にして，一般線形モデルとして包括される分散分析，回帰分析，共分散分析の主だった手法を紹介してきたわけであるが，おわかりのように，これですべてではない。「予測変数で応答変数の値を予測する」という回帰分析の枠組みだけが一般線形モデルを特徴づけているのであって，どのような種類と数の予測変数を用いるかによって，さまざまなバリエーションが可能になるのである。計画される研究に合わせて，自由に予測変数のセットを考えればよい。そして，分析を「一般線形モデル」で行えば，ほぼ同様の様式で結果が出力されることになる。後は，パラメータの推定値やそれぞれの効果の検定を解釈するだけである。このように，研究の自由度はほとんど無限であると言ってよいわけだが，かえって焦点の定まらない無計画な研究を誘発する可能性もでてきたことになる。あれもこれもという研究は，結局インパクトの少ない無意味な研究になることを肝に銘じておくべきであろう。統計は，研究のための単なる道具にすぎない。予測変数の種類と数を絞り込むことこそが，研究の本質なのである。

第2章 変量効果と混合モデル

マルチレベルモデルを理解していただくためには，もう1つ越えなければならない関所がある。それが，**変量効果**（random effect）という概念である。前章で説明した一般線形モデルで推定され，検定されていた効果は，**固定効果**（fixed effect）と呼ばれる。固定効果と変量効果が混ざったモデルのことを**混合モデル**（mixed model）と称するのであるが[1]，マルチレベルモデルはこの混合モデルの1種なのである。では，変量効果とはいかなる効果なのであろうか。多くの虚言を弄するより，実例を挙げた方が理解の助けとなるだろう。最も単純な，1元配置の**混合分散分析**（mixed ANOVA）[2] を例として取り上げることにしよう。

2-1　1元配置混合分散分析

前章においても，最も単純な分析として1元配置の分散分析を最初に取り上げた。「学科」ごとの「到達度」を固定値（最小2乗平均）で推定し，この値の違いの統計学的有意性を検定することが目的であった。今，この「学科」が，実は高等学校の単なるクラスであり，クラス分けをするに際しては特に何も考慮されておらず，その後の教育においても特筆すべき違いはなかったとしよう。このような場合，1元配置の分散分析を行うことが果たして適切な選択と言えるのだろうか。「学科」であれば，それぞれの学科の特徴に応じて，入学してくる学生にはそれなりの特性があると考えられる。したがって，6つの学科に対応する固有の「達成度」の値が母集団に存在する，とみなしても問題はないだろう。しかし，クラス分けにおいても，教育の方法においても，取り分けて何の違いもないクラスでしかないのなら，母集団に6つの固有の値が存在すると考える根拠はあるのだろうか。一体それは，何の効果を示す値なのだろうか。もちろん，学生たちはクラスとして一定の期間を共に過ごしているわけであるから，「クラス効果」とも呼ぶべき何らかの特徴が表れてもおかしくはない。しかし，その値の種類（水準数）が6つである積極的な理由はあるのだろうか。6つであるのはたまたまにすぎず，むしろもっと多くの水準が可能的には存在するとみなすべきであろう。つまり，「クラス効果」として何がしかの違いが生ずるとみなすことは可能であるが，それはある分布から取り出された確率的な値とみなされるべきなのである。したがって，クラス j に属する学生 k に対するモデル式は以下のようになる。

$$Y_{jk} = \mu + b_j + e_{jk} \qquad b_j \sim N(0, \sigma_b^2) \qquad e_{jk} \sim N(0, \sigma_e^2) \qquad \langle 2.1.1 \rangle$$

---

[1] 固定効果を含まないモデルは「変量効果モデル（random effects model）」と呼ばれる場合もあるが，本書では変量効果を含むモデルをすべて広い意味で「混合モデル」という名称で呼ぶことにする。

[2] 「混合分散分析」という名称は，まだ一般的でないかもしれない。生物学系の統計学で，「モデルⅡ分散分析（model Ⅱ ANOVA）」と呼ばれていた手法である。Sokal, R. R., Rohlf, F. J. (1995). Ch.8 参照。

重要なのは b_j の項である．前章 1-2 節で議論した 1 元配置分散分析〈モデル 1.2.1〉の場合には，この項は β_j と表記され，母集団におけるパラメータ（固定値）とみなされていた．ところが，上式における b_j は確率変数であり，期待値 0，分散 σ_b^2 の正規分布に従うのである．このように，母集団において確率分布に従うとみなされる値の効果を**変量効果**（random effect）と呼ぶ．これに対して，一般線形モデルにおいて問題にしたような，母集団において固定値であるとみなされる値の効果を**固定効果**（fixed effect）と呼ぶのである．本書では，固定効果はギリシア文字で，変量効果はローマ文字で表示することにする．もう気づかれたであろうか．誤差の項を第 1 章から "ε" と表記せずに "e" と表記してきたのは，実はこの項もまた変量効果だからなのである．モデル式に示されている値はすべて母集団の値であり，しかも誤差の項は確率分布に従っている．それ故，誤差の項は変量効果なのである．したがって，誤差以外の変量効果を含む混合モデルでは，確率分布に従う変数が複数存在することになる．本例の場合であれば，確率部分は $b_j + e_{jk}$ となるのである．この確率部分全体の分散を σ^2 とすると，b_j と e_{jk} は互いに独立であり，それぞれが正規分布に従っているので，$\sigma^2 = \sigma_b^2 + \sigma_e^2$ となる．そこで，σ_b^2 と σ_e^2 は，**分散成分**（variance component）と呼ばれることになる．

では，先程のモデル式を観測値（データセット）にあてはめるには，どのような方法が用いられるのであろうか．確率的な項が複数あるため，あてはめは必ずしも容易ではない．主要な方法としては，3 種類のものがある．(1) 平均平方の期待値に基づく **EMS 法**（estimated mean square），(2) **完全最尤法**（full maximum likelihood），(3) **制限最尤法**（restricted maximum likelihood）の 3 種類である[3]．

第 1 に EMS 法であるが，この方法はモーメント法とも呼ばれ，現在では教育的な目的でしか用いられなくなった．この方法で〈モデル 2.1.1〉を先程の観測値（データセット）にあてはめた結果は，表 2-1 および表 2-2 の〈モデル 2.1.1E〉のとおりである．

EMS 法で計算された固定効果（μ）の値および変量効果を加えた学科の値（$\mu + b_j$）を表 2-1 に再掲されている〈モデル 1.2.1〉の値と比較すると明らかであるが，両者はまったく同一である．標準誤差も，まったく同一である．つまり，EMS 法では，変量効果の予測値を求めるまでは，通常の分散分析とまったく同様の計算を行っていることになる．別の言い方をすれば，EMS 法で計算された b_j の値は変量効果ではない．EMS 法は，分散成分を求める計算方法なのであって，b_j の値を求めるための計算方法ではないのである．では，EMS 法は，どのようにして分散成分の値を求めるのであろうか．それは，EMS の意味が示すとおりである．すなわち，EMS は expected mean square（平均平方の期待値）を意味する．たとえば，本例の場合，データのバランスがとれているので，学科数を J，各学科内の学生数を n とすると，「学科」および「誤差」の平均平方の期待値は以下のようになる．b_j は学科の平均の偏差に相等する量であるため，その分散 σ_b^2 は，個々の学生の水準と比較すると $1/n$ になっている．そこで，学生の水準における分散である σ_e^2 に加える場合には n 倍してからになる，と一応理解すればよいだろう．

---

[3] 序章でも述べたように，ヨーロッパでは，REML は残差最尤法（residual maximum likelihood）の省略とみなされている．REML は固定効果に対して一般線形モデルの解を利用するため，残差に対して最尤法を行うことになるからである．また，これらの手法以外にベイズ推定を利用した方法も開発されているが，本書では扱わない．

$$E(MS_b) = E(SS_b)/(J-1) = n\sigma_b^2 + \sigma_e^2$$

$$E(MS_e) = E(SS_e)/J(n-1) = \sigma_e^2$$

この式に，$n=6$ と EMS 法による σ_b^2 および σ_e^2 の推定値を代入すると，$E(MS_b) = 6 \times 8.441 + 20.050 = 70.696$ となるが，この値は表 1-2 の〈モデル 1.2.1〉の「学科」の平均平方の推定値に等しい。また，$E(MS_e) = 20.050$ は，同じく〈モデル 1.2.1〉の「誤差」の平均平方の推定値に等しい。もうおわかりだと思うが，EMS 法は，通常の分散分析の結果得られた平均平方の値を基にして，連立方程式を解いて σ_b^2 や σ_e^2 などの分散成分を推定しているのである。

ところで，「学科」を変量効果とみなす場合には，学科（クラス）の予測値（$\mu + b_j$）は固定したパラメータではないのであるから，その違いを検定しても意味はない。むしろ学科（クラス）間のちらばり（σ_b^2）と学科（クラス）内での個体間のちらばり（σ_e^2）の大きさを比較する必要がある。すなわち，本例の場合には，$\sigma_b^2 (= 8.441)$ より $\sigma_e^2 (= 20.050)$ の方が大きいのであるから，学科の達成度のちらばりより，学科内での学生ごとの達成度のちらばりの方が大きいことになる。このとき，

$$\rho = \sigma_b^2 / (\sigma_b^2 + \sigma_e^2)$$

のことを**級内相関係数**（intra-class correlation coefficient）と呼び，分析対象となっている群（本例の場合には学科）内における共通性の指標とすることが多い。この値が大きいほど，群内の共通性が大きい。つまり，群内はまとまっており，群間のばらつきが大きいことになる。本例の場合には $\rho = 0.296$ なので，それほど学科（クラス）内の達成度が均質である（クラス間のばらつきが大きい）とは言えないことになる。むしろ，クラス内の学生間のばらつきの方が大きいのである。このように，**混合モデルとしての分散分析は，水準ごとの平均の違いの検定ではなく，それぞれの要因が生み出すちらばりの大きさの比較，あるいは応答変数の値に最も大きな違いを生み出す要因の特定を目的としている。**

第 2 の方法，完全最尤法によるあてはめについて確認しておこう。具体的な計算法の詳細は本書の射程を超える問題なのでここでは議論しないが，重要なことは，観測値（データセット）が与えられる確率，すなわち尤度（の対数）を最大にする未知数の値を求める方法である，ということである。実際の計算は，反復計算アルゴリズムを用いて尤度を計算し，数値的に解を求めるものである。これは次の制限最尤法でも同様であるが，反復計算である以上，必ずしも計算が収束するとは限らない。また，分散成分が小さく，統計学的に有意でないような場合には，分散成分の推定値が負になることもある。このような不適切な状況は，おそらく読者の皆さんが予想される以上に頻繁に生じることなのである。残念ながら，そのような場合には，モデルを変更しなければならない。

さて，本モデルをあてはめた結果は，表 2-1 および表 2-2 の〈モデル 2.1.1M〉のとおりである。表 2-1 の〈モデル 2.1.1E〉と比較すると，固定効果（μ）の推定値は同じであるが，変量効果（b_j）を加えた学科の達成度の予測値はいずれも全体の平均（μ）に近づいている。b_j の絶対値が小さくなっていることになる。これが，**平均（0）への収縮**（shrunk towards zero）と呼ばれる現象である[4]。また，全体の平均の標準誤差は EMS 法より大きくなっているが，学科の予測値の標準誤差は小さくなっている[5]。分散成分に関しては，表 2-2 で〈モデル 2.1.1E〉

と比較すると,「誤差」の分散成分推定値は等しいが,「学科」の分散成分推定値が小さくなっている。「分散成分は0である」という帰無仮説が棄却できていない。最尤法は,標本平均の値を既知の値として制約に用いないため,自由度が1つ減らず,その結果分散の推定値が不偏分散にならず,いわゆる標本分散になるのである。実際,通常の標本の分散を最尤法で推定すると,標本分散が得られる。つまり,完全最尤法による分散成分の推定値は不偏推定量ではなく,やや小さめの値になるのである。完全最尤法は,「尤度を最大にする」という単純な原理に基づいてすべてのパラメータの値を推定する点は好ましいのであるが,特に観測数が小さい場合には[6],不用意に統計学的に有意という結果を導きやすい。

最尤法では推定過程において尤度が計算されるため,「−2対数尤度」や「AIC(赤池情報基準:Akaike's Information Criterion)」「BIC(ベイズ情報基準:Bayesian Information Criterion)」などが出力される。「−2対数尤度」は表記のとおり,尤度の対数を取ったものに−2を掛けたものであり,**逸脱度(deviance)** と呼ばれることもある。最小2乗法の場合には,誤差の平方和に基づく量になる。この値が小さいほど尤度が大きく,あてはまりのよいモデルであることになる。また,「AIC」は最尤法で決定した未知数の数の2倍を「−2対数尤度」に加えた値である。本例の場合には,利用した変数はμ,学科,誤差の3つであるから,「−2対数尤度」より6大きい値になる。「BIC」は利用した変数の数のlog(観測数)倍を「−2対数尤度」に加えた値である。本例の場合には,観測数は36であるから,$3 \times \log 36 = 3 \times 3.584 = 10.750$ を「−2対数尤度」に加えた値になる[7]。これらは,予測変数をたくさん利用すれば「−2対数尤度」をいくらでも小さくできることに対する予防措置として,一定の割合で利用した予測変数の数を加えた値になっている。当然ながら,両者とも値が小さいほどよいモデルとなる。ただし,どの程度小さければ適切なのかについての明確な基準があるわけではない。むしろ,複数のモデルを比較する際に利用すべき値である。

第3に,分散成分を小さく推定しがちである完全最尤法の欠点を解消するために考案された方法が制限最尤法である。制限最尤法は,固定効果のパラメータ(本例の場合にはμ)の推定値として一般線形モデルの推定値を採用し,自由度を減らして分散成分の推定値を不偏統計量としたものである。こうすることによって,変量効果の予測値は**最良線形不偏予測量(BLUP: best linear unbiased predictor)**[8]になる。BLUP値については,固定効果の推定値ではないので,単なる計算過程の副産物にすぎないとみなす考え方と,BLUP値を求めることを分析の目標とみなす考え方の両方がある。また,完全最尤法と制限最尤法のいずれをよしとするかについても,議論が完全に決着したわけではない。ただ,現在では,REMLをデフォルトとする統計ソフトが主流になっている。

前ページ4) b_jの収縮率は,本例のようにデータのバランスがとれている場合,各学科に所属する学生数をnとすると,$n\sigma_b^2 / (n\sigma_b^2 + \sigma_e^2)$となる。実際,$6 \times 6.477 / (6 \times 6.477 + 20.050) = 0.660$であるが,学科[a]の場合,$\beta_1 = 85.500 - 82.528 = 2.972$なので,$b_1 = 0.660 \times 2.972 = 1.962$になる。$\mu + b_1 = 82.528 + 1.962 = 84.490$であり,四捨五入の誤差を除けば表2-1の予測値に一致している。

前ページ5) μの標準誤差は,本例のようにデータのバランスがとれている場合,各学科に所属する学生数をn,学科数をJとすると,$(n\sigma_b^2 + \sigma_e^2) / (nJ)$の平方根になる。実際,$(6 \times 6.477 + 20.050) / (6 \times 6) = 1.279^2$である。

6) 生物系の研究では,観測数が10未満になることも多い。

7) BICの値は,統計ソフトによって出力が異なっている。本書では,SPSSの値を採用した。

8) 一般線形モデルにおけるパラメータの推定値は,線形推定量の中で最も誤差分散の小さい不偏推定量であるため最良線形不偏推定量(BLUE: best linear unbiased estimator)と呼ばれるが,変量効果の場合には固定値ではないため「予測量(predictor)」と呼ばれる。

表2-1 パラメーター推定値（予測値）

項		1.2.1	1.3.2	2.1.1E	2.1.1M	2.1.1R	2.2.1
切片 [全体]		82.528	82.528	82.528	82.528	82.528	82.528
標準誤差		0.746	0.746	0.746	1.279	1.401	1.352
切片 [L]			80.944				80.944
標準誤差			1.055				1.912
切片 [S]			84.111				84.111
標準誤差			1.055				1.912
切片 [a]		85.500	85.500	85.500	84.488	84.657	84.112
標準誤差		1.828	1.828	1.828	1.547	1.597	1.632
切片 [b]		78.667	78.667	78.667	79.981	79.762	79.361
標準誤差		1.828	1.828	1.828	1.547	1.597	1.632
切片 [c]		78.667	78.667	78.667	79.981	79.762	79.361
標準誤差		1.828	1.828	1.828	1.547	1.597	1.632
切片 [d]		82.333	82.333	82.333	82.400	82.388	82.875
標準誤差		1.828	1.828	1.828	1.547	1.597	1.632
切片 [e]		87.000	87.000	87.000	85.478	85.732	86.120
標準誤差		1.828	1.828	1.828	1.547	1.597	1.632
切片 [f]		83.000	83.000	83.000	82.839	82.866	83.339
標準誤差		1.828	1.828	1.828	1.547	1.597	1.632

表2-2 分散成分推定値

項			2.1.1E	2.1.1M	2.1.1R	2.2.1
学科	推定値		8.441	6.447	8.441	7.626
	標準誤差		-	5.734	7.502	7.803
	WaldのZ		-	1.130	1.125	0.977
	p値		-	0.259	0.261	0.328
誤差	推定値		20.050	20.050	20.050	20.050
	標準誤差		-	5.177	5.177	5.177
	WaldのZ		-	3.873	3.873	3.873
	p値		-	<.001	<.001	<.001
全体	推定値		28.491	26.527	28.491	27.676
情報基準	−2対数尤度		-	216.567	214.148	208.962
	AIC		-	222.567	218.148	212.962
	BIC		-	227.317	221.259	216.015

さて，REML法を用いてモデルを観測値（データセット）にあてはめた結果は，表2-1および表2-2の〈モデル2.1.1R〉のとおりである。表2-1で〈モデル2.1.1R〉を〈モデル2.1.1E〉および〈モデル2.1.1M〉と比較すると明らかなように，固定効果である全体平均の推定値は同じであるが，変量効果を加えた学科の予測値はEMS法と完全最尤法の中間の値になっている[9]。

---

9) 収縮率は，完全最尤法と同様に，各学科に所属する学生数をnとすると，$n\sigma_b^2/(n\sigma_b^2 + \sigma_e^2)$となる。実際，$6 \times 8.441/(6 \times 8.441 + 20.050) = 0.716$であるが，学科［a］の場合，$0.716 \times 2.972 = 2.128$となる。$\mu + b_1 = 82.528 + 2.128 = 84.656$であり，表2-1の予測値と四捨五入の誤差を除いて一致している。

また，固定効果の標準誤差は，最も大きい[10]。また，表2-2で比較すると，分散成分推定値はEMS法と等しくなっており[11]，完全最尤法よりは「学科」の分散成分が大きく推定されている。また，制限最尤法の場合には，固定効果のパラメータとして一般線形モデルの値が利用されるため，利用された変数の数は，本例の場合「学科」と「誤差」の2つとカウントされる。したがって，「AIC」は $2 \times 2 = 4$ を「-2対数尤度」に加えた値になっている。また，「BIC」に関しては，観測数が1つ少なくカウントされ，$2 \times \log 35 = 7.111$ を「-2対数尤度」に加えた値になっている。いずれにせよ，REML法を利用した場合のAICやBICは，固定効果の変数の数がカウントされていないため，固定効果の変数のみが異なるモデルの適切さの検討には利用できないことになる。

最後になったが，REML法によってあてはめた場合の残差のヒストグラムと予測値に対する散布図を以下に示す。このモデルの固定効果は μ だけなので，残差は観測値から全体平均を減じたものになる。正規性には，特に問題はない（Shapiro-Wilk, $p=0.366$）。

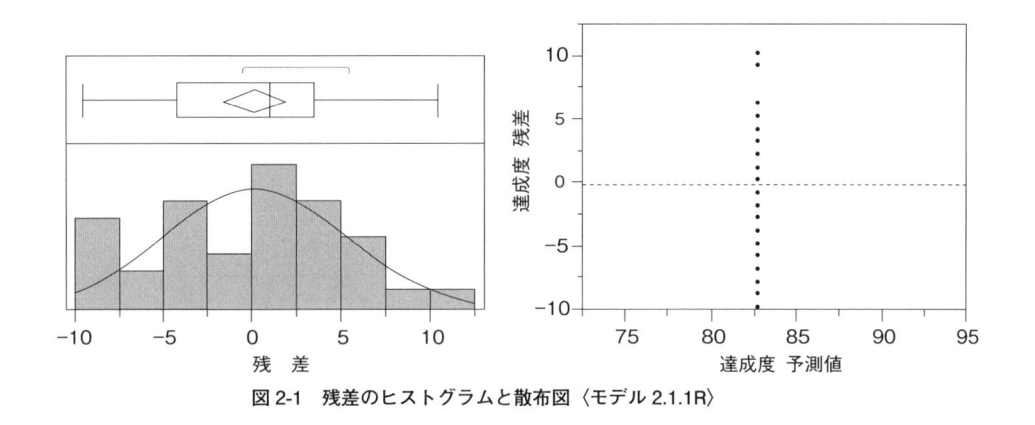

図2-1　残差のヒストグラムと散布図〈モデル2.1.1R〉

2-2　ネストした混合分散分析

どの変数を変量効果とみなすかは状況次第であるため，第1章で確認した基本的な一般線形モデルに対して，さまざまなバリエーションの混合モデルが存在することになる。したがって，型を憶えるより，考え方を理解しておかねばならない。練習のつもりで1つだけ，ネストした分散分析の混合モデルについて確認しておこう。

「L学部」が高校の「文系」であり，「S学部」が「理系」であり，その下の「学科」は前節のように単なる「クラス」であるとする。このような場合，「クラス」は理系・文系等の「系統」にネストしているわけであるが，「文系」と「理系」は明確に理念が違っているので，「系統」は固定効果とみなしてよい。これに対して，「クラス」は前節でも議論したように，変量効果とみなすべきであろう。したがって，系統 i のクラス j に所属する学生 k に対するネストした混合分散分析のモデル式は以下のようになる。ただし，μ が全体平均，α_i が学部（系統）の固定効果，b_{ij} が学科（クラス）の変量効果，e_{ijk} が誤差である。学部（系統）数を I と表記する。

---

[10] μ の標準誤差も，完全最尤法と同様である。すなわち，学科に所属する学生数を n，学科数を J とすると，$(n\sigma_b^2 + \sigma_e^2)/(nJ)$ の平方根になる。実際，$(6 \times 8.441 + 20.050)/(6 \times 6) = 1.401^2$ である。

[11] データがアンバランスになると，分散成分のEMS法による推定値とREMLによる推定値は，必ずしも一致しない。

$$Y_{ijk} = \mu + a_i + b_{ij} + e_{ijk} \qquad b_{ij} \sim N(0, \sigma_b^2) \qquad e_{ijk} \sim N(0, \sigma_e^2) \qquad \langle 2.2.1 \rangle$$

$$\text{ただし,} \sum_{i=1}^{I} a_i = 0$$

　このモデルをREMLによって観測値（データセット）にあてはめた結果は，表2-1および表2-2の〈モデル2.2.1〉のとおりである．まず，表2-1に再掲された〈モデル1.3.2〉と比較すると，全体平均および学部の推定値は同じである．この値は固定効果なので，REML法を用いれば等しくなるのは当然であろう．なお，μおよび学部の標準誤差は，混合モデルでは学科によるばらつきが確率部分の一部となるのであるから，当然ながら一般線形モデルより大きくなる[12]．また，各学部の平均に学科のBLUPを加えた各学科の平均に相当する予測値は，やはり各学部の平均へ向かって収縮している．

　表2-2で分散成分の推定値を見ると，前節の〈モデル2.1.1R〉より「学科」の分散成分が小さくなっている．全体の平均ではなく，各学部の平均からのばらつきであるから，当然の結果と言えるだろう．「学科」間のばらつきと考えられていたものの一部が，実は「系統」という固定効果によるばらつきであった，ということになる．「誤差」の分散成分に変化はない．したがって，級内相関係数は，〈モデル2.1.1R〉よりさらに小さくなる（$\rho = 0.276$）．

表2-3　〈モデル2.2.1〉の固定効果の検定

要因	分子自由度	分母自由度	F値	p値
学部	1	4	1.372	0.307

　表2-3によると，固定効果である「学部」の効果の検定結果は$p=0.307$であり，統計学的に有意ではなくなっている．「学部」にネストしている「学科」が変量効果とみなされ，確率部分に繰り入れられたのであるから，「学部」の検定は不利にならざるを得ない．なお，本モデルの固定効果は学部の最小2乗平均（$\mu + a_i$）なので，残差は〈モデル1.3.2〉ではなく，「学部」による1元配置分散分析である〈モデル1.3.1〉と同じになる．

2-3　反復測定分散分析

　前節まで議論してきた状況とは少し異なった特殊な状況において，混合モデルが必要とされることがある．それは，同一の**個体（subject）**に対する複数回の調査からなるデータセットを分析する場合である．それぞれの調査は時間的に区別されることが多いが，そのような場合には**継時データ（longitudinal data）**と呼ばれることになる．ただし，場合によっては空間的に区別されることもあるだろう．いずれにしても，同一の個体について複数回調査することによって得られるデータセットを分析する場合である．このような場合に混合モデルが必要となる理由については後で詳論することにして，これから分析対象とするデータセットについてとりあえず説明しておこう[13]．

---

[12] 前節でも述べたが，本例のようにデータのバランスがとれている場合，$\sigma^2 = n\sigma_b^2 + \sigma_e^2 = 65.806$が標準誤差の基になる．ただし，$n$は学科に属する学生数である．$\mu$の標準誤差は$(65.806/36)^{1/2} = 1.352$，学部の標準誤差は$(65.806/18)^{1/2} = 1.912$となる．

ある大学において，学期の進行と共に新入生たちのストレスがどのように変化していくのかを調査するために，本人にのみ理解可能なコードによって個体を特定し，ほぼ2ヶ月に1回，年末までに5回のストレス調査を行ったとする。個体は変数「ID」によって区別される。「ストレス（STRESS）」得点は18項目（4点尺度）の合計得点（72点満点）で与えられる。得点が高いほどストレスが高い。最初からの調査「時期（TIME）」の値を1，2，3，4，5とする。「時期」=1は4月の入学式直後，6月の始めが「時期」=2，8月の前期末試験直前が「時期」=3，夏休み後，後期が開始される10月始めが「時期」=4，12月の始めが「時期」=5である[14]。ストレスに影響することが予想されるさまざまな学生の特性が調査されたが，今回は，それぞれの学生が入学したときの入試形態を例として用いることにする。入試形態としては，志望動機を中心に判定される「特別入試」，高等学校からの推薦による「推薦入試」，学力試験に基づいて判定される「一般入試」の3種類がある。それぞれの学生はいずれかの入試形態を経て入学しているのであるから，「ID」は「入試（ENTRANCE）」にネストしている。以上のような継時データについての分析が本書の本来の目標であり，マルチレベルモデルを必要とするケースなのであるが，本章では「時期」を名義尺度とみなし，分散分析の延長線上でさまざまな分析の可能性を探求することにしよう。入試形態ごと，調査時期ごとの「ストレス」の平均値は表2-4のとおりである。

表 2-4 「ストレス」データセットの要約

	時期	1	2	3	4	5	全体
特別	平均	38.125	43.625	50.000	40.875	54.875	45.500
	標準偏差	10.035	12.432	11.674	8.043	13.098	12.293
	標準誤差	3.548	4.395	4.127	2.844	4.631	1.944
	観測数	8	8	8	8	8	40
推薦	平均	44.833	48.000	46.083	43.833	44.833	45.517
	標準偏差	7.469	7.580	8.339	8.133	8.233	7.819
	標準誤差	2.156	2.188	2.407	2.348	2.377	1.009
	観測数	12	12	12	12	12	60
一般	平均	32.640	35.920	41.920	37.880	43.320	38.336
	標準偏差	9.848	9.729	10.033	10.121	11.190	10.770
	標準誤差	1.970	1.946	2.007	2.024	2.238	0.963
	観測数	25	25	25	25	25	125
全体	平均	36.867	40.511	44.467	40.000	45.778	41.524
	標準偏差	10.518	10.937	10.195	9.456	11.457	10.927
	標準誤差	1.568	1.630	1.520	1.410	1.708	0.728
	観測数	45	45	45	45	45	225

序章において議論したことであるが，継時データの分析を難しくしている1つの大きな問題は，同一の個体に対する複数回の調査相互の相関関係である。すなわち，前章で議論した一般線形モデルでは，いずれも残差の独立性が前提されていた。異なる個体についてのデータであ

前ページ 13) データは付録 A の 2 を参照。このデータは，川崎医療福祉大学臨床心理学科の三野節子講師に提供していただいたものに，少し手を加えたものである。
14) 実際には冬休み後にもう1回調査されたが，煩雑になるので本書のデータでは省略した。

れば，相互の独立性に大きな問題はない。しかし，同一個体に対するデータ相互が独立であるという前提は，容易に認めることはできないだろう。そこで，これから分析の対象とするデータにどの程度の相関関係が実際に存在するのか，同一の個人のすべての調査時期間の相関係数を求めてみた。相関係数行列および共分散行列は以下のとおりである。相関係数はかなり大きく，最後の調査と1回目，2回目，4回目の間を除いて，すべて統計学的に有意であった。

表2-5　観測時期相互の相関係数行列

時期	1	2	3	4	5
1	1	0.497*	0.382*	0.435*	0.100
2	0.497*	1	0.388*	0.710*	0.292
3	0.382*	0.388*	1	0.566*	0.592*
4	0.435*	0.710*	0.566*	1	0.262
5	0.100	0.292	0.592*	0.262	1

*$p<0.05$

表2-6　観測時期相互の共分散行列

時期	1	2	3	4	5
1	110.618	57.206	40.973	43.227	12.038
2	57.206	119.619	43.233	73.386	36.548
3	40.973	43.233	103.936	54.523	69.106
4	43.227	73.386	54.523	89.409	28.432
5	12.038	36.548	69.106	28.432	131.268

さて，以上のデータセットを分析するにあたり，本節では，不適切であることは重々承知のうえで，とりあえず一般線形モデルで考えてみたい。実際，混合モデルが開発されるまで，継時データの分析は一般線形モデルを利用して行われていたのだし，一般線形モデルを叩き台とすることによって，スムーズに混合モデルへと移行できるからである。

最初に予測変数を何も指定しない，いわゆるヌル一般線形モデル〈モデル2.3.1〉と，後で比較するうえで必要となる「ID」による1元配置分散分析〈モデル2.3.2〉のモデル式を示しておこう。ただし，入試形態iで入学した学生jの時期kにおけるストレスをY_{ijk}，全体の母平均をμ，入試iの学生jの偏差をδ_{ij}，入試iで入学した学生数をJ_i，入試形態の数をI，誤差をe_{ijk}と表記する。あてはめの結果は，表2-9および表2-10を参照していただきたい。このように，単純なモデルから始めて次第にモデルを複雑にしていく考え方を，モデルの**分類学**（**taxonomy**）ないしは**類型学**（**typology**）と呼ぶ。

$$Y_{ijk} = \mu + e_{ijk} \qquad e_{ijk} \sim N(0, \sigma_e^2) \qquad \langle 2.3.1 \rangle$$

$$Y_{ijk} = \mu + \delta_{ij} + e_{ijk} \qquad e_{ijk} \sim N(0, \sigma_e^2) \qquad \langle 2.3.2 \rangle$$

ただし，$\sum_{i=1}^{I}\sum_{j=1}^{J_i} \delta_{ij} = 0$

表2-9の〈モデル2.3.1〉を表2-4の記述統計と比較すれば明らかであるが，切片μの推定値は標本全体平均（41.524）に等しく，その標準誤差は標本平均の標準誤差（0.728）に等しい。また，表2-10の〈モデル2.3.1〉を見れば明らかなように，予測変数が存在しないため，分散説明率は0になる。誤差の平均平方は，表2-4の標準偏差の平方，すなわち不偏分散（10.927^2 = 119.399）に等しい。このデータセットを一般線形モデルで分析する場合，「誤差」の平均平方はこの値を超えない。なお，〈モデル2.3.1〉の残差の様子は図2-2のとおりである。応答変数の観測値から，全体平均を減じただけである。少し左が膨れているが，正規性に大きな問題はない（Shapiro-Wilk, p=0.196）。

続いて，表2-9および表2-10の〈モデル2.3.2〉について確認してみよう。切片μの推定値

に変わりはないが,「ID」を予測変数としたため「誤差」の平均平方が小さくなり,標準誤差が小さくなっている[15]。実際,「ID」の η^2 は 0.484 にもおよび,このデータセットにおいていかに個体差(「ID」の効果)が大きいかを示している。なお,〈モデル 2.3.2〉の残差の様子は図 2-3 のとおりである。正規性には特に問題はない(Shapiro-Wilk, $p=0.182$)。いくつか外れ値があるようだが,全体として大きな問題にはならないだろう。

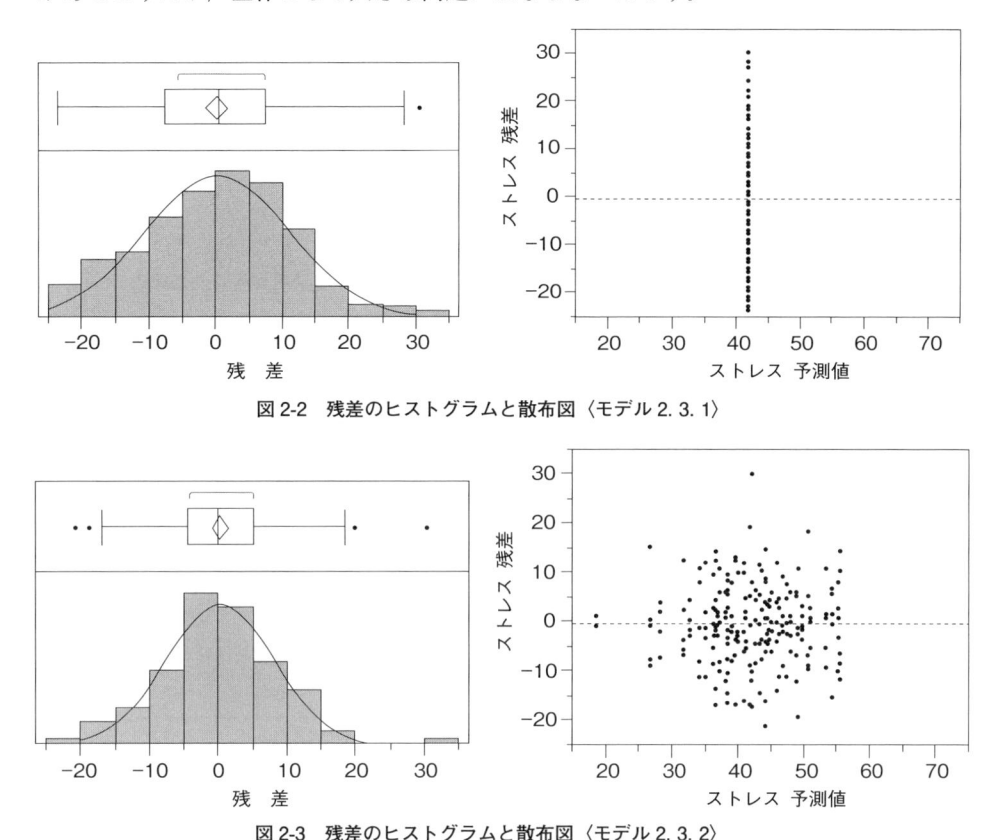

図 2-2 残差のヒストグラムと散布図〈モデル 2.3.1〉

図 2-3 残差のヒストグラムと散布図〈モデル 2.3.2〉

それでは,調査時期によるストレスの変化についての分析を始めよう。最も単純な分析は,「時期」による 1 元配置の分散分析〈モデル 2.3.3〉であろう。モデル式は,以下のとおりである。ただし,時期 k のストレスの偏差を β_k,観測時期の数を K と表記している。

$$Y_{ijk} = \mu + \beta_k + e_{ijk} \qquad e_{ijk} \sim N(0, \sigma_e^2) \qquad \langle 2.3.3\rangle$$

$$\text{ただし,} \sum_{k=1}^{K} \beta_k = 0$$

表 2-9 の〈モデル 2.3.3〉の推定値をグラフにしたのが図 2-4 である。入学後,時間と共にストレスは上昇して行くが,時期 3 と 4 の間で一旦減少している。どうやら,夏休みで一旦リフレッシュするものと思われる。これらの時期ごとのストレスの最小 2 乗平均は,表 2-4 の時期ごとの周辺標本平均に等しい。

---

[15] 切片 μ の標準誤差は,「誤差」の平均平方と観測数を基にして,以下のように計算される。すなわち,$(76.604/225)^{1/2}$ = 0.583 である。

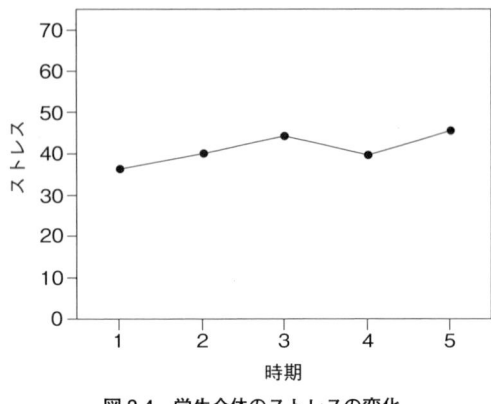

図2-4 学生全体のストレスの変化

表2-10の〈モデル2.3.3〉によれば,「時期」の効果は統計学的に有意である（$p<.001$）。すなわち,すべての時期に観測されたストレスが等しいとは言えない。TukeyのHSD検定による多重比較を行うと,表2-7のように,有意差が認められるのは時期=1と3および5の間のみである。残念ながら,夏休みのリフレッシュ効果（時期=3と4の間の差）は有意とは言えない。表2-8のように,モデルに基づいたt検定によって夏休み効果を確認すると,何とか統計学的に有意になる（$p=0.046$）[16]。

表2-7 〈モデル2.3.3〉の多重比較
（Tukey, $\alpha = 0.05$）

水準			平均
5	A		45.778
3	A		44.467
2	A	B	40.511
4	A	B	40.000
1		B	36.867

表2-8 〈モデル2.3.3〉による夏休み効果の検定

項	推定値	標準誤差	自由度	t値	p値
時期[3]−時期[4]	4.467	2.221	220	2.011	0.046

最後に〈モデル2.3.3〉の残差のヒストグラムと予測値に対する散布図を示しておこう。このモデルでは,予測値は5つの観測時期に対応する固定値になる。正規性は,大きく改善している（Shapiro-Wilk, $p=0.520$）。

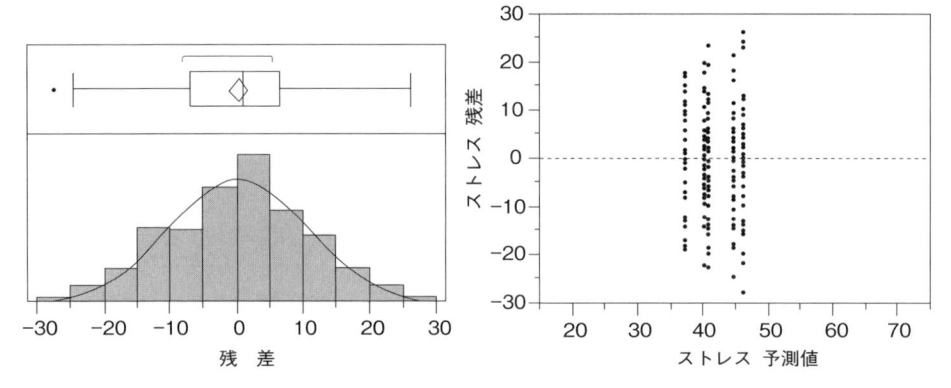

図2-5 残差のヒストグラムと散布図〈モデル2.3.3〉

以上のように,1元配置分散分析でも一応の結果は得られるが,夏休み前後でのストレスの違いが多重比較で有意にならないなど,やはり検定力にやや問題がある。η^2も0.1未満でしかない。やはり,個体のばらつきが原因の1つと考えられる。実際,〈モデル2.3.2〉では,「ID」のη^2が0.4を超えていた。データでは個体を変数「ID」によって区別することが可能なのだが,「時期」による1元配置分散分析ではこのデータを生かせていないのである。通常のt検定が平均の差を検定するのに対して,対応のあるt検定は対応するデータごとの差の平均を検定するのであった。対応のあるt検定のような分散分析ができれば,各個体のばらつきをキャンセルすることができるのではないだろうか。そこで,「ID」を予測変数に加え,「ID」と「時

---

[16] 一般線形モデルでは,パラメータの線形結合で書くことのできる統計量をt検定することができる。

表 2-9　一般線形モデルによるパラメータ推定値

項	2.3.1	2.3.2	2.3.3	2.3.4	2.3.5			2.3.6		
					特別	推薦	一般	特別	推薦	一般
切片［全体］	41.524	41.524	41.524	41.524	45.500	45.517	38.336	45.500	45.517	38.336
標準誤差	0.728	0.583	0.702	0.538	1.276	1.042	0.722	1.236	1.009	0.699
時期［1］			36.867	36.867	40.842	40.859	33.678	38.125	44.833	32.640
標準誤差			1.570	1.203	1.669	1.497	1.295	2.763	2.256	1.563
時期［2］			40.511	40.511	44.487	44.503	37.323	43.625	48.000	35.920
標準誤差			1.570	1.203	1.669	1.497	1.295	2.763	2.256	1.563
時期［3］			44.467	44.467	48.442	48.459	41.278	50.000	46.083	41.920
標準誤差			1.570	1.203	1.669	1.497	1.295	2.763	2.256	1.563
時期［4］			40.000	40.000	43.976	43.992	36.812	40.875	43.833	37.880
標準誤差			1.570	1.203	1.669	1.497	1.295	2.763	2.256	1.563
時期［5］			45.778	45.778	49.753	49.770	42.589	54.875	44.833	43.320
標準誤差			1.570	1.203	1.669	1.497	1.295	2.763	2.256	1.563

期」の2つの要因に基づく2元配置分散分析について考えてみよう。2元配置分散分析では交互効果の項をモデルに投入するのが通常であるが，「ID」と「時期」の交差によって生じるセルには観測値が1つしか存在しない。つまり，個体と時期を特定すると，観測値は1つだけになるのである。したがって，交互効果をモデルに投入すると，セルごとの平均と観測値の差の平方和で定義される誤差の項が0になり，分析が不可能になる。そこで，交互効果を含まない，「ID」と「時期」の主効果だけの2元配置分散分析を考えることにしよう。このような分散分析を，**反復測定分散分析**（repeated measures ANOVA）と呼ぶ〈モデル2.3.4〉。混合モデルが開発されるまで，観測時期を名義尺度とみなした継時データに対して，よく利用されてきた分析手法である[17]。反復測定分散分析のモデル式は以下のとおりである。ただし，入試iで入学した学生jの偏差をδ_{ij}，入試iによる学生数をJ_i，入試形態数をI，時期kの偏差をβ_k，時期数をK，誤差をe_{ijk}と表記している。

$$Y_{ijk} = \mu + \delta_{ij} + \beta_k + e_{ijk} \qquad e_{ijk} \sim N(0, \sigma_e^2) \qquad \langle 2.3.4 \rangle$$

$$\text{ただし，} \sum_{i=1}^{I}\sum_{j=1}^{J_i}\delta_{ij} = \sum_{k=1}^{K}\beta_k = 0$$

モデルをデータセットにあてはめた結果は，表2-9および表2-10の〈モデル2.3.4〉のとおりである。表2-4の記述統計と比較して，時期ごとの推定値に変化はない。そして，標準誤差は小さくなっている。また，「ID」および「時期」の平方和は，それぞれ1元配置分散分析を行った結果〈モデル2.3.2，2.3.3〉に等しいが，誤差の平方和が小さくなっているため，偏η^2もF値も大きくなっている。全体としてのR^2も0.572にまで上昇しており，検定力は大きく向上したと言えるであろう。TukeyのHSD検定による時期ごとのストレス得点の多重比較

---

[17] 反復測定分散分析には，多変量分散分析（MANOVA: Multivariate Analysis of Variance）を利用する方法もあるが，この方法は，さまざまな統計量を参照できるようになるとは言え，根本的には2元配置分散分析と等価である。一般線形モデルに内在する問題を解決するには，混合モデルを利用する必要がある。

表 2-10　一般線形モデルによる効果の検定（続き）

項		2.3.1	2.3.2	2.3.3	2.3.4	2.3.5	2.3.6
ID	平方和		12955.316		12955.316	10096.071	10096.071
	偏η^2乗		0.484		0.531	0.468	0.496
	自由度		44		44	42	42
	平均平方		294.439		294.439	240.383	240.383
	F値		3.844		4.523	3.692	3.935
	p値		<.001		<.001	<.001	<.001
入試	平方和					2859.244	2859.244
	偏η^2乗					0.200	0.218
	自由度					2	2
	平均平方					1429.622	1429.622
	F値					21.959	23.405
	p値					<.001	<.001
時期	平方和			2330.693	2330.693	2330.693	2013.678
	偏η^2乗			0.087	0.169	0.169	0.164
	自由度			4	4	4	4
	平均平方			582.673	582.673	582.673	503.420
	F値			5.251	8.950	8.950	8.242
	p値			<.001	<.001	<.001	<.001
入試*時期	平方和						1196.241
	偏η^2乗						0.104
	自由度						8
	平均平方						149.530
	F値						2.448
	p値						0.016
モデル	平方和	0.000	12955.316	2330.693	15286.009	15286.009	16482.250
	R^2乗	0.000	0.484	0.087	0.572	0.572	0.616
	調整R^2乗	0.000	0.358	0.071	0.455	0.455	0.488
	自由度	0	44	4	48	48	56
	平均平方	0.000	294.439	582.673	318.459	318.459	294.326
	F値	0.000	3.844	5.251	4.892	4.892	4.819
	p値	1.000	<.001	<.001	<.001	<.001	<.001
誤差	平方和	26744.116	13788.800	24413.422	11458.107	11458.107	10261.865
	自由度	224	180	220	176	176	168
	平均平方	119.393	76.604	110.970	65.103	65.103	61.083
総和	平方和	26744.116	26744.116	26744.116	26744.116	26744.116	26744.116
（修正済）	自由度	224	224	224	224	224	224

の結果は表 2-11 のとおりである．残念ながら，夏休み前後の違いは Tukey の HSD 検定では有意になっていないが，表 2-12 のとおり，モデルに基づいた t 検定の結果は余裕を持って統計学的に有意である（$p=0.009$）．

最後に，〈モデル 2.3.4〉の残差の様子を示しておく．正規性（Shapiro-Wilk, $p=0.491$）や等

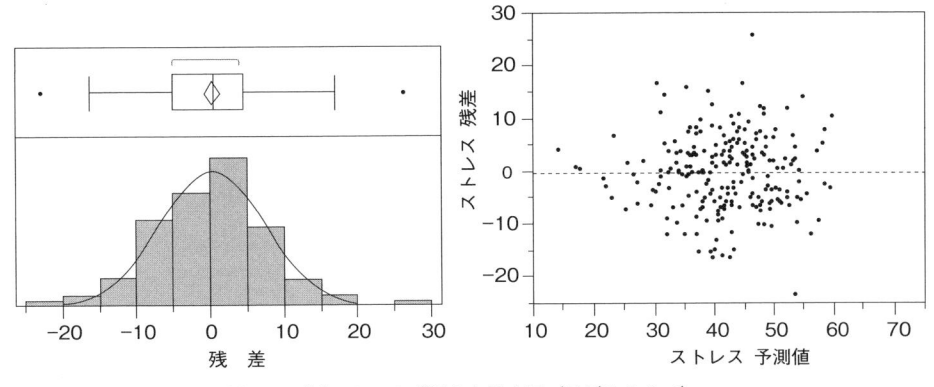

図2-6 残差のヒストグラムと散布図〈モデル2.3.4〉

表2-11 〈モデル2.3.4〉の多重比較
(Tukey, $\alpha = 0.05$)

水準				平均
5	A			45.778
3	A	B		44.467
2		B	C	40.511
4		B	C	40.000
1			C	36.867

分散性には，特に大きな問題はない。

これまでの議論では，観測時期に伴う全体的なストレス得点の変化のみを問題にしてきた。しかし，継時データを用いる通常の研究では，何らかの**処置（treatment）**ないしは個体の**特質（feature）**の効果を検証することが多い。つまり，何らかの薬剤を投与した人と投与していない人で，応答変数の値の

表2-12 〈モデル2.3.4〉による夏休み効果の検定

項	推定値	標準誤差	自由度	t値	p値
時期[3]－時期[4]	4.467	1.701	176	2.626	0.009

継時的な変化に違いが生じるか否かを検定するような問題状況である。そこで，本例においても，それぞれの学生を入試形態によって分類し，入試形態が異なると入学以後のストレスの継時変化が異なるか否かについて検討することにしよう。入試形態は，「特別入試」「推薦入試」「一般入試」の3種類であった。「ID」は「入試」にネストしている。まずは，「ID［入試］」「入試」「時期」の3要因の主効果のみによる3元配置分散分析〈モデル2.3.5〉について考えてみよう。入試形態iで入学した学生jの時期kにおけるストレスをY_{ijk}とする。入試形態iの偏差をα_i，入試iを経て入学した学生jの偏差をδ_{ij}，時期kの偏差をβ_kとする。入試形態数をI，入試iの学生数をJ_i，観測時期数をK，誤差をe_{ijk}と表記する。

$$Y_{ijk} = \mu + \alpha_i + \delta_{ij} + \beta_k + e_{ijk} \qquad e_{ijk} \sim N(0, \sigma_e^2) \qquad \langle 2.3.5 \rangle$$

$$\text{ただし，} \sum_{i=1}^{I} \alpha_i = \sum_{j=1}^{J_i} \delta_{ij} = \sum_{k=1}^{K} \beta_k = 0$$

交互効果を含まない3元配置分散分析では，観測時期kによって変化する量はβ_kだけである。β_kはすべての入試形態に共通であるため，入試形態ごとのストレスの時期的変化は軌跡が平行になる。表2-9の〈モデル2.3.5〉をグラフ化した図2-7を見ると，3種類の入試で入学した学生の時期に伴うストレスが，平行に変化するものとして分析されていることがよくわかるだろう。なお，「特別入試」と「推薦入試」の軌跡は重なっている。全体的に一般入試で入学した学生のストレスが低いという結果である。なお，標準誤差が入試形態ごとに異なっている

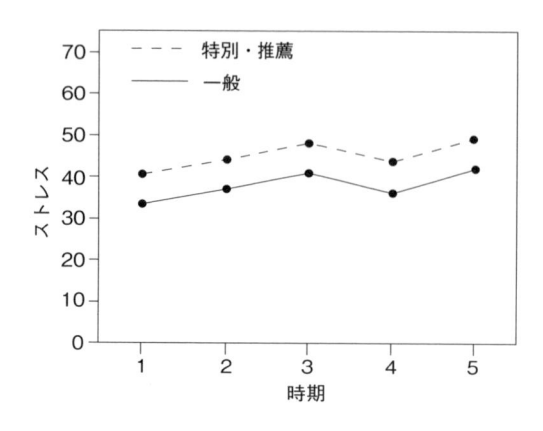

図 2-7 入試形態ごとのストレスの変化

のは，それぞれに属する個体数（観測数）の違いによるものである。

表 2-10 において〈モデル 2.3.5〉を〈モデル 2.3.4〉と比較すると，「ID」は「入試」にネストしているため，〈モデル 2.3.4〉の「ID」の平方和が「ID［入試］」と「入試」に分配されるだけで，「時期」の平方和もモデル全体の平方和も変わっていない。「ID」による違いと思われていたものの中に紛れ込んでいた「入試」による違いが抽出された，という結果である。R^2 も含めて，モデル全体としては完全に等価になっている。残差についても〈モデル 2.3.4〉とまったく等しくなるので，ヒストグラムと散布図は省略する（図 2-6 参照）。「入試」の効果，「時期」の効果はいずれも統計学的に有意である（$p<.001$）。交互効果がないため，「入試」の効果はどの時期においても共通であり，「時期」の効果はどの入試形態においても共通である。したがって，それぞれの最小2乗平均[18]を別々に多重比較することで，各入試形態間・調査時期間の多重比較を行うことが可能である。表 2-13 によれば，入試形態では「一般入試」のみが他の2つの入試形態と区別される。時期についての多重比較の様子は表 2-11 と同じである。実際，夏休み前後のストレスの差をモデルに基づく t 検定によって検定すると，表 2-12 と同じ結果になる（$p=0.009$）。

表 2-13 〈モデル 2.3.5〉の多重比較
(Tukey, $\alpha = .05$)

水準			平均
推薦	A		45.517
特別	A		45.500
一般		B	38.336

水準				平均
5	A			47.371
3	A	B		46.060
2		B	C	42.104
4		B	C	41.593
1			C	38.460

以上のように，「入試」と「時期」の交互効果を含まない，主効果だけの3元配置反復測定分散分析によっても，一応入試形態の違いによる効果を検出することができたが，ストレスの変化がいずれの入試形態でも同様であるという前提は，やはり制約が大きいだろう。入試形態による違いとしては，全体的なストレスの高低しか問題にしないことになり，時期に伴う変化の違いを検出できないからである。したがって，交互効果を含めた3元配置反復測定分散分析〈モデル 2.3.6〉が必要であると思われる。交互効果を含めることで，入試形態ごとに異なった時期の変化を表現することが可能になる。先程のモデルに入試形態と観測時期の交互効果 ω_{ik} を追加したモデル式は以下のとおりである。

---

[18] 入試形態ごとに観測時期数はバランスしているので，入試形態ごとの最小2乗平均は表 2-4 の周辺平均に等しい。しかし，入試形態にネストする学生数はアンバランスなので，調査時期ごとの最小2乗平均は，表 2-4 の周辺平均とは異なっている。

$$Y_{ijk} = \mu + \alpha_i + \delta_{ij} + \beta_k + \omega_{ik} + e_{ijk} \quad e_{ijk} \sim N(0, \sigma_e^2) \qquad \langle 2.3.6 \rangle$$

$$\text{ただし,} \sum_{i=1}^{I}\alpha_i = \sum_{j=1}^{J_i}\delta_{ij} = \sum_{k=1}^{K}\beta_k = \sum_{i=1}^{I}\omega_{ik} = \sum_{k=1}^{K}\omega_{ik} = 0$$

表2-9の〈モデル2.3.6〉の推定値をグラフに表したものが図2-8である。ω_{ik}が加えられたことにより，入試形態iの時期kごとのストレスの値が自由に推定されている。記述統計の表2-4と比較すると明らかなように，入試形態および時期ごとのストレスの推定値は，すべて一致している。

また，表2-10において〈モデル2.3.6〉を〈モデル2.3.5〉と比較すると，「ID［入試］」「入試」の平方和は等しい。「入試*時期」が加えられたため，モデルの平方和はさらに増加し，誤差の平方和が減少している。パラメータを56個も用いているため，R^2は0.6を超えている。パラメータの多さは気になるが，〈モデル2.3.5〉より自由度調整R^2も増加しており，やはりモデルとしては優れていると言えるだろう。すべての要因が統計学的に有意になっている。偏η^2を見ると，最も効果が大きいのは「ID［入試］」であり，やはり個体のばらつきが大きい。次いで「入試」の効果が，「時期」の効果より大きい。また，「入試*時期」の効果も有意であるから，入試形態ごとに時期的変化が異なっていることになる。グラフから見て，特別入試で入学した学生のストレス変化が急激であるように見える。また，推薦入試の学生のストレスは，あまり時期と共に変化していない。

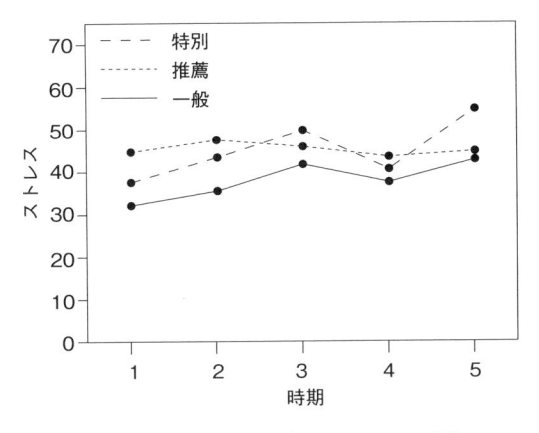

図2-8 入試形態ごとのストレスの変化

入試形態ごとのすべての時期のペアを比較しようとすると，比較を${}_{15}C_2 = 105$回も実施しなければならず，得られる情報を考えるとあまり適当な方法とは思えない。そこで，夏休みの前後，すなわち時期=3と時期=4の間の差を，入試形態ごとに検定してみた。モデルに基づいたt検定の結果，表2-14のように，「特別入試」のみが統計学的に有意になった。ただ，「一般入試」の落差もかなり大きい。

表2-14 〈モデル2.3.6〉による夏休み効果の検定

項	推定値	標準誤差	自由度	t値	p値
特別（時期[3]－時期[4]）	9.125	3.908	168	2.335	0.021
推薦（時期[3]－時期[4]）	2.250	3.191	168	0.705	0.482
一般（時期[3]－時期[4]）	4.040	2.211	168	1.828	0.069

最後になったが，〈モデル2.3.6〉の残差の様子を以下に示しておく。正規性については，特に大きな問題はない（Shapiro-Wilk, $p=0.271$）。

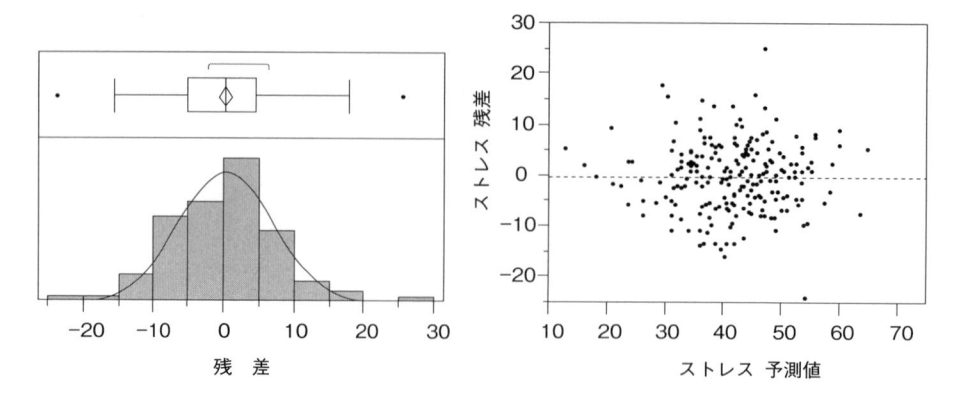

図2-9 残差のヒストグラムと散布図〈モデル2.3.6〉

　以上，一般線形モデルを用いて，調査時期を名義尺度とみなした継時データの分析を試みてみた．混合モデルが開発されるまでは，以上のような分析方法が継時データの正当な分析方法として利用されてきたのである．しかし，問題が指摘されていたことも事実である．序章において議論したように，大きな問題は2つある．すなわち，(1)同一の個体に対する複数回の調査結果相互を独立とみなすことはできない，(2)個体を区別するための要因（本例の場合には「ID」）は，固定効果とはみなせない，という2つの問題である．このような問題に適切に対応するためには，混合モデルを利用せざるを得ないのである．次節では，調査時期を名義尺度とみなした継時データに対する，混合モデルの利用について検討することにしよう．

2-4　反復測定混合分散分析

　前節で紹介した，「ID」を予測変数に含めることによって検定力を上げた分散分析〈モデル2.3.4, 2.3.5, 2.3.6〉を，広い意味で反復測定分散分析と呼ぶ．継時データの分析方法として従来からよく利用されていた方法であるが，何度も指摘してきたように，問題は2つある．(1)同一個体についての複数個の観測値を相互に独立とはみなせない，(2)個体は水準ではない，という問題である．これら2つの問題のうち，解決が容易と思われる(2)の問題からまずは考えてみよう．すなわち，「ID」の効果が「個体の効果」であるが，この効果の水準が観測した個体数だけ母集団に存在するとはとても思えない．つまり，「ID」は変量効果とみなすべきなのである．そこで，前節で扱った〈モデル2.3.4〉に対して，「ID」を変量効果とみなすモデルを考えることにしよう．ただし，ものの順序として，最初に「ID」以外に何も固定効果の予測変数を含まない，ヌル混合モデル〈モデル2.4.1〉について確認しておこう．混合モデルの類型学を展開する際に，原点となるモデルである．このモデルは，「ID」による1元配置混合分散分析になるので，モデル式としては〈モデル2.1.1〉と同様になる．すなわち，入試形態 i によって入学した学生 j の時期 k におけるストレス Y_{ijk} は，以下のように示される．ただし，μ は全体平均，d_{ij} は入試 i により入学した学生 j の変量効果，e_{ijk} は誤差である．

$$Y_{ijk} = \mu + d_{ij} + e_{ijk} \qquad d_{ij} \sim N(0, \sigma_d^2) \qquad e_{ijk} \sim N(0, \sigma_e^2) \qquad \langle 2.4.1 \rangle$$

　このモデルをREML法で観測値（データセット）にあてはめた結果は，表2-15および表2-16の〈モデル2.4.1〉のとおりである．このモデルと比較すべき一般線形モデルは，d_{ij} を固定効

果 δ_{ij} とした，「ID」による1元配置分散分析〈モデル 2.3.2〉である．まず，〈モデル 2.4.1〉の分散成分に注目しよう．「誤差」の分散成分 76.604 は，〈モデル 2.3.2〉の「誤差」の平均平方に等しい．そして，2-1 節で示したように，個体に対して5回の反復測定が行われているので，$5 \times 43.567 + 76.604 = 294.439$ を計算すると，〈モデル 2.3.2〉の「ID」の平均平方になる．そして，この 294.439 を観測数 225 で除したものの平方根が，混合モデルにおける切片（μ）の標準誤差になる．すなわち，$(294.439/225)^{1/2} = 1.144$ である．一般線形モデルの切片（μ）の標準誤差は，「誤差」の平均平方を観測数 225 で除したものの平方根（$(76.604/225)^{1/2} = 0.583$）であるから，当然ながら混合モデルの標準誤差は大きくなる．混合モデルでは，変量効果が確率部分に追加されるので，原則的に標準誤差が大きくなるのはいたしかたないことであろう．

変量効果「ID」の級内相関係数は 0.363 なので，個体内の均質性は中位である．言い換えれば，学生間のばらつきは小さいとは言えないが，個体内（調査時期間）のばらつきの方がやや大きい．また，σ_d^2 や σ_e^2 が統計学的に有意であるということは，「ID」以外の予測変数の可能性が存在することを意味している．

最後に，固定効果は全体の切片 μ だけなので，残差は〈モデル 2.3.1〉とまったく同一になる．したがって，残差の様子については，図 2-2 を参照していただきたい．

それでは，いわゆる反復測定分散分析〈モデル 2.3.4〉の「ID」の効果（δ_{ij}）を変量効果（d_{ij}）とみなした混合モデル〈モデル 2.4.2〉について考えてみよう．最も単純な「反復測定混合分散分析」と呼ぶことのできるモデルである．こうすることで，少なくとも「ID は固定効果ではない」という問題を解決することができるはずである．

入試形態 i で入学した学生 j の時期 k におけるストレス Y_{ijk} に関するモデル式は，以下のようになる．ただし，β_k は時期 k の偏差を表す固定効果である．また，観測時期の数を K と表記している．

$$Y_{ijk} = \mu + d_{ij} + \beta_k + e_{ijk} \qquad d_{ij} \sim N(0, \sigma_d^2) \qquad e_{ijk} \sim N(0, \sigma_e^2) \qquad \langle 2.4.2 \rangle$$

$$\text{ただし，} \sum_{k=1}^{K} \beta_k = 0$$

あてはめの結果は，表 2-15 と表 2-16 の〈モデル 2.4.2〉のとおりである．〈モデル 2.3.3〉および〈モデル 2.3.4〉と比較すると明らかであるが，パラメータの推定値は等しい．したがって，ストレスの時期による変化のグラフは図 2-4 と同じになる．

標準誤差を考えるには，分散成分を確認しなければならない．まず，〈モデル 2.4.2〉の「誤差」の分散成分 65.103 は，〈モデル 2.3.4〉の「誤差」の平均平方に等しい．そして，$5 \times 45.867 + 65.103 = 294.438$ は，〈モデル 2.3.4〉の「ID」の平均平方に等しくなる．ただし，この値は，〈モデル 2.3.2〉の「ID」の平均平方とも等しく，したがって〈モデル 2.4.1〉の時と同じである．この値を観測数 225 で除したものの平方根（1.144）が混合モデルにおける切片（μ）の標準誤差であるから，切片（μ）の標準誤差は先程の〈モデル 2.4.1〉と等しくなる．また，〈モデル 2.4.2〉の分散成分の合計は 110.970 であるが，これは固定効果（$\mu + \beta_k$）を共有する一般線形モデルである〈モデル 2.3.3〉の「誤差」の平均平方に等しい．混合モデルにおける時期ごとのストレス値の標準誤差は，この値を観測数 45 で除したものの平方根になる．すなわち，$(110.970/45)^{1/2} = 1.570$ である．したがって，このモデルの時期ごとの値の標準誤差は，「ID」を予測変数に含まない単なる「時期」による1元配置分散分析〈モデル 2.3.3〉と等しく

なる。変量効果によって確率部分が増加するため，一般線形モデルと比較すると，推定値の標準誤差が大きくなるのはいたしかたないことであろう。

表2-15 混合モデルによるパラメータ推定値

項	2.4.1	2.4.2	2.4.3	2.4.4	2.4.5			2.4.6		
					特別	推薦	一般	特別	推薦	一般
切片［全体］	41.524	41.524	41.524	41.524	45.500	45.517	38.336	45.500	45.517	38.336
標準誤差	1.144	1.144	1.144	1.144	2.451	2.002	1.387	2.451	2.002	1.387
時期［1］		36.867	36.867	36.867	40.842	40.859	33.678	38.125	44.833	32.640
標準誤差		1.570	1.570	1.568	2.677	2.272	1.755	3.481	2.842	1.969
時期［2］		40.511	40.511	40.511	44.487	44.503	37.323	43.625	48.000	35.920
標準誤差		1.570	1.570	1.630	2.677	2.272	1.755	3.481	2.842	1.969
時期［3］		44.467	44.467	44.467	48.442	48.459	41.278	50.000	46.083	41.920
標準誤差		1.570	1.570	1.520	2.677	2.272	1.755	3.481	2.842	1.969
時期［4］		40.000	40.000	40.000	43.976	43.992	36.812	40.875	43.833	37.880
標準誤差		1.570	1.570	1.410	2.677	2.272	1.755	3.481	2.842	1.969
時期［5］		45.778	45.778	45.778	49.753	49.770	42.589	54.875	44.833	43.320
標準誤差		1.570	1.570	1.708	2.677	2.272	1.755	3.481	2.842	1.969

表2-16 混合モデルによる分散成分推定値

項		2.4.1	2.4.2	2.4.3	2.4.4	2.4.5	2.4.6
ID	推定値	43.567	45.867	45.867		35.056	35.860
	標準誤差	12.658	12.631	12.631		10.583	10.575
	WaldのZ	3.442	3.631	3.631		3.313	3.391
	p値	0.001	<.001	<.001		0.001	0.001
誤差	推定値	76.604	65.103	65.103		65.103	61.083
	標準誤差	8.075	6.940	6.940		6.940	6.665
	WaldのZ	9.487	9.381	9.381		9.381	9.165
	p値	<.001	<.001	<.001		<.001	<.001
全体	推移値	120.171	110.970	110.970		100.159	96.943
REML	−2対数尤度	1672.202	1628.480	1628.480	1591.134	1610.110	1555.978
	AIC	1676.202	1632.480	1632.480	1621.134	1614.110	1559.978
	BIC	1683.025	1639.267	1639.267	1672.038	1620.879	1566.672
ML	−2対数尤度	1674.267	1640.969	1640.969	1602.774	1629.747	1609.900
	AIC	1680.297	1654.969	1654.969	1642.774	1647.747	1643.900
	BIC	1690.546	1678.881	1678.881	1711.096	1678.492	1701.974

・〈モデル2.4.4〉の共分散行列の成分については，表2-17を参照

　〈モデル2.4.1〉と比較すると，「時期」を新たに予測変数として追加したため，「誤差」の分散成分は減少し，「−2対数尤度」も小さくなっている。「時期」は固定効果であるから，REMLを利用している以上，AICやBICが小さくなっていることから直ちに〈モデル2.4.2〉の方が優れていると結論することはできないが，これだけ違っていれば問題ないだろう[19]。実際，参考のためにML法を用いてあてはめた場合のAICやBICを比較すると，〈モデル2.4.2〉の方が小さくなっている。

なお，μ と β_k だけが固定効果であるから，残差は「時期」による1元配置分散分析〈モデル2.3.3〉と同じになる。したがって，残差のヒストグラムと散布図は図2-5を参照していただきたい。

表2-17 〈モデル2.4.4〉の分散・共分散推定値

成分	共分散成分推定値	標準誤差	WaldのZ	p値
σ_{11}	110.618	23.584	4.690	<.001
σ_{21}	57.206	19.368	2.954	0.003
σ_{22}	119.619	25.503	4.690	<.001
σ_{31}	40.973	17.305	2.368	0.018
σ_{32}	43.233	18.029	2.398	0.016
σ_{33}	103.936	22.159	4.690	<.001
σ_{41}	43.227	16.348	2.644	0.008
σ_{42}	73.386	19.117	3.839	<.001
σ_{43}	54.523	16.696	3.266	0.001
σ_{44}	89.409	19.062	4.690	<.001
σ_{51}	12.038	18.257	0.659	0.510
σ_{52}	36.548	19.678	1.857	0.063
σ_{53}	69.106	20.460	3.378	0.001
σ_{54}	28.432	16.885	1.684	0.092
σ_{55}	131.268	27.986	4.690	<.001

最後に，〈モデル2.4.2〉の固定効果「時期」の効果の検定結果は表2-18のとおりである。

表2-18 〈モデル2.4.2〉の固定効果の検定

要因	分子自由度	分母自由度	F値	p値
時期	4	176	8.950	<.001

表2-10の〈モデル2.3.4〉と比較すると，「時期」の効果のF値は等しい（$F(4, 176)=8.950$）。つまり，REMLで推定した場合，「時期」の検定に関しては「ID」を変量効果とみなしてもみなさなくても結果は変わらないことになる。TukeyのHSD検定による多重比較の結果（表2-19）も〈モデル2.3.4〉の結果（表2-11）と同じである。したがって，「時期」の効果の検定だけが問題になる文脈であれば，「ID」を変量効果にする混合モデルはそれほど重要でないかもしれない。「ID」のBLUP値が問題になる状況[20]であれば，混合モデルの採用は決定的な意味を持つだろう。

以上のように，従来の反復測定分散分析の個体要因を変量効果とみなした混合モデルによって，問題の1つを解決することができた。残された問題は，このとき，同一個体についての観測値間の相関関係はどのようになっているのか，ということである。モデル式の確率部分

前ページ19）REML法であてはめた場合には，固定効果の値は一般線形モデルの値を採用するため，未知数にならない。したがって，REML法を用いた場合のAICやBICには，固定効果の変数の数は反映されていないのである。それ故，固定効果の変数だけが異なるモデルを比較する場合には，REML法であてはめた場合のAICやBICは利用できないことになる。これに対してML法では，すべての効果の推定をML法で行うため，AICやBICには固定効果の変数の数も反映されることになる。したがって，ML法の場合には，モデルの優劣をAICやBICを手掛かりとして議論することができるのである。

20）品種改良など，個体の選別が問題になる状況がこれにあたる。

表2-19 〈モデル2.4.2〉の多重比較
(Tukey, $\alpha = 0.05$)

水準				平均
5	A			45.778
3	A	B		44.467
2		B	C	40.511
4		B	C	40.000
1			C	36.867

$d_{ij} + e_{ijk}$には，観測時期kによらず学生jにのみ依存する部分d_{ij}が含まれているので，異なる観測時期における同一個体のストレス値相互が独立にならないことは明らかであろう。実際，d_{ij}とe_{ijk}は互いに独立であるから，観測時期ごとの分散・共分散を求めると以下のようになる。ただし，$i \neq i'$，$j \neq j'$，$k \neq k'$とする。

$$Var(Y_{ijk}) = Cov(d_{ij} + e_{ijk}, d_{ij} + e_{ijk}) = \sigma_d^2 + \sigma_e^2$$

$$Cov(Y_{ijk}, Y_{i'j'k}) = Cov(d_{ij} + e_{ijk}, d_{i'j'} + e_{i'j'k}) = 0$$

$$Cov(Y_{ijk}, Y_{ijk'}) = Cov(d_{ij} + e_{ijk}, d_{ij} + e_{ijk'}) = \sigma_d^2$$

つまり，最初の式は，各個体の各時期におけるストレス得点の分散が$\sigma_d^2 + \sigma_e^2$であることを示している。2番目の式は，jが異なっていることが要点であり，iやkはどちらでもよいのであるが，別の個体の観測値間の共分散は0であり，個体が違えば互いに独立していることを示している。しかし，第3の式が示しているように，同一の個体の異なった時期の間の共分散はσ_d^2となるのである。つまり，$d_{ij}+e_{ijk}$をあらためてe_{ijk}と表記し直すと，先程のモデル式は以下のように書き直すことができる〈モデル2.4.3〉。

$$Y_{ijk} = \mu + \beta_k + e_{ijk} \qquad \sum_{k=1}^{K} \beta_k = 0 \qquad \langle 2.4.3 \rangle$$

$$\begin{pmatrix} e_{ij1} \\ e_{ij2} \\ e_{ij3} \\ e_{ij4} \\ e_{ij5} \end{pmatrix} \sim N \left[\begin{pmatrix} 0 \\ 0 \\ 0 \\ 0 \\ 0 \end{pmatrix}, \begin{pmatrix} \sigma_d^2 + \sigma_e^2 & \sigma_d^2 & \sigma_d^2 & \sigma_d^2 & \sigma_d^2 \\ \sigma_d^2 & \sigma_d^2 + \sigma_e^2 & \sigma_d^2 & \sigma_d^2 & \sigma_d^2 \\ \sigma_d^2 & \sigma_d^2 & \sigma_d^2 + \sigma_e^2 & \sigma_d^2 & \sigma_d^2 \\ \sigma_d^2 & \sigma_d^2 & \sigma_d^2 & \sigma_d^2 + \sigma_e^2 & \sigma_d^2 \\ \sigma_d^2 & \sigma_d^2 & \sigma_d^2 & \sigma_d^2 & \sigma_d^2 + \sigma_e^2 \end{pmatrix} \right]$$

同じことであるが，$\sigma_d^2 + \sigma_e^2 = \sigma^2$，$\sigma_d^2 / (\sigma_d^2 + \sigma_e^2) = \rho$と表記すると，誤差についての条件は，以下のように書き直すともできる。ρが級内相関係数になっていることに気付かれただろうか。すなわち，級内相関係数は，反復測定の場合には，同一個体の異なった時期の観測値間の相関係数に相当するのである。級内相関係数という名称の意味がとらえやすくなったのではないだろうか。このような共分散行列の構造を**複合対称（compound symmetry）**と呼ぶ。

$$\begin{pmatrix} e_{ij1} \\ e_{ij2} \\ e_{ij3} \\ e_{ij4} \\ e_{ij5} \end{pmatrix} \sim N \left[\begin{pmatrix} 0 \\ 0 \\ 0 \\ 0 \\ 0 \end{pmatrix}, \sigma^2 \begin{pmatrix} 1 & \rho & \rho & \rho & \rho \\ \rho & 1 & \rho & \rho & \rho \\ \rho & \rho & 1 & \rho & \rho \\ \rho & \rho & \rho & 1 & \rho \\ \rho & \rho & \rho & \rho & 1 \end{pmatrix} \right]$$

「ID」を変量効果にするのではなく，誤差に対して以上のような条件を課した〈モデル 2.4.3〉を REML 法により観測値（データセット）にあてはめた結果は表 2-15 および表 2-16 の〈モデル 2.4.3〉のとおりである．〈モデル 2.4.2〉と完全に等価であることがわかるだろう．〈モデル 2.4.3〉のモデル式には「ID」の効果の項は明示的には含まれていないが，誤差の共分散行列の構造を定義するには同一の個体 j の誤差を指定しなければならず，「ID」の情報を必要としているのである．なお，$\sigma^2 = \sigma_d^2 + \sigma_e^2 = 110.970$ であるが，この値は表 2-6 の対角要素（分散）の算術平均になっている．また，$\rho = 0.413$ であるが，この値は表 2-6 の非対角要素（共分散）の算術平均を先程の $\sigma^2 = 110.970$ で除した値である[21]．

以上のように，「ID」を変量効果とみなすと，同一個体についての異なる観測時期間の共分散行列を複合対称とみなすのとは等価なので，このような方法で，一般線形モデルによる反復測定分散分析の問題点を一応解決することができるのである．ただ，すべての異なる観測時期間の相関係数が等しいという前提は，まだ不十分であるとも考えられる．そこで，完全に問題を解決するために，同一個体についての異なる観測時期間の共分散行列を無構造に設定してみよう〈モデル 2.4.4〉．

$$Y_{ijk} = \mu + \beta_k + e_{ijk} \qquad \sum_{k=1}^{K} \beta_k = 0$$

$$\begin{pmatrix} e_{ij1} \\ e_{ij2} \\ e_{ij3} \\ e_{ij4} \\ e_{ij5} \end{pmatrix} \sim N \left[\begin{pmatrix} 0 \\ 0 \\ 0 \\ 0 \\ 0 \end{pmatrix}, \begin{pmatrix} \sigma_{11} & \sigma_{12} & \sigma_{13} & \sigma_{14} & \sigma_{15} \\ \sigma_{21} & \sigma_{22} & \sigma_{23} & \sigma_{24} & \sigma_{25} \\ \sigma_{31} & \sigma_{32} & \sigma_{33} & \sigma_{34} & \sigma_{35} \\ \sigma_{41} & \sigma_{42} & \sigma_{43} & \sigma_{44} & \sigma_{45} \\ \sigma_{51} & \sigma_{52} & \sigma_{53} & \sigma_{54} & \sigma_{55} \end{pmatrix} \right] \qquad \langle 2.4.4 \rangle$$

このモデル式を REML 法によって観測値（データセット）にあてはめた結果は表 2-15 および表 2-16 の〈モデル 2.4.4〉のとおりである．ただし，共分散行列の要素については，別に表 2-17 に示した．

表 2-15 の〈モデル 2.4.4〉を記述統計の表 2-4 と比較すれば明らかなように，時期ごとの両者の推定値と標準誤差が完全に一致している．また，表 2-17 を表 2-6 と比較すると，共分散行列も記述統計に完全に一致している．統計学的に有意でないところまで同じである．すべての分散・共分散を別々の未知数としたため，推定値を観測値の記述統計に一致させるだけの自由度が生まれたのである．たとえば「時期」= 1 のときのストレス値の標準誤差は，共分散行列の対角成分，すなわち σ_{11} を観測数 45 で除したものの平方根になる．つまり，$(110.618/45)^{1/2} = 1.568$ である．

---

[21] 表 2-5 の非対角要素（相関係数）の平均ではないので，注意する必要がある．

観測値の状況の再現性に関しては，当然ながら多くのパラメータを用いた〈モデル2.4.4〉の方が，これまでの〈モデル2.4.2〉や〈モデル2.4.3〉より有利である。実際，〈モデル2.4.3〉と比較すると，「-2対数尤度」は30以上減少している。しかし，ML法であてはめた結果を比較すると，AICはほとんど変わらず，BICはむしろ増加している。つまり，〈モデル2.4.3〉では分散成分のパラメータは2つしかなかったのであるが，〈モデル2.4.4〉では15ものパラメータを利用しているのである。パラメータ数を増加させれば，当然あてはまりは良くなるが，無意味にパラメータを増加させるべきではない。AICやBICは，適切なパラメータ数を検討するための指標なのである。したがって，共分散行列を無構造とする方が複合対称とするよりよいかどうかは，微妙なところであろう。また，〈モデル2.4.3〉や〈モデル2.4.4〉では，個体（学生）ごとのBLUP値が計算できないことも注意しておく必要がある。本例の場合にはBLUP値はあまり重要でないが，個体の選別が問題となる品種改良などの現場では〈モデル2.4.2〉を採用せざるを得ないだろう。混合モデルでは，モデルのよしあしが議論の対象となることを承知しておかねばならない。

さて，〈モデル2.4.4〉による「時期」の固定効果の検定は，表2-20のとおり統計学的に有意である（$p=0.001$）。〈モデル2.4.2〉や〈モデル2.4.3〉と比較するとF値はやや小さくなっているが，「時期」の効果の検定が有利になるか不利になるかは共分散行列の状況次第であろう。また，表2-21を見ると，多重比較のパターンも変わっている。「時期」の効果の検定力が落ちているもかかわらず，時期＝3と時期＝4は統計学的に区別されているのである。つまり，夏休み効果は，TukeyのHSD検定で統計学的に有意となっている。これも，一概に検定力が上がるという話ではなくて，共分散行列の様子次第で有利にも不利にもなるだろう。

表2-20 〈モデル2.4.4〉の固定効果の検定

要因	分子自由度	分母自由度	F値	p値
時期	4	44	6.026	0.001

表2-21 〈モデル2.4.4〉の多重比較
（Tukey, $\alpha=0.05$）

水準			平均
5	A		45.778
3	A		44.467
2	A	B	40.511
4		B	40.000
1		B	36.867

さて，前節の〈モデル2.3.5〉および〈モデル2.3.6〉で問題としたように，通常の状況においては，個体についての何らかの特性の違いが，継時的な変化に影響を与えるか否かが問題になることが多い。そこで，混合モデルを利用した反復測定においても，入試形態を表す変数「入試」を固定効果として新たに予測変数に追加することにしよう。〈モデル2.3.5〉および〈モデル2.3.6〉を混合モデルとするには，先程議論したように，可能性が3とおり考えられる。「ID」を変量効果とみなすか，「ID」を効果からは削除して，同一個体についての観測時期相互の共分散行列を複合対称と前提するか，無構造にするか，の3とおりである。最初の2つのモデルが等価であることは，すでに確認した。したがって，実際上は共分散行列を複合対称にするか無構造にするかの選択になる。本書では，一般線形モデルとの比較が理解しやすい複合対称の共分散行列を選択するが，無構造への変更も容易である。

まず，「入試」と「時期」の主効果だけの混合モデルを考えよう〈モデル2.4.5〉。〈モデル2.3.5〉の延長線上にあるモデルである。〈モデル2.4.5〉のモデル式は，以下のとおりである。ただし，入試形態iで入学した学生jの時期kにおけるストレス得点をY_{ijk}と表記する。また，全体の平均をμ，入試iの偏差をα_i，時期kの偏差をβ_k，誤差をe_{ijk}と表記する。なお，入試

形態の数を I,調査時期の数を K と表記している。

$$Y_{ijk} = \mu + \alpha_i + \beta_k + e_{ijk} \qquad \sum_{i=1}^{I}\alpha_i = \sum_{k=1}^{K}\beta_k = 0 \qquad \langle 2.4.5\rangle$$

$$\begin{pmatrix} e_{ij1}\\ e_{ij2}\\ e_{ij3}\\ e_{ij4}\\ e_{ij5}\end{pmatrix} \sim N\left[\begin{pmatrix}0\\0\\0\\0\\0\end{pmatrix},\begin{pmatrix}\sigma_d^2+\sigma_e^2 & \sigma_d^2 & \sigma_d^2 & \sigma_d^2 & \sigma_d^2\\ \sigma_d^2 & \sigma_d^2+\sigma_e^2 & \sigma_d^2 & \sigma_d^2 & \sigma_d^2\\ \sigma_d^2 & \sigma_d^2 & \sigma_d^2+\sigma_e^2 & \sigma_d^2 & \sigma_d^2\\ \sigma_d^2 & \sigma_d^2 & \sigma_d^2 & \sigma_d^2+\sigma_e^2 & \sigma_d^2\\ \sigma_d^2 & \sigma_d^2 & \sigma_d^2 & \sigma_d^2 & \sigma_d^2+\sigma_e^2\end{pmatrix}\right]$$

このモデル式を REML 法で観測値（データセット）にあてはめた結果は，表2-15および表2-16の〈モデル2.4.5〉のとおりである。対応する一般線形モデルの結果，すなわち表2-9の〈モデル2.3.5〉と比較すると明らかであるが，各入試形態のそれぞれの時期におけるストレスの推定値は等しい。したがって，グラフに描くと図2-7のようになる。

また，〈モデル2.4.5〉の「誤差」の分散成分65.103は，〈モデル2.3.5〉の「誤差」の平均平方に等しい。また，〈モデル2.4.5〉の「ID」の分散成分35.056は〈モデル2.4.3〉の45.867より小さくなっているが，$5\times 35.056 + 65.103 = 240.383$ が〈モデル2.3.5〉の「ID」の平均平方に等しいことからも理解できるように，「ID」がネストする「入試」を予測変数に加えたために，「ID」の平方和が減少したことがその原因である。すなわち，個体のばらつきと考えられていたもののうちに，実は「入試」によるばらつきとして説明できるものが紛れこんでいた，と考えることができるだろう。級内相関係数は $\rho = 0.350$ であり，先程の〈モデル2.4.3〉の0.413より小さくなっているが，これも同様に解釈することができる。

〈モデル2.4.3〉と比較すると，「−2対数尤度」は小さくなっており（1610.110），モデルとしては良好であるように思われる。ただし，〈モデル2.4.3〉との違いは固定効果の「入試」だけであるので，参考のため ML 法で確認してみると，〈モデル2.4.3〉と比較して〈モデル2.4.5〉の AIC および BIC は，共に減少している（表2-16）。したがって，やはり「入試」の効果を考慮に入れる〈モデル2.4.5〉の方がモデルとしては良好と言えるだろう。

固定効果である「入試」と「時期」の効果の検定結果は，表2-22のとおりである。「入試」の $F(2, 42) = 5.947$ は〈モデル2.3.5〉の $F(2, 176) = 21.959$ と比較すると問題にならないほど小さいが，「時期」の $F(4, 176) = 8.950$ に変化はない。「入試」は「ID」がネストしているため，「ID」を変量効果にしたことによる検定力の低下を免れないが，「時期」は「ID」と直交しているため，影響を受けないのである。いずれも統計学的に有意である。そこで，「入試」「時期」に関して Tukey の HSD 検定を利用した多重比較を行ったところ，表2-23のようになった。〈モデル2.3.5〉による表2-13と同じ結果である。「一般入試」で入学した学生のストレスだけが有意に低く，夏休み効果は Tukey の HSD 検定では有意にならない。

以上のように，「入試」と「時期」の主効果だけの2元配置反復測定混合分散分析（CS）によっても，一応入試形態の違いによる効果を検出することができたのであるが，やはり，ストレスの変化がいずれの入試形態でも同様であるという前提は制約が大きいだろう。したがって，交互効果を含めた2元配置反復測定混合分散分析（CS）が必要であると思われる。〈モデル2.3.6〉の延長線上で考えられる混合モデルである。先程のモデルに交互効果 ω_{ik} を追加したモデ

表 2-22 〈モデル 2.4.5〉の固定効果の検定

要因	分子自由度	分母自由度	F 値	p 値
入試	2	42	5.947	0.005
時期	4	176	8.950	<.001

表 2-23 〈モデル 2.4.5〉の多重比較
（Tukey, $\alpha = 0.05$）

水準				平均	水準				平均
推薦	A			45.517	5	A			47.371
特別	A			45.500	3	A	B		46.060
一般		B		38.336	2		B	C	42.104
					4		B	C	41.593
					1			C	38.460

ル〈モデル 2.4.6〉のモデル式は以下のとおりである。

$$Y_{ijk} = \mu + \alpha_i + \beta_k + \omega_{ik} + e_{ijk} \qquad \sum_{i=1}^{I}\alpha_i = \sum_{k=1}^{K}\beta_k = \sum_{i=1}^{I}\omega_{ik} = \sum_{k=1}^{K}\omega_{ik} = 0 \qquad \langle 2.4.6\rangle$$

$$\begin{pmatrix} e_{ij1} \\ e_{ij2} \\ e_{ij3} \\ e_{ij4} \\ e_{ij5} \end{pmatrix} \sim N\left[\begin{pmatrix} 0 \\ 0 \\ 0 \\ 0 \\ 0 \end{pmatrix}, \begin{pmatrix} \sigma_d^2+\sigma_e^2 & \sigma_d^2 & \sigma_d^2 & \sigma_d^2 & \sigma_d^2 \\ \sigma_d^2 & \sigma_d^2+\sigma_e^2 & \sigma_d^2 & \sigma_d^2 & \sigma_d^2 \\ \sigma_d^2 & \sigma_d^2 & \sigma_d^2+\sigma_e^2 & \sigma_d^2 & \sigma_d^2 \\ \sigma_d^2 & \sigma_d^2 & \sigma_d^2 & \sigma_d^2+\sigma_e^2 & \sigma_d^2 \\ \sigma_d^2 & \sigma_d^2 & \sigma_d^2 & \sigma_d^2 & \sigma_d^2+\sigma_e^2 \end{pmatrix}\right]$$

このモデル式を REML 法で観測値（データセット）にあてはめた結果は，表 2-15 および表 2-16 の〈モデル 2.4.6〉のとおりである。表 2-15 の〈モデル 2.4.6〉と表 2-9 の〈モデル 2.3.6〉を比較すると明らかであるが，推定値は一致している。すなわち，表 2-4 の記述統計とも推定値は一致している。したがって，入試形態ごとのストレスの時間的変化の様子は図 2-8 のとおりである。

また，表 2-16 の〈モデル 2.4.6〉の「誤差」の分散成分 61.083 は，表 2-10 の〈モデル 2.3.6〉の「誤差」の平均平方に等しい。そして，$5 \times 35.860 + 61.083 = 240.383$ は，〈モデル 2.3.6〉の「ID」の平均平方に等しい。この値は，〈モデル 2.3.5〉の「ID」の平均平方とも等しい。つまり，〈モデル 2.4.5〉と比較すると，入試形態および時期ごとのストレス値に自由度を与えたことであてはまりが改善され，「誤差」の分散成分が減少するのに合わせて，「ID」の分散成分が増加したことになる。級内相関係数は $\rho = 0.370$ であり，〈モデル 2.4.5〉の時の値（0.350）より少し大きくなっているが，〈モデル 2.4.2〉や〈モデル 2.4.3〉の時の値（0.413）と比較するとやはり小さい。個体に固有の要素と考えられていたものが，「入試」「入試＊時期」の効果として取り去られた結果と言えるだろう。

あてはまりの良さを示す「−2 対数尤度」や，適切なパラメータ数を判定するための AIC や BIC は，REML 法を用いた場合，いずれも 1600 を下回っている。ただし，〈モデル 2.4.5〉との違いは固定効果であるから，ML 法を利用した場合の数値を参考にすると，〈モデル 2.4.4〉ほどではないが，BIC の値（1701.974）は〈モデル 2.4.5〉の場合の BIC（1678.492）より少し大きくなっている。AIC は〈モデル 2.4.6〉の方が小さいため，判断は微妙なところであろう。

表 2-24 〈モデル 2.4.6〉の固定効果の検定

要因	分子自由度	分母自由度	F 値	p 値
入試	2	42	5.947	0.005
時期	4	168	8.242	<.001
入試＊時期	8	168	2.448	0.016

表 2-25 〈モデル 2.4.6〉による夏休み効果の検定

項	推定値	標準誤差	自由度	t 値	p 値
特別（時期 [3] －時期 [4]）	9.125	3.908	168	2.335	0.021
推薦（時期 [3] －時期 [4]）	2.250	3.191	168	0.705	0.482
一般（時期 [3] －時期 [4]）	4.040	2.211	168	1.828	0.069

〈モデル 2.4.6〉における固定効果の検定は，表 2-24 のとおりである．すべての効果が，統計学的に有意になっている．交互作用も統計学的に有意であるので，入試形態ごとに時期的変化が異なっていることになる．一般線形モデルによる〈モデル 2.3.6〉の結果（表 2-10）と比較すると，「ID」がネストする「入試」の効果の検定力は悪くなっているが，「時期」および「入試＊時期」の効果についての検定結果は完全に一致している．すべてのペアの多重比較を実施するには ${}_{15}C_2 = 105$ 通りの比較が必要であり，仮に結果を出したとしても，あまり有益な情報になるとは思われない．そこで，多重比較は省略して，入試形態ごとに夏休みのリフレッシュ効果が統計学的に有意であるか否かを検定しておこう．このような，パラメータの線形結合で表現される統計量については，モデルに基づいた t 検定をすることが可能である．表 2-25 によると，結果は〈モデル 2.3.6〉による結果（表 2-14）と完全に一致している．「特別入試」で入学した学生についてのみ，「夏休みのリフレッシュ効果は 0 でない」と主張できることになる．

以上，時間を定義する予測変数（本例の場合には「時期」）を名義尺度とみなした場合に，分散分析の延長線上で混合モデルを利用して時間的な変化を分析する方法について議論してきた．このような分析が必要となる状況も十分に考えられるが，問題点も明らかになったのではないだろうか．すなわち，個々の観測時期ごとの予測値を求めて，すべてのペアの多重比較をしても，全体としてのトレンドについての情報が得られないのである．たとえば，図 2-8 を見ると，特別入試で入学した学生のストレスが時間と共に急激に変化しているように見えるのであるが，このようなトレンドを検定することができない．また，推薦入試で入学した学生に対しても，全体としてストレスの変化を平坦とみなしてよいのかどうか，検定することができないのである．このような情報を得るためには，時間を定義する予測変数を連続変数とみなし，回帰分析に持ち込む必要がある．そうすれば，傾きについての情報を得ることができるからである．すなわち，本書が目的としているマルチレベルモデルは，「時期」を連続尺度の予測変数とみなす混合モデルなのである．本節で議論してきた分析を総称して**混合分散分析（mixed ANOVA）**と呼ぶことが許されるなら，マルチレベルモデルは**混合共分散分析（mixed ANCOVA）**の一種とみなすことができるだろう．

第3章　マルチレベルモデルによる継時データの分析

　前章で議論したように，継時データを分析する場合，反復測定を定義する時間変数が名義尺度である場合には，混合モデルを利用した反復測定分散分析で対処することができる。このような方法によって，たとえば夏休みの前後でストレスの程度が異なっているか否かを検定することなどは可能なのである。しかし，継時データを利用して分析するときの通常の関心は，変化の様子であろう。分散分析を利用する方法では，1ヶ月あたり平均でどの程度応答変数の値が上昇しているのか，あるいはそもそも上昇しているのか，別のグループに属する人の上昇率とは異なっているのか，等々の問に答えることはできない。簡単に言えば，トレンドを議論することができないのである。こうした問題に答えるためには，時間を定義する予測変数を連続尺度の変数とみなさねばならない。つまり，回帰分析や共分散分析に持ち込む必要があるのである。マルチレベルモデルは，混合モデルを利用した回帰分析や共分散分析に他ならない。それでは，少し腰を落ち着けて，マルチレベルモデルに至る道を，最初から最後まで，ゆっくりとたどることにしよう。まずは，一部繰り返しになるが，分析対象とする観測値（データセット）について再確認することから始める。

3-1　観測値（データセット）の確認

　分析対象とする観測値（データセット）は，前章で反復測定を説明するために利用したデータと同じである。「特別」「推薦」「一般」という3種類の入試を経て入学した新入生に対して，(1) 4月授業開始，(2) 6月初旬，(3) 8月夏休み前，(4) 10月夏休み直後，(5) 12月冬休み前の5回，ほぼ2ヶ月間隔で18項目（4点尺度）からなるストレス尺度の調査を行った。それぞれの学生個人は，名義尺度の変数「ID」によって区別されている。それぞれの学生の入試形態は，名義尺度の変数「入試（ENTRANCE）」によって区別される。したがって，「ID」は「入試」にネストしている。調査時期は，変数「時期（TIME）」の値によって区別されている。変数「ストレス（STRESS）」の値は，それぞれの調査時期において観測されたストレス得点（72点満点）を示している。値が大きいほど，ストレスは高い。

　さて，データテーブルの様子は，付録Aの2のとおりである。すなわち，1行は，ある個体に対するある観測（調査）によって定義されている。したがって，同一 ID の個体に対するデータは，調査時期の回数だけ縦に積み重ねられている。行を「ID」で定義し，調査時期ごとのストレス得点を，たとえば「ストレス1」「ストレス2」等々という変数を作って，横向きに（列を区別して）入力したのでは，調査時期の値を連続尺度の変数として利用することができない。そのように，調査時期を横へ展開したデータセットを用いるのは，多変量分散分析（MANOVA: multivariate analysis of variance）を利用する場合であるが，多変量分散分析では，当然ながら，調査時期を連続尺度として扱うことができないのである。

　さて，マルチレベルモデルは，最初に述べたように，変数「時期」を連続尺度の変数とみな

す分析方法である。「時期」を連続尺度の変数とするには，1に対応する単位量が確定していなければならない。つまり，「時期」1から2までの時間と「時期」2から3までの時間等々が，すべて同じ長さでなければならない。本例の場合には，調査はほぼ2ヶ月間隔で行われているため，「時期」の値を1，2，3，4，5としても問題はない。ストレス得点の傾きを求めたときに，2ヶ月当たりの変化率になるだけのことである。調査時期の間隔が著しく不揃いである場合には，たとえば，最初の調査時期からの日数を「時期」の値とすればよいだろう。その場合には，回帰直線の傾きは1日当たりの変化率になる。いずれにしても，連続尺度と考えるためには，いわゆる比例尺度でなければならないわけであるから，定義された1単位の何倍であるかを示す値になっていればよいのである。

なお，「時期」の値を連続尺度の変数として用いて回帰分析を行う場合，切片の値は「時期」=0の時点でのストレス得点を表すことになる。第1章において議論したように，観測していない時期にまで外挿した値にはあまり意味がないため，「時期」の値から1を引いて，0，1，2，3，4としておく。この「時期」から1を引いた変数を「時期1（TIME_1）」とする。

3-2 個体の変化と入試形態ごとの平均的変化

序章において議論したように，「変化」は本来的には個体について述べられるものである。つまり，同一の個体についての複数回の調査（観測）によるデータに基づいて議論されるべきものである。このようなデータを，**継時データ（longitudinal data）** と呼ぶのであった。

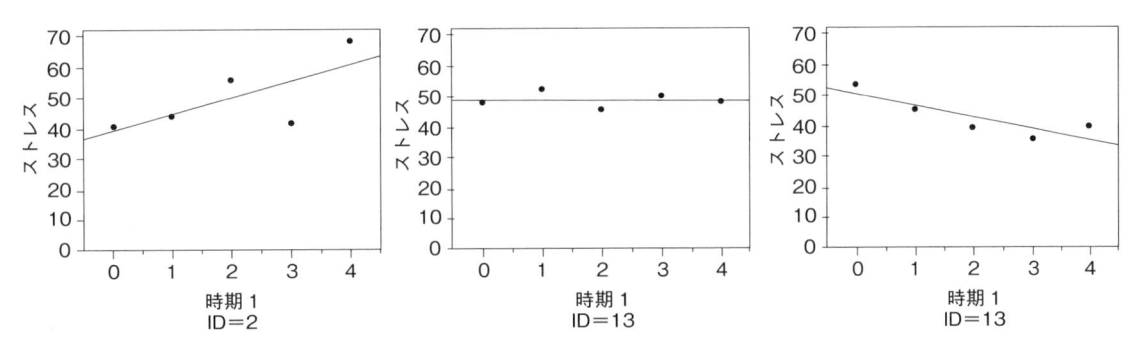

図3-1　個体ごとのストレスの変化

では，本例において，個体ごとに，ストレスはどのように変化しているのであろうか。図3-1には3つの例をあげているが，左端（ID = 2）のグラフは典型的な変化の軌跡を見せている。夏休み前まで徐々にストレスが高まり，夏休みで一旦リフレッシュして，夏休み後に再びストレスが上昇している。しかし，皆がこのように一律に変化している訳ではない。中央（ID=13）のグラフでは，ストレスの時間的変化はほとんどなく，夏休み後にも僅かながらストレスが上昇している。また，右端（ID=20）のグラフでは，全般的にストレスは下降している。このように，個別に見ると変化のパターンは実にさまざまである。その日は朝から体調がすぐれず，たまたまストレスが上昇していた。前日に懐かしい旧友と再会し，すっかりリフレッシュしていた。などなど，統計学を必要とする学問分野では，対象は極めて複雑かつ多様であり，質量と位置と速度が決まればすべてが確定される古典物理学の粒子のようにはいかない。すべての条件をコントロールすることなど，夢のまた夢である。臨床のように，個体こそが重要である場合は別として，一般的な学問的興味からすれば，以上のような個別的な事柄は一種の雑音でし

かない。個々の個体の変化を見ると、どうしてそのように変化するのか、インタビューしてみるまでわからない（あるいは、インタビューしてもわからない）というのが実情であろう。しかし、このようなデータを分析すると、不思議と解釈可能な全体的傾向が浮かび上がってくるのである。一種の「雑音解析」のような感じと言えばいいのだろうか。

表3-1　個体ごとの切片と傾き

	特別入試			推薦入試			一般入試		全体	
ID	切片	傾き	ID	切片	傾き	ID	切片	傾き	切片	傾き
1	30.8	6.5	9	49.2	2.8	21	23.6	9.1		
2	39.6	5.4	10	43.4	1.6	22	31.8	5.6		
3	36.8	4.4	11	39.6	1.3	23	28.4	5.5		
4	47.0	4.1	12	44.0	0.2	24	31.0	5.2		
5	48.4	2.8	13	49.4	0.0	25	26.2	5.1		
6	36.6	1.0	14	32.4	0.0	26	24.8	4.5		
7	26.0	0.9	15	44.2	−0.1	27	27.6	4.4		
8	49.6	−0.5	16	52.0	−0.6	28	28.0	4.4		
			17	50.4	−1.4	29	38.6	4.2		
			18	57.8	−2.4	30	33.0	3.8		
			19	43.0	−2.6	31	19.0	3.7		
			20	50.8	−3.8	32	30.6	3.7		
						33	24.2	3.6		
						34	33.8	2.9		
						35	40.6	2.7		
						36	37.0	1.9		
						37	36.0	1.1		
						38	37.6	0.3		
						39	36.4	0.1		
						40	18.4	0.0		
						41	45.4	−0.8		
						42	46.6	−1.0		
						43	56.2	−3.6		
						44	43.6	−3.8		
						45	43.4	−4.3		
平均	39.350	3.075		46.350	−0.417		33.672	2.332	38.062	1.731
標準偏差	8.544	2.445		6.653	1.891		9.148	3.298	9.915	3.093
標準誤差	3.021	0.864		1.921	0.546		1.830	0.660	1.478	0.461
個体数	8	8		12	12		25	25	45	45

　それでは、個体ごとに別々に「時期1」への単回帰分析を実施してみよう。結果は表3-1のとおりである。入試形態ごとに整理して、それぞれの平均を求めている。それぞれの回帰直線を重ねて表現すると、図3-2のようになる。

図3-2 ID ごとの回帰直線

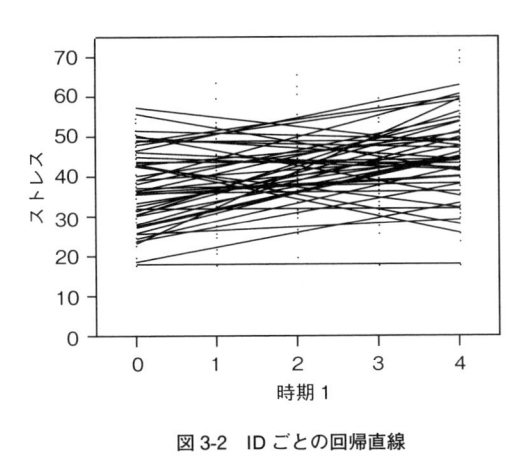

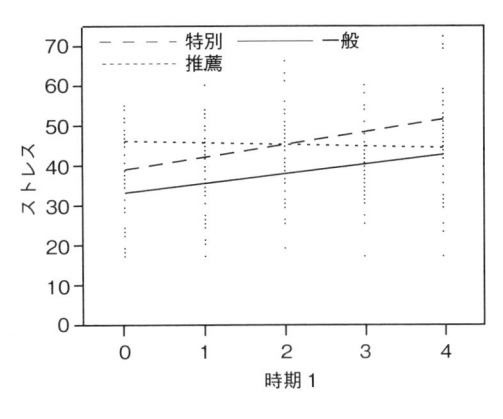

図3-3 入試形態別のストレスの変化

入試形態ごとに平均した値を見ると，切片は推薦入試（46.350）が最も高く，次いで特別入試（39.350），一般入試（33.672）の順である。また，傾きは，特別入試（3.075）が最も大きく，次いで一般入試（2.332），推薦入試（-0.417）の順である。特別入試で入学した学生はストレスが最初からある程度高く，時期と共に急激に上昇，推薦入試の学生は最初のストレスは高いが，時期によってあまり変化せず，一般入試の学生は最初からストレスは低く上昇率もそこそこ，という傾向である。この入試形態ごとの平均的回帰直線をグラフ化したものが，図3-3である。入試形態の特徴を考えると，「そうかも知れない」と一応納得のできるストレスの変化と言えるだろう。

切片および傾きについて，入試形態別の違いが統計学的に有意であるか否かを検定するために，便法として，上記の結果をデータとして新たなデータテーブルに入力し，分散分析を行った。その結果および Tukey の HSD 検定による多重比較の結果は以下のとおりである。切片も傾きも，入試形態の違いによる効果は統計学的に有意であり，切片に関しては「推薦」が「一般」と，傾きに関しては，「特別」および「一般」が「推薦」と，それぞれ区別されるという結果になった。

表3-2 入試形態による切片の分散分析表

要因	タイプⅢ平方和	自由度	平均平方	F 値	p 値
入試	1319.365	2	659.683	9.216	<.001
誤差	3006.460	42	71.582		
総和（修正済）	4325.826	44			

表3-3 入試形態による傾きの分散分析表

要因	タイプⅢ平方和	自由度	平均平方	F 値	p 値
入試	78.830	2	39.415	4.837	0.013
誤差	342.226	42	8.148		
総和（修正済）	421.056	44			

表 3-4　入試形態による切片・傾きの多重比較

（Tukey, $a = 0.05$）

水準			切片
推薦	A		46.350
特別	A	B	39.350
一般		B	33.672

水準			傾き
特別	A		3.075
一般	A		2.332
推薦		B	−0.417

3-3　一般線形モデルによる分析

　前節では，「変化」についての自然な考え方に従って分析を進めたわけであるが，単回帰分析の結果として得られた切片や傾きの値を再度データとして入力するなど，分析方法としては，あまり褒められたものではなかった。個体のストレスの継時的な変化を確認できたことは長所であるが，できることなら正当な分析方法できちんと検証したいところであろう。そこで，本節では，まず一般線形モデルを利用して分析してみることにする。すでに予想されるように，一般線形モデルでの分析は，(1) 同一個体についての観測値を互いに独立とみなす点，(2) 個体の違いを固定効果とみなす点，において不適切であった。しかし，分析の筋道・流れを理解するためにも，見ておくことは無駄にはならないだろう。反復測定分散分析の場合にもそうであったように，一般線形モデルを叩き台とすることによって，混合モデルへの飛躍が容易に理解されるからである。では，例によって単純なモデルから次第に複雑なモデルへと移行しながら，モデルの類型学を実践してみよう。

　最も単純な〈モデル 3.3.1〉は，繰り返しになるが，前章でも最初に行った全体平均だけですべてを代表させるヌルモデル〈モデル 2.3.1〉である。入試形態 i の学生 j の観測時期 k におけるストレス Y_{ijk} についてのモデル式は，以下のとおりである。ただし，全体の切片を μ，誤差を e_{ijk} と表記している。このモデルを観測値（データセット）にあてはめた結果は，表 3-6 および表 3-7 の〈モデル 3.3.1〉のとおりである。

$$Y_{ijk} = \mu + e_{ijk} \qquad e_{ijk} \sim N(0, \sigma_e^2) \qquad \langle 3.3.1 \rangle$$

　2-3 節でも述べたように，このモデルには何も予測変数がないため，当然ながら R^2 は 0 である。すべての観測値を全体平均（$\mu = 41.524$）で予測するモデルなので，誤差の平均平方（119.393）は観測値の不偏分散になる。以降の一般線形モデルによる分析では，誤差の平均平方がこの値を超えることはない。また，残差の正規性，等分散性に関しては図 2-2 のとおりである。

　また，これも 2-3 節でも扱ったモデルであるが〈モデル 2.3.2〉，連続尺度の変数「時期 1」を予測変数に投入する前に，個体のばらつきがどの程度あるのか，「ID」を予測変数とする 1 元配置分散分析によって確認しておこう〈モデル 3.3.2〉。入試 i を経て入学した学生 j の偏差を δ_{ij}，入試 i で入学した学生数を J_i，入試形態の数を I と表記すると，このモデル式は以下のようになる。δ_{ij} が「ID」の効果である。

$$Y_{ijk} = \mu + \delta_{ij} + e_{ijk} \qquad e_{ijk} \sim N(0, \sigma_e^2) \qquad \langle 3.3.2 \rangle$$

$$\text{ただし,} \sum_{i=1}^{I}\sum_{j=1}^{J_i} \delta_{ij} = 0$$

このモデル式を観測値（データセット）にあてはめた結果は表3-6および表3-7の〈モデル3.3.2〉のとおりである。2-3節でも確認したように，「ID」の効果は大きく，η^2は0.484にも達する。個体差のばらつきが大きいことが確認される。残差の正規性，等分散性に関しては図2-3のとおりである。

それでは，連続尺度の予測変数「時期1」を含むモデルについて確認してみよう。予測変数に「時期1」を含む最も単純なモデルは，「時期1」への単回帰分析〈モデル3.3.3〉である。言うまでもなく，傾きや切片が学生や入試形態によって変化せず，全体として固定している点が，このモデルの特徴である。すなわち，全体としての切片をμ，回帰係数をβ，入試形態iの学生jの観測時期kにおける「ストレス」の値をY_{ijk}，「時期1」の値をX_{ijk}とすると，モデル式は以下のようになる。観測時期をX_{ijk}と記号化したことからも理解されるように，このモデルでは，すべての観測が一斉に行われる必要はない。さらに，個体ごとの観測回数も，必ずしも同じである必要はない。これは，一般線形モデルとしての分散分析において，必ずしもデータのバランスがとれていなくてもよいのと同様である。もちろん，バランス（構造化）している方が何かと都合がよいことは確かである。本例では，すべての学生に対する調査が同時に行われ，欠測値のある学生のデータは省略されている。

$$Y_{ijk} = \mu + \beta X_{ijk} + e_{ijk} \qquad e_{ijk} \sim N(0, \sigma_e^2) \qquad \langle 3.3.3 \rangle$$

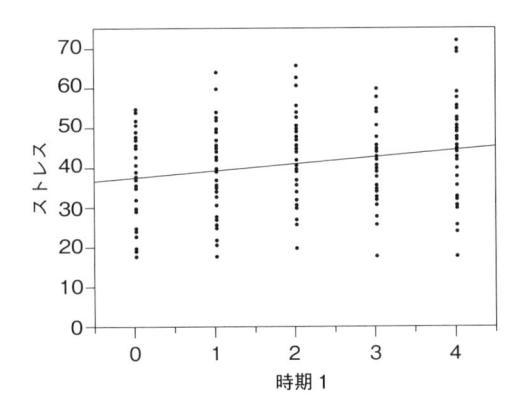

図 3-4　「ストレス」の「時期1」への回帰〈モデル 3.3.3〉

〈モデル3.3.3〉を観測値（データセット）にあてはめた結果は，表3-6および表3-7のとおりであり，散布図と回帰直線の様子は，図3-4のとおりである。切片，すなわち最初の調査時期におけるストレス得点は38.062であり，2ヶ月に1.731ずつ平均してストレスが上昇するという結果である。これらの値は，学生ごとに単回帰分析を行った結果の平均として求めた3-2節の結果（表3-6の〈モデル3.2〉）に一致している。もちろん，標準誤差は異なっているが，ほぼ同程度の値である。

パラメータを45個も使っていた先程の〈モデル3.3.2〉と比較すると，パラメータを2つしか使っていない本モデルのR^2は小さい（0.050）。しかし，それでも「時期1」の回帰係数（傾き）は統計学的に有意になっている（$p<.001$）。〈モデル3.3.1〉によると，ストレスの全体平均の標準誤差が0.7程度であるから，2ヶ月で平均の標準誤差の2倍から3倍程度の変化である。この分析は，前章で行った「時期」を名義尺度とする分析の〈モデル2.3.3〉に相等するが，モデルの平方和自体は，〈モデル2.3.3〉が2330.693であるのに対して，〈モデル3.3.3〉は1348.536でしかない。半分程度である。しかし，〈モデル2.3.3〉では，5つの時期に対応するべく5つのパラメータを使用していた。したがって，平均平方は平方和を4で除することになり，582.673になる。これに対して，〈モデル3.3.3〉では，

傾きの自由度は 1 なので，平方和 1348.536 がそのまま平均平方になる。もちろん，誤差の平均平方の大きさや，誤差の自由度なども影響するため一概には言えないが，最終的に p 値は〈モデル 3.3.3〉の方が少し小さくなっている。少なくとも，分散分析と比較して検定力に問題があるとは言えないだろう。適合度の指標である R^2 は，利用するパラメータ数の多い〈モデル 2.3.3〉の方が大きくなる（0.087）が，これはいたしかたのないことである。

最後に，残差の正規性を確認しておこう。ヒストグラムと正規分位点プロットの様子は図 3-5 のとおりである。Shapiro-Wilk 検定による適合度の検定は $p=0.606$ であり，正規性について大きな問題はない。

また，予測値に対する残差の様子は図 3-6 のとおりである。夏休み後にストレスが低下する現象を考慮に入れていないため，4 回目の調査に対応する残差がやや負の方向へずれているが，等分散性に関して大きな問題があるとは思えない。

単回帰分析は，一応統計学的に有意な結果を導くことに成功したが，分散説明率（R^2）は 0.1 未満であり，モデルの適合度はあまりよいとは言えない。あてはまりの悪さの主な原因は，前章でも問題にしたように，個体ごとのばらつきであると考えられる。実際，「ID」による 1 元配置分散分析であった〈モデル 3.3.2〉では，R^2 は 0.484 にも達していたのである。そこで，名義尺度の変数「ID」および「ID」と「時期 1」との交互効果「ID * 時期 1」を追加したモデルを考えてみよう〈モデル 3.3.4〉。予測変数に名義尺度の変数と連続尺度の変数が混ざることになるので，このモデルは共分散分析（ANCOVA）になる。「ID」は学生ごとの切片の偏差，「ID * 時期 1」は学生ごとの傾きの偏差を表すことになる。つ

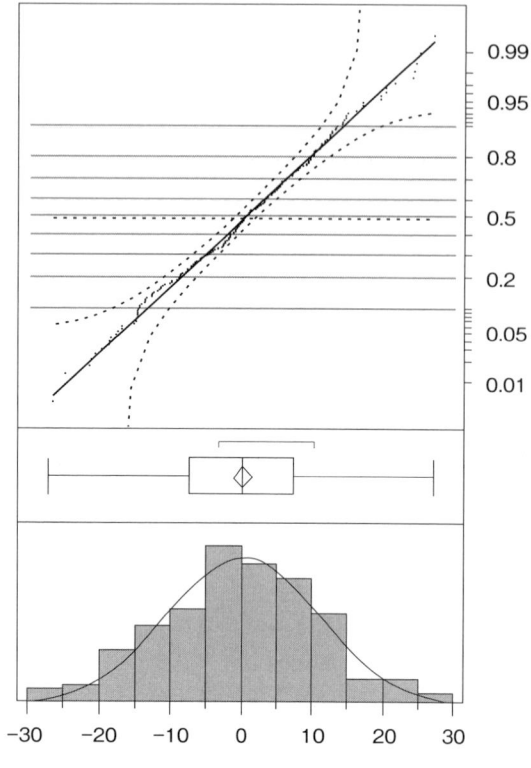

図 3-5 残差のヒストグラムと正規分位点プロット〈モデル 3.3.3〉

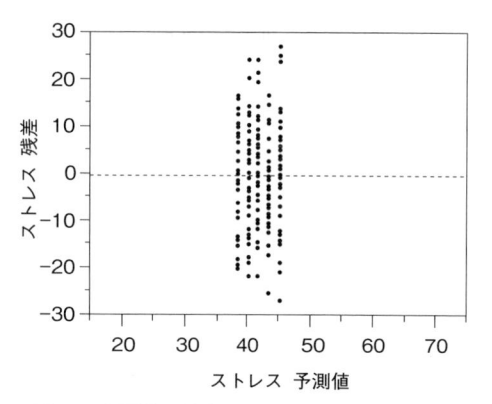

図 3-6 予測値に対する残差の散布図〈モデル 3.3.3〉

まり，学生ごとに切片と傾きが異なる回帰直線を持つ回帰分析を行うことになる。反復測定分散分析の場合には，学生個人と観測時期を特定すると観測値が 1 つになるため交互効果を含めることはできなかった。しかし，今回は「時期 1」に関するパラメータは「傾き」だけであるため，個体ごとに異なる傾きを定義することが可能である（自由度に余裕がある）。入試形態 i で入学した学生 j の切片の偏差を δ_{ij}，傾きの偏差を ω_{ij} とすると，モデル式は以下のようになる。ただし，入試形態 i の学生数を J_i，入試形態の数を I と表記している。

$$Y_{ijk} = (\mu + \delta_{ij}) + (\beta + \omega_{ij})X_{ijk} + e_{ijk} \qquad e_{ijk} \sim N(0, \sigma_e^2) \qquad \langle 3.3.4 \rangle$$

$$\text{ただし,} \quad \sum_{i=1}^{I}\sum_{j=1}^{J_i}\delta_{ij} = \sum_{i=1}^{I}\sum_{j=1}^{J_i}\omega_{ij} = 0$$

$\mu + \delta_{ij}$ を μ_{ij}，$\beta + \omega_{ij}$ を β_{ij}，学生総数を N と表記すると，このモデルは

$$Y_{ijk} = \mu_{ij} + \beta_{ij}X_{ijk} + e_{ijk} \qquad e_{ijk} \sim N(0, \sigma_e^2)$$

$$\text{ただし,} \quad \frac{1}{N}\sum_{i=1}^{I}\sum_{j=1}^{J_i}\mu_{ij} = \mu \qquad \frac{1}{N}\sum_{i=1}^{I}\sum_{j=1}^{J_i}\beta_{ij} = \beta$$

と表記することも可能である。すなわち，入試形態 i を経て入学した学生 j ごとに，固有の切片 μ_{ij} と傾き β_{ij} を持つ回帰直線を設定した分析であることがわかる。全体の切片 μ，傾き β は，すべての学生の切片および傾きの算術平均として定義されている。

以上のモデルを観測値（データセット）にあてはめた結果は，表3-6および表3-7の〈モデル3.3.4〉のとおりである。学生ごとの切片と傾きの推定値は，表3-5のとおりである。表3-5を表3-1と比較すれば明らかであるが，学生ごとに単回帰分析を行った結果と推定値は完全に一致している。すなわち，学生ごとの回帰直線の様子は，図3-2のようになるということである。そして，すべての学生の算術平均として与えられる全体としての切片（μ）と傾き（β）の値は，「時期1」で単回帰分析をした〈モデル3.3.3〉の結果と同じになる。本例では，すべての「ID」における予測変数の値が共通であるため，単回帰分析と共分散分析の結果が一致している[1]。したがって，全体の平均として得られる回帰直線の様子は，先程の図3-4のようになる。ただし，μ や β の標準誤差は，「ID」を予測変数に加えることによって「誤差」の平方和が小さくなるため，〈モデル3.3.3〉より小さくなっている。

また，表3-7において「時期1」による単回帰分析である〈モデル3.3.3〉と比較すると，「時期1」の平方和は同じ（1348.536）であるが，「ID」を予測変数に加えたことにより「誤差」の平方和が減少しているので，「時期1」の偏 η^2 も（0.141），F 値も（22.121）増加している。従来の共分散分析の考え方とは反対になるが[2]，連続尺度の変数である「時期1」の傾きの検定が有利になるのである。「ID」と「時期1」の交互効果も統計学的に有意である（$p=0.026$）。したがって，学生ごとの回帰直線の傾きは，学生ごとに異なっていることになる。偏 η^2 で効果の大きさを比較すると，「ID」の効果が最も大きく，次いで「ID」と「時期1」の交互効果，最後が「時期1」の効果である。やはり，個体ごとの切片，傾きのバラツキが大きい。

最後になったが，残差の様子を確認しておこう。残差のヒストグラムと予測値に対する散布図は図3-7のとおりである。学生ごとのばらつきを取り除いたため，正規性は〈モデル3.3.3〉の場合より改善している（Shapiro-Wilk, $p=0.726$）。等分散性にも，大きな問題があるとは思えない。

---

[1] 1-10節あるいは1-11節で確認したように，単回帰分析による推定値と共分散分析による推定値は，必ずしも一致するわけではない。
[2] 従来の考え方では，共分散分析の目的は，名義尺度で定義される群平均の違いの検定力を上げることであった。本例の場合にはむしろ，連続尺度の効果（傾き）の検定力を上げることが目的になっている。

表3-5 学生ごとの切片と傾きの推定値〈モデル3.3.4〉

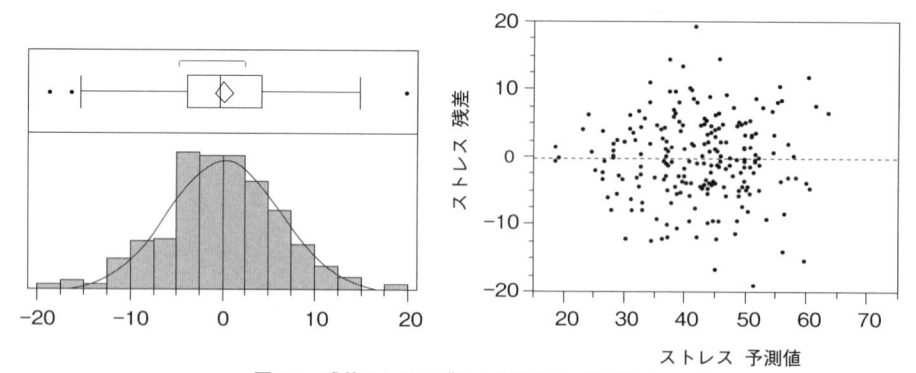

特別入試			推薦入試			一般入試		
ID	切片	傾き	ID	切片	傾き	ID	切片	傾き
1	30.8	6.5	9	49.2	2.8	21	23.6	9.1
2	39.6	5.4	10	43.4	1.6	22	31.8	5.6
3	36.8	4.4	11	39.6	1.3	23	28.4	5.5
4	47.0	4.1	12	44.0	0.2	24	31.0	5.2
5	48.4	2.8	13	49.4	0.0	25	26.2	5.1
6	36.6	1.0	14	32.4	0.0	26	24.8	4.5
7	26.0	0.9	15	44.2	−0.1	27	27.6	4.4
8	49.6	−0.5	16	52.0	−0.6	28	28.0	4.4
			17	50.4	−1.4	29	38.6	4.2
			18	57.8	−2.4	30	33.0	3.8
			19	43.0	−2.6	31	19.0	3.7
			20	50.8	−3.8	32	30.6	3.7
						33	24.2	3.6
						34	33.8	2.9
						35	40.6	2.7
						36	37.0	1.9
						37	36.0	1.1
						38	37.6	0.3
						39	36.4	0.1
						40	18.4	0.0
						41	45.4	−0.8
						42	46.6	−1.0
						43	56.2	−3.6
						44	43.6	−3.8
						45	43.4	−4.3

図3-7 残差のヒストグラムと散布図〈モデル3.3.4〉

さて，これまでは，個体に注意を払いながらも，全体としての継時的変化の様子に焦点を合わせてきた。しかし，通常の学問的関心からすれば，個体の何らかの特質が継時的な変化に関連するか否かが問題になるだろう。本例の場合であれば，学生の入試形態の違いが，ストレスの継時的変化に関連するか否かが問題なのである。そこで，続いて名義尺度の変数である「入試」を予測変数に含めたモデルを考えることにしたい。「入試」を先程の〈モデル3.3.4〉に追加してもよいのだが，「ID」を含んだモデルと含まないモデルの違いについて確認をするため，まずは「ID」を含まない〈モデル3.3.3〉を基にしたモデルついて考えてみよう。すなわち，「入試」と「時期1」の主効果と交互効果「入試＊時期1」を含むモデルである〈モデル3.3.5〉。「入試」の効果は入試形態ごとの切片の偏差，「時期1」の効果は共通の傾き，「入試＊時期1」の効果は入試形態ごとの傾きの偏差に対応する。すなわち，入試形態ごとに切片と傾きが変化する回帰直線で観測値（データセット）を近似するモデルである。交互効果を含めないと，2-3節において〈モデル2.3.5〉で確認したように，入試形態ごとの傾きは共通になり，回帰直線が平行になってしまう。入試形態iの学生の切片の偏差をα_i，傾きの偏差をγ_iと表記すると，そのモデル式は以下のようになる。ただし，入試形態の数をIと表記する。

$$Y_{ijk} = (\mu + \alpha_i) + (\beta + \gamma_i)X_{ijk} + e_{ijk} \qquad e_{ijk} \sim N(0, \sigma_e^2) \qquad \langle 3.3.5 \rangle$$

$$\text{ただし，} \sum_{i=1}^{I}\alpha_i = \sum_{i=1}^{I}\gamma_i = 0$$

このモデルを観測値（データセット）にあてはめた結果は，表3-6および表3-7の〈モデル3.3.5〉のとおりである。入試形態ごとの切片および傾きの推定値は，表3-6の〈モデル3.2〉の値に等しい。したがって，グラフに描けば，図3-3のようになる。ただし，標準誤差はモデルの「残差」の平均平方に基づいて決定される。切片はいずれも「0でない」と統計学的に主張できるが，傾きが「0でない」と統計学的に主張できるのは「特別入試」および「一般入試」で入学した学生についてのみである。「推薦入試」で入学した学生については，統計学的に有意にならなかった。全体の切片および傾きは，それぞれの入試形態ごとの学生数が同数ではないため，〈モデル3.3.3〉や〈モデル3.3.4〉の値とは一致しない。一般線形モデルでは，全体の切片および傾きは，入試形態ごとの値の算術平均になるからである。すなわち，切片の場合には（39.350 + 46.350 + 33.672）/3 = 39.790であり，傾きの場合には（3.075 − 0.417 + 2.332）/3 = 1.663となる。

以上のように，学生個人を特定しなくても，入試形態ごとの切片および傾きの推定値は記述統計と同じ値になる。ということは，同一の集団に対して繰り返して調査を行いさえすれば，必ずしも個人を特定しなくても，入試形態ごとの変化軌跡は描けることになる。もちろん，同一の集団に対する反復測定が必要であることは言うまでもない。序章で議論したように，同一の集団に対する反復測定を含まない横断データだけでは，時代の変化と個体の変化を識別できない。横断データを利用して個体の変化を議論することができるのは，時代的な変化がありえないことが自明である場合においてのみである。しかし，同一の集団に対して反復測定を行えば，必ずしも個体を特定する必要はないことになる。ただし，個体を特定しない場合には，個体ごとにどの程度のばらつきがあるのかを確認することはできない。本例で言えば，ストレス変化の傾きが負になる学生がどの程度存在するのかは，個体を特定した調査なしに断言することはできないのである。どのような個体がどの程度存在して，その結果，全体としてどのような傾向性が表れているのかを明確にするには，やはり個体を特定した継時データをとるしか方

表 3-6　一般線形モデルによるパラメータ推定値

項		3.2	3.3.1	3.3.2	3.3.3	3.3.4	3.3.5	3.3.6
切片［全体］		38.062	41.524	41.524	38.062	38.062	39.791	39.791
	標準誤差	1.478	0.728	0.583	1.232	0.902	1.282	1.005
	自由度	44	224	180	223	135	219	135
	t 値	25.751	57.003	71.165	30.889	42.218	31.033	39.608
	p 値	<.001	<.001	<.001	<.001	<.001	<.001	<.001
切片［特別］		39.350					39.350	39.350
	標準誤差	3.021					2.729	2.138
	自由度	7					219	135
	t 値	13.025					14.419	18.403
	p 値	<.001					<.001	<.001
切片［推薦］		46.350					46.350	46.350
	標準誤差	1.921					2.228	1.746
	自由度	11					219	135
	t 値	24.128					20.801	26.548
	p 値	<.001					<.001	<.001
切片［一般］		33.672					33.672	33.672
	標準誤差	1.830					1.544	1.210
	自由度	24					219	135
	t 値	18.400					21.811	27.838
	p 値	<.001					<.001	<.001
傾き［全体］		1.731			1.731	1.731	1.663	1.663
	標準誤差	0.461			0.503	0.368	0.523	0.410
	自由度	44			223	135	219	135
	t 値	3.754			3.441	4.703	3.178	4.056
	p 値	<.001			<.001	<.001	<.002	<.001
傾き［特別］		3.075					3.075	3.075
	標準誤差	0.864					1.114	0.873
	自由度	7					219	135
	t 値	3.559					2.760	3.523
	p 値	0.011					0.006	<.001
傾き［推薦］		−0.417					−0.417	−0.417
	標準誤差	0.546					0.910	0.713
	自由度	11					219	135
	t 値	−0.764					−0.458	−0.585
	p 値	0.461					0.647	0.560
傾き［一般］		2.332					2.332	2.332
	標準誤差	0.660					0.630	0.494
	自由度	24					219	135
	t 値	3.533					3.700	4.723
	p 値	<.001					<.001	<.001

表 3-7 一般線形モデルによる効果の検定

項		3.3.1	3.3.2	3.3.3	3.3.4	3.3.5	3.3.6
ID	平方和		12955.316		7209.710		5010.767
	偏η^2乗		0.484		0.467		0.378
	自由度		44		44		42
	平均平方		294.439		163.857		119.304
	F値		3.844		2.688		1.957
	p値		<.001		<.001		0.002
入試	平方和					2198.942	2198.942
	偏η^2乗					0.092	0.211
	自由度					2	2
	平均平方					1099.471	1099.471
	F値					11.072	18.036
	p値					<.001	<.001
時期1	平方和			1348.536	1348.536	1002.823	1002.823 [3]
	偏η^2乗			0.050	0.141	0.044	0.109
	自由度			1	1	1	1
	平均平方			1348.536	1348.536	1002.823	1002.823 [3]
	F値			11.842	22.121	10.098	16.450
	p値			<.001	<.001	<.002	<.001
ID*時期1	平方和				4210.564		3422.261
	偏η^2乗				0.338		0.294
	自由度				44		42
	平均平方				95.695		81.482
	F値				1.570		1.337
	p値				0.026		0.109
入試*時期1	平方和					788.304	788.304
	偏η^2乗					0.035	0.087
	自由度					2	2
	平均平方					394.152	394.152
	F値					3.969	6.466
	p値					0.020	0.002
モデル	平方和	0.000	12955.316	1348.536	18514.416	4996.084	18514.416
	R^2乗	0.000	0.484	0.050	0.692	0.187	0.692
	調整R^2乗	0.000	0.358	0.046	0.489	0.168	0.489
	自由度	0	44	1	89	5	89
	平均平方	0.000	294.439	1348.536	208.027	999.217	208.027
	F値	0.000	3.844	11.842	3.413	10.062	3.413
	p値	1.000	<.001	<.001	<.001	<.001	<.001
誤差	平方和	26744.116	13788.800	25395.580	8229.700	21748.032	8229.700
	自由度	224	180	223	135	219	135
	平均平方	119.393	76.604	113.882	60.961	99.306	60.961
総和（修正済）	平方和	26744.116	26744.116	26744.116	26744.116	26744.116	26744.116
	自由度	224	224	224	224	224	224

[3] SAS，SPSS では 1019.451 になる。JMP の値を採用した。

法はないだろう．さらに，先程〈モデル3.3.4〉で確認したように，個体のばらつきは通常極めて大きいため，個体を特定した方が検定力は高くなると考えられる．これは，前章で反復測定分散分析について確認したのと同様である．

また，表3-7の〈モデル3.3.5〉によれば，「入試」の効果も「入試＊時期1」の効果も統計学的に有意なので，切片および傾きに関する多重比較として，モデルに基づいたStudentのt検定を行った．結果は表3-8のとおりである．切片も傾きも，「特別入試」と「一般入試」の区別がつかず，「推薦入試」のみが区別された．偏η^2を見ると，いずれもそう大きくはないが，「入試」の効果が最も大きく，次いで「時期1」「入試＊時期1」の順であった．入試形態ごとの切片の違いが最も顕著である，ということになる．自由度調整R^2は，予測変数が「時期1」だけの単回帰分析の場合（0.046）と比較して改善されている（0.168）．「ID」を予測変数の1つとする先程の〈モデル3.3.4〉ほどではないが，パラメータを4つ増やした効果としては極めて大きいと言えるだろう．

表 3-8　入試形態別の多重比較〈モデル 3.3.5〉
（Student, $\alpha = 0.05$）

水準		切片
推薦	A	46.350
特別	B	39.350
一般	B	33.672

水準			傾き
特別	A		3.075
一般	A		2.332
推薦		B	−0.417

最後に，残差の正規性をShapiro-Wilk検定で確認したところ，まったく問題はなかった（$p=0.926$）．

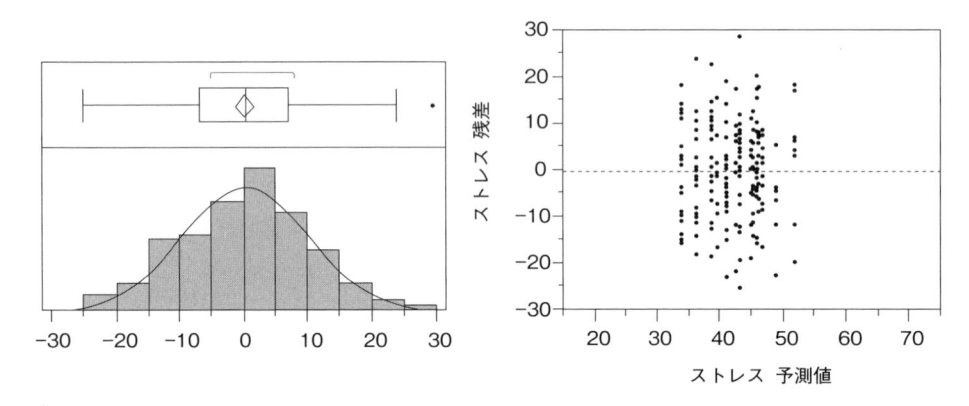

図 3-8　残差のヒストグラムと散布図〈モデル 3.3.5〉

それでは，「ID」と「入試」の両者を投入した最終モデル〈モデル3.3.6〉について考えることにしよう．すなわち，学生ごとの「切片」と「傾き」が，その学生の入試形態の偏差とその学生に固有な偏差を加えた値になるようなモデルである．「入試」の効果が入試形態ごとの切片の偏差，「ID」の効果が学生に固有な切片の偏差，「時期1」の効果が全体的な傾き，「入試＊時期1」の効果が入試形態ごとの傾きの偏差，「ID＊時期1」の効果が学生に固有な傾きの偏差である．「ID」は「入試」にネストしているため，「ID」と「入試」の交互効果はない．このようなモデルのモデル式は以下のとおりである．パラメータの表記はこれまでのとおりであるが，入試形態iの学生数をJ_i，入試形態の数をIと表記している．

$$Y_{ijk} = (\mu + \alpha_i + \delta_{ij}) + (\beta + \gamma_i + \omega_{ij})X_{ijk} + e_{ijk} \qquad e_{ijk} \sim N(0, \sigma_e^2) \qquad \langle 3.3.6 \rangle$$

$$\text{ただし，} \sum_{i=1}^{I} \alpha_i = \sum_{i=1}^{I} \gamma_i = \sum_{j=1}^{J_i} \delta_{ij} = \sum_{j=1}^{J_i} \omega_{ij} = 0$$

このモデルを観測値（データセット）にあてはめた結果は，表3-6および表3-7の〈モデル3.3.6〉のとおりである。「ID」は「入試」にネストしているため，〈モデル3.3.4〉に「入試」に関する予測変数を追加しても，両者のモデル全体の平均平方および誤差の平均平方はまったく変化しない。すなわち，「入試」および「入試＊時期1」を〈モデル3.3.4〉に追加しても，モデル内で平方和の配分が変化するだけで，全体としての検定力は変化しないのである。実際，R^2や自由度調整R^2の値も，〈モデル3.3.4〉と完全に等しくなっている。さらには，残差もまったく等しくなるため，正規性についても〈モデル3.3.4〉の結果と完全に等価になる。すなわち，Shapiro-Wilkの検定結果は$p=0.726$となり，正規性に関してはまったく問題はない。残差の散布図も，図3-7のとおりである。

さて，表3-6において先程の〈モデル3.3.5〉と比較すると，入試形態ごとの切片および傾きの推定値はすべて等しいことがわかる。違っているのは，標準誤差だけである。本モデルの方が，「ID」および「ID＊時期1」を追加したため誤差の平均平方が小さくなっており，その結果標準誤差が小さくなるのである。表3-7において〈モデル3.3.5〉と比較すると明らかであるが，両者の「入試」「時期1」「入試＊時期1」の平均平方は等しい。ただ，誤差の平均平方が小さくなっているため，F値が大きくなり，検定力が増加するのである。すなわち，この〈モデル3.3.6〉は，〈モデル3.3.5〉に「ID」および「ID＊時期1」を加えることによって，個体のばらつきを吸収し，入試形態ごとの切片と傾きについての検定力を上げたモデルと考えることができる。実際，入試形態ごとの切片と傾きについて，モデルに基づいたt検定を行った結果，切片に関してはすべての入試形態が区別された（表3-9）。

表3-9　入試形態別の多重比較　〈モデル3.3.6〉
(Student, $\alpha = 0.05$)

水準			切片	水準			傾き
推薦	A		46.350	特別	A		3.075
特別		B	39.350	一般	A		2.332
一般			C	33.672	推薦		B	−0.417

また，冗長になるので詳細は省略したが，学生個人ごとの切片と傾きは，表3-5とまったく同じになる。前節（3-2節）で行った自然な分析を一般線形モデルで再現するとすれば，この〈モデル3.3.6〉になるのである。

3-4 マルチレベルモデルによる分析

前節で確認した一般線形モデルによる継時データの分析法には，2つの問題点があった。変化は原則として個体に関して生じるものであり，それ故，同一の個体に対して複数回の観測を行う継時データが必要とされるのであるが，同一の個体に対する複数の残差が相互に独立であるとは容易に認められない。また，個体を特定するために用いられる名義尺度の変数の水準が，観測の対象とされた個体数だけ存在するとは考えられない。したがって，個体を特定するため

の変数による効果は，変量効果と考える必要がある。

　ところで，前章で扱った反復測定混合分散分析の場合とは異なって，今回は時間軸が連続尺度になっている。したがって，反復測定混合分散分析の場合のように，「観測時期ごとの観測値間の共分散（相関係数）行列をパラメータとする」という解決策は採用できない。時間を表す変数が連続尺度の変数である以上，「観測時期間の共分散行列」という概念自体が成立しないからである。そこで，前章の反復測定混合分散分析においても行ったように，「ID」を変量効果の変数とみなす方向からアプローチしてみよう。

　最初は，変量効果として「ID」を含むだけで，固定効果の予測変数は何も含まない，いわゆる混合モデルのヌルモデルである〈モデル 3.4.1〉。モデルの形態学を展開する際に，原点となるモデルである。入試形態 i によって入学した学生 j の時期 k におけるストレスを Y_{ijk} とすると，モデル式は以下のようになる。前節の〈モデル 3.3.2〉における δ_{ij} を変量効果 d_{ij} に変えるだけであり，前章の〈モデル 2.4.1〉と同じモデルである。d_{ij} は，期待値 0，分散 σ_0^2 の正規分布に従っており，e_{ijk} とは独立である。したがって，モデル全体としての確率部分 $d_{ij} + e_{ijk}$ は，期待値 0，分散 $\sigma_0^2 + \sigma_e^2$ の正規分布に従うことになる。

$$Y_{ijk} = \mu + d_{ij} + e_{ijk} \qquad d_{ij} \sim N(0, \sigma_0^2) \qquad e_{ijk} \sim N(0, \sigma_e^2) \qquad \langle 3.4.1 \rangle$$

　このモデルを観測値（データセット）にあてはめた結果は，表 3-12 および表 3-13 の〈モデル 3.4.1〉のとおりである。前節の〈モデル 3.3.2〉と比較すると，前章においても確認したように，〈モデル 3.4.1〉の「誤差」の分散成分 $\sigma_e^2 = 76.604$ は，〈モデル 3.3.2〉の「誤差」の平均平方に等しい。今後，いくつかの予測変数をモデルに追加することになるが，その際「誤差」の分散成分はこの値を超えることはない。また，各個体について 5 回の観測をしているので，$5 \times 43.567 + 76.604 = 294.439$ を計算すると，〈モデル 3.3.2〉の「ID」の平均平方になる。なお，このモデルの固定効果は μ だけであるから，残差の様子は，前節の〈モデル 3.3.1〉あるいは前章の〈モデル 2.3.1〉と等しくなる。すなわち，図 2-2 のとおりである。正規性には，特に問題はない。

　さて，いよいよ最初のマルチレベルモデルである。前節で「ID」と「時期 1」および両者の交互効果「ID * 時期 1」を予測変数とした共分散分析〈モデル 3.3.4〉を取り上げた。「時期 1」による単回帰分析に，「ID」の主効果および「ID」と「時期 1」の交互効果を追加することによって，個体のばらつきを吸収しようとしたモデルである。このモデルの予測変数のうち，「ID」に関連する「ID」と「ID * 時期 1」を変量効果にしたモデルについて考えてみよう。モデル式で言えば，「ID」の効果に相当する δ_{ij} および「ID * 時期 1」の効果に相当する w_{ij} をそれぞれ変量効果 d_{ij} および w_{ij} とみなせばよい。ある学生に固有な「切片」の偏差 d_{ij}，ある学生に固有な「傾き」の偏差 w_{ij} および「誤差」の e_{ijk} が，それぞれ独立した正規分布に従うモデル〈モデル 3.4.2〉について，まずは考えてみよう。

$$Y_{ijk} = (\mu + d_{ij}) + (\beta + w_{ij})X_{ijk} + e_{ijk} \qquad e_{ijk} \sim N(0, \sigma_e^2) \qquad \langle 3.4.2 \rangle$$

$$\text{ただし,} \quad d_{ij} \sim N(0, \sigma_0^2) \qquad w_{ij} \sim N(0, \sigma_1^2)$$

このモデルは，$\mu + d_{ij}$ を μ_{ij}，$\beta + w_{ij}$ を β_{ij} と表記すると，次のように表記することも可能である。

レベル1　　$Y_{ijk} = \mu_{ij} + \beta_{ij} X_{ijk} + e_{ijk}$　　$e_{ijk} \sim N(0, \sigma_e^2)$

レベル2　　$\mu_{ij} = \mu + d_{ij}$　　$d_{ij} \sim N(0, \sigma_0^2)$

$\qquad\qquad\;\;\beta_{ij} = \beta + w_{ij}$　　$w_{ij} \sim N(0, \sigma_1^2)$

レベル1の式は，入試 i による学生 j の時期 k における観測値が，入試 i による学生 j の真のストレス変化を表す回帰直線から誤差 e_{ijk} だけ外れていることを意味している。すなわち，誤差 e_{ijk} の分散 σ_e^2 は，同一の個体のさまざまな時期における観測値のばらつきを表す分散なのである。言い換えれば，**レベル1の式は，個体（内）のレベルにおいて立てられたモデル式**と考えることができるだろう。これに対して，レベル2の最初の式は，入試 i による学生 j の切片 μ_{ij} が，全体の真の切片 μ から偏差 d_{ij} だけ外れていることを示している。また，レベル2の第2の式は，入試 i による学生 j の傾き β_{ij} が，全体の真の傾き β から偏差 w_{ij} だけ外れていることを示している。つまり，偏差 d_{ij} の分散 σ_0^2，偏差 w_{ij} の分散 σ_1^2 は，それぞれ切片および傾きの個体間のばらつきを表す分散なのである。言い換えれば，**レベル2の式は，全体（個体間）のレベルにおいて立てられたモデル式**と考えることができる。このように，階層的な複数のレベルにおいて関係式が立てられるため，マルチレベルモデル（multilevel model）という名称が与えられたのである。階層線形モデル（hierarchical linear model）という名称も同様の趣旨である。まず個体について回帰モデルを立てるところから，個体成長モデル（individual growth model）と呼ばれることもある。回帰係数が確率変数とみなされるモデルであることから，ランダム係数モデル（random coefficient model）と呼ばれる場合もある。

なお，d_{ij} および w_{ij} についての制約は，以下のようにまとめて表現することも可能である〈モデル3.4.3〉。〈モデル3.4.2〉と〈モデル3.4.3〉が等価であることは自明であるが，両者を表現する統計ソフト上のプログラムは別物になる。それぞれをREML法によって観測値（データセット）にあてはめた結果は，表3-12および表3-13のとおりであり，両モデルが完全に等価であることが確認される。

$$\begin{pmatrix} d_{ij} \\ w_{ij} \end{pmatrix} \sim N \left[\begin{pmatrix} 0 \\ 0 \end{pmatrix}, \begin{pmatrix} \sigma_0^2 & 0 \\ 0 & \sigma_1^2 \end{pmatrix} \right] \qquad\qquad \langle 3.4.3 \rangle$$

全体としての切片（μ）および傾き（β）の推定値を，単回帰分析の〈モデル3.3.3〉や名義尺度の「ID」を追加して個体のばらつきを吸収し検定力を上げた〈モデル3.3.4〉の結果と比較すると，いずれも等しい。したがって，回帰直線の様子は図3-4のとおりである。ただし，標準誤差を比較すると，切片に関しては，マルチレベルモデルが最も大きい。最も重要な「傾き」の標準誤差は，〈モデル3.3.3〉よりは小さく〈モデル3.3.4〉よりは大きくなっている。すなわち，このモデルが目標としている「時期1」の効果の検定に関しては，単純な単回帰よりは有利であり，「ID」を固定効果として利用するANCOVAよりは不利になるのである。「ID」を変量効果として含んだモデルとしては，妥当なところだろう。分散成分の値としては，やはり「ID」の分散成分 σ_0^2，すなわち個体間の「切片」のばらつきの成分がかなり大きい。「ID＊時

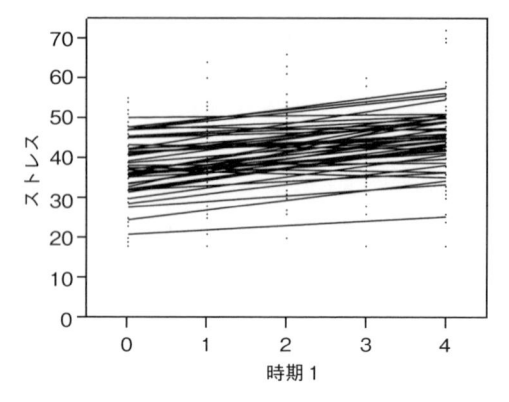

図3-9 BLUP値に基づくIDごとの回帰直線〈モデル3.4.2〉

期1」の分散成分 σ_1^2, すなわち個体間の「傾き」のばらつきの成分は小さく，検定結果も有意になっていない。つまり，「0でない」とは主張できないのである。実際，「ID」ごとのBLUP値に基づく回帰直線をグラフにすると，図3-9のようになる。一般線形モデルの〈モデル3.3.4〉に基づく回帰直線をグラフにした図3-2と比較すると，随分傾きが揃っており，「ID」による傾きの偏差が小さいことがうかがえる。

なお，「-2対数尤度」を〈モデル3.4.1〉と比較すると，固定効果の項「時期1」と変量効果の項「ID＊時期1」を追加することにより20近く減少している。「時期1」は固定効果なので，参考のためにMLであてはめた結果を確認すると，いずれも〈モデル3.4.1〉より小さくなっている。したがって，このモデルは，〈モデル3.4.1〉より適切である。

さて，以上のように，「ID」に関連する予測変数を変量効果とすることによって，一般線形モデルが抱えていた問題点のうちの1つを解決することができた。では，こうすることによって，同一個体についての異なった時期における観測値間の相関関係はどのようになっているのであろうか。〈モデル3.4.2〉および〈モデル3.4.3〉における Y_{ijk} の確率部分は，$d_{ij} + w_{ij}X_{ijk} + e_{ijk}$ であった。d_{ij}, w_{ij}, e_{ijk} は相互に独立であるから，$i \neq i'$, $j \neq j'$, $k \neq k'$ とすると，2-4節でも議論したように，以下のような関係が成立する。

$$Var(Y_{ijk}) = Cov(d_{ij} + w_{ij}X_{ijk} + e_{ijk}, d_{ij} + w_{ij}X_{ijk} + e_{ijk}) = \sigma_0^2 + \sigma_1^2 X_{ijk}^2 + \sigma_e^2$$

$$Cov(Y_{ijk}, Y_{i'j'k}) = Cov(d_{ij} + w_{ij}X_{ijk} + e_{ijk}, d_{i'j'} + w_{i'j'}X_{i'j'k} + e_{i'j'k}) = 0$$

$$Cov(Y_{ijk}, Y_{ijk'}) = Cov(d_{ij} + w_{ij}X_{ijk} + e_{ijk}, d_{ij} + w_{ij}X_{ijk'} + e_{ijk'}) = \sigma_0^2 + \sigma_1^2 X_{ijk} X_{ijk'}$$

成分が3つになっていることと，予測変数の値が係数として付いているため，少し複雑な形をしているが，要点は同じである。すなわち，最初の式はそれぞれの観測値の分散の期待値を示している。そして，第2の式は，j が異なっていることが要点であり，i や k については他の可能性もあるが，別の個体の観測値相互の共分散が0であること，つまり両者は独立していることを示している。最後に第3の式は，同じ個体についての別の時期の観測値間には相関関係が存在することを示している。こうして，混合モデルを利用することによって，一般線形モデルが持っていた問題点が一応解決されることになるのである。しかし，時間の変数を名義尺度の変数とみなした反復測定混合分散分析の場合との違いも明らかになる。それは，予測変数 X_{ijk} が係数として共分散を求める式に入っているという点である。図3-10に模式的に示したように，d_{ij} は平行移動であるため，生み出される応答変数の変化は予測変数の値に関係しないが，w_{ij} は傾きの変化なので，予測変数 X_{ijk} に比例した量の変化を生み出すのである。その結果，分散・共分散が X_{ijk} の2次関数になる。同一個体内での共分散の構造が，X_{ijk} の2次関数にならざるを得ないのは，1次の回帰を利用したマルチレベルモデルの制約ではあるが，パラメータ数が少ないのであるから，この不自由さには目をつぶらざるを得ないだろう。実際，反復測定

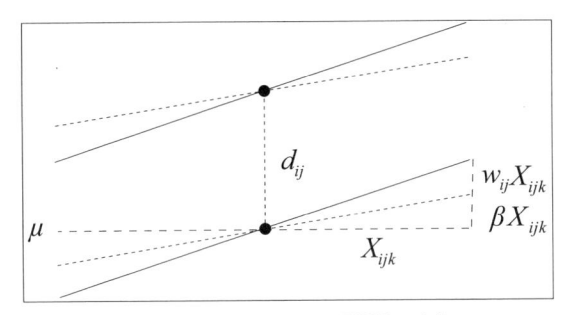

図3-10　変量効果による予測値の変化

混合分散分析の場合でも，同一個体についての時期ごとの観測値間の共分散行列を「複合対称」とするよりも「無構造」にした方がよいとは一概には言えなかったのである。

しかし，ここにこのタイプのマルチレベルモデル特有の問題が生じる。一般線形モデルの場合には，原点をどこにするかは単に表現の問題であり，見かけは変化しても実質的な変化は生じなかった。効果の検定結果が変わるようなことはなかったのである。しかし，変量効果を独立とするマルチレベルモデルでは，原点の定め方によって，前提される分散・共分散の構造が変化してしまうのである。〈モデル3.4.3〉では，d_{ij} と w_{ij} が独立している（共分散が0である）ため，先程の式から明らかなように，Y_{ijk} の分散は原点において（$X_{ijk} = 0$ のとき）最小値 $\sigma_0^2 + \sigma_e^2$ をとることになる。したがって，どこを原点にするかによって，僅かではあるが，モデルの前提が変化し，分析の結果が変わってくるのである。今，3回目の調査時期を0とするように中心化した変数，すなわち（-2, -1, 0, 1, 2）を値とする「時期C」を考え，「時期1」の代わりに「時期C」を利用した〈モデル3.4.3C〉を観測値（データセット）にあてはめてみよう。結果は，表3-12および表3-13のとおりである。「切片」の値が〈モデル3.4.1〉と等しくなっているのは，予測変数の平均が原点になっているため，応答変数もその平均が切片になったのである。実際，「時期C」の値が-2のときのストレスの推定値を求めると38.062となり，〈モデル3.4.2〉や〈モデル3.4.3〉の「切片」と等しくなる。したがって，これは見かけ上の問題に過ぎないことがわかる。ところが，標準誤差（1.144）は〈モデル3.4.1〉に等しいが，「時期C」の値が-2のときの標準誤差は1.469となり，〈モデル3.4.2〉や〈モデル3.4.3〉とは異なってくるのである。「傾き」も推定値は〈モデル3.4.2〉や〈モデル3.4.3〉と等しく，1.731になる。ところが，「傾き」の標準誤差は，僅かだが異なっているのである。また，表3-13を確認すると，分散成分の推定値や「-2対数尤度」，AIC，BICなども僅かだが異なっていることに気づかれるだろう。

以上の分散成分の推定値を基に，それぞれの調査時期の観測値に対して，どのような分散を設定したことになっているのか，確認してみよう。まず，〈モデル3.4.2〉や〈モデル3.4.3〉では以下のようになる。

$$Var(Y_{ij1}) = 42.584 + 1.430 \times 0^2 + 65.272 = 107.856$$

$$Var(Y_{ij2}) = 42.584 + 1.430 \times 1^2 + 65.272 = 109.286$$

$$Var(Y_{ij3}) = 42.584 + 1.430 \times 2^2 + 65.272 = 113.576$$

$$Var(Y_{ij4}) = 42.584 + 1.430 \times 3^2 + 65.272 = 120.726$$

$$Var(Y_{ij5}) = 42.584 + 1.430 \times 4^2 + 65.272 = 130.736$$

続いて，〈モデル 3.4.3C〉の場合について確認してみよう．

$$Var(Y_{ij1}) = 46.696 + 3.473 \times (-2)^2 + 60.961 = 121.549$$

$$Var(Y_{ij2}) = 46.696 + 3.473 \times (-1)^2 + 60.961 = 111.130$$

$$Var(Y_{ij3}) = 46.696 + 3.473 \times 0^2 + 60.961 = 107.657$$

$$Var(Y_{ij4}) = 46.696 + 3.473 \times 1^2 + 60.961 = 111.130$$

$$Var(Y_{ij5}) = 46.696 + 3.473 \times 2^2 + 60.961 = 121.549$$

〈モデル 3.4.3〉の場合と異なった値であることは，明らかである．構造自体が異なっているのである．すなわち，〈モデル 3.4.3〉では最初の時期の分散が最小であるのに対して，〈モデル 3.4.3C〉では 3 回目の観測値の分散が最小になっている．共分散成分に関しても同様である．まずは，〈モデル 3.4.2〉および〈モデル 3.4.3〉の場合である．

$$Cov(Y_{ij1}, Y_{ij2}) = 42.584 + 1.430 \times 0 \times 1 = 42.584$$

$$Cov(Y_{ij1}, Y_{ij3}) = 42.584 + 1.430 \times 0 \times 2 = 42.584$$

$$Cov(Y_{ij1}, Y_{ij4}) = 42.584 + 1.430 \times 0 \times 3 = 42.584$$

$$Cov(Y_{ij1}, Y_{ij5}) = 42.584 + 1.430 \times 0 \times 4 = 42.584$$

$$Cov(Y_{ij2}, Y_{ij3}) = 42.584 + 1.430 \times 1 \times 2 = 45.444$$

$$Cov(Y_{ij2}, Y_{ij4}) = 42.584 + 1.430 \times 1 \times 3 = 46.874$$

$$Cov(Y_{ij2}, Y_{ij5}) = 42.584 + 1.430 \times 1 \times 4 = 48.304$$

$$Cov(Y_{ij3}, Y_{ij4}) = 42.584 + 1.430 \times 2 \times 3 = 51.164$$

$$Cov(Y_{ij3}, Y_{ij5}) = 42.584 + 1.430 \times 2 \times 4 = 52.024$$

$$Cov(Y_{ij4}, Y_{ij5}) = 42.584 + 1.430 \times 3 \times 4 = 59.744$$

続いて〈モデル 3.4.3C〉の場合を確認してみよう．

$$Cov(Y_{ij1}, Y_{ij2}) = 46.696 + 3.473 \times (-2) \times (-1) = 53.642$$

$$Cov(Y_{ij1}, Y_{ij3}) = 46.696 + 3.473 \times (-2) \times 0 = 46.696$$

$$Cov(Y_{ij1}, Y_{ij4}) = 46.696 + 3.473 \times (-2) \times 1 = 39.750$$

$$Cov(Y_{ij1}, Y_{ij5}) = 46.696 + 3.473 \times (-2) \times 2 = 32.804$$

$$Cov(Y_{ij2}, Y_{ij3}) = 46.696 + 3.473 \times (-1) \times 0 = 46.696$$

$$Cov(Y_{ij2}, Y_{ij4}) = 46.696 + 3.473 \times (-1) \times 1 = 43.223$$

$$Cov(Y_{ij2}, Y_{ij5}) = 46.696 + 3.473 \times (-1) \times 2 = 39.750$$

$$Cov(Y_{ij3}, Y_{ij4}) = 46.696 + 3.473 \times 0 \times 1 = 46.969$$

$$Cov(Y_{ij3}, Y_{ij5}) = 46.696 + 3.473 \times 0 \times 2 = 46.969$$

$$Cov(Y_{ij4}, Y_{ij5}) = 46.696 + 3.473 \times 1 \times 2 = 53.642$$

やはり，〈モデル 3.4.3〉の場合とは異なった値になっている。

「傾き」の検定に相当する「時期1」あるいは「時期C」の効果の検定結果を比較してみよう。結果は，表 3-10 のとおりである。表 3-12 の t 値の平方であるから，当然と言えば当然であるが，F 値は異なっている。

表3-10 固定効果の検定〈モデル 3.4.3 と 3.4.3C〉

要因	分子自由度	分母自由度	F 値	p 値
時期1	1	44	16.948	<.001
時期C	1	44	14.092	<0.001

以上のように，変量効果を独立とするマルチレベルモデルでは，予測変数の原点をどこにするかに応じて，前提にする個体内の共分散構造に違いが生じ，検定の結果に違いを生み出すことを承知しておかねばならない。予測変数の原点をどうするのが最善なのかについては，何も決定的なことは言えない。分析結果のわかりやすさを考えれば，最初の調査時期を0とすべきだろうし，対称性を考えれば，中心値を0とすべきであろう。AICやBICを信頼するなら，〈モデル 3.4.3C〉の方がわずかだが優れていることになる。いずれも決定的な理由にはなり得ないが，少なくとも，検定結果を示す際には，予測変数について，どこを原点にしたかを明示しておく必要があるだろう。

観測時期を示す変数を連続尺度として予測変数に含む最も単純なマルチレベルモデルは以上のとおりである。しかし，d_{ij} と w_{ij} を独立とみなした点，つまり「切片」の高低と「傾き」の急緩が相関しないとみなした点には，さらに改良の可能性が残されている。すなわち，d_{ij} と w_{ij} を抽出する2変量正規分布の分散・共分散行列の非対角要素を0ではなく σ_{01} と置くモデルである〈モデル 3.4.4〉。

$$Y_{ijk} = \mu_{ij} + \beta_{ij} X_{ijk} + e_{ijk} \quad e_{ijk} \sim N(0, \sigma_e^2) \qquad \langle 3.4.4 \rangle$$

$$\mu_{ij} = \mu + d_{ij}$$

$$\beta_{ij} = \beta + w_{ij}$$

$$\text{ただし,} \begin{pmatrix} d_{ij} \\ w_{ij} \end{pmatrix} \sim N \left[\begin{pmatrix} 0 \\ 0 \end{pmatrix}, \begin{pmatrix} \sigma_0^2 & \sigma_{01} \\ \sigma_{01} & \sigma_1^2 \end{pmatrix} \right]$$

このように，変量効果を抽出する2変量正規分布の分散・共分散行列を無構造とすることによって，さらに観測値への適合度は上がるはずであるが，このように前提することで，観測値の分散および同一個体についての複数の観測値間の共分散はどのように制約されることになるのだろうか。

$$Var(Y_{ijk}) = Cov(d_{ij} + w_{ij} X_{ijk} + e_{ijk}, d_{ij} + w_{ij} X_{ijk} + e_{ijk})$$
$$= \sigma_0^2 + 2\sigma_{01} X_{ijk} + \sigma_1^2 X_{ijk}^2 + \sigma_e^2$$

$$Cov(Y_{ijk}, Y_{ijk'}) = Cov(d_{ij} + w_{ij} X_{ijk} + e_{ijk}, d_{ij} + w_{ij} X_{ijk'} + e_{ijk'})$$
$$= \sigma_0^2 + \sigma_{01}(X_{ijk} + X_{ijk'}) + \sigma_1^2 X_{ijk} X_{ijk'}$$

上記のとおり，$d_{ij} w_{ij} X_{ijk}$ の項の期待値が $\sigma_{01} X_{ijk}$ となるため，X_{ijk} の1次の項が発生することが大きな違いである。$Var(Y_{ijk})$ について，2次曲線の頂点を求めるための変形を行うと，

$$Var(Y_{ijk}) = \sigma_1^2 \left(X_{ijk} + \frac{\sigma_{01}}{\sigma_1^2} \right)^2 + \sigma_0^2 + \sigma_e^2 - \frac{\sigma_{01}^2}{\sigma_1^2}$$

となる。すなわち，観測値の分散は，$X_{ijk} = -\sigma_{01}/\sigma_1^2$ の時に，最小値 $\sigma_0^2 + \sigma_e^2 - \sigma_{01}^2/\sigma_1^2$ をとるのである。本例の場合の推定値を代入すると，$X_{ijk} = 2.083$ のときに最小値 107.631 になることになる。最大は $X_{ijk} = 0$ のときで，$\sigma_0^2 + \sigma_e^2 = 122.699$ である。ところで，σ_{01} を未知数と置くモデルでは，このように X_{ijk} の1次の項が発生するため，時間軸の原点の取り方に関しては調整されることになる。実際，〈モデル3.4.4〉の「時期1」を「時期C」に置き換えた〈モデル3.4.4C〉を観測値〈データセット〉にあてはめてみると，結果は表3-12および表3-13のようになる。「切片」の推定値や σ_0^2 および σ_{01} の推定値が大きく変化しているが，これは見せかけにすぎない。実際，「時期C」＝ −2 のときの「切片」の値を求めると，41.524 + 1.731 ×（−2）＝ 38.062 となり，〈モデル3.4.4〉の切片に一致する。さらに，「時期1」＝「時期C」＋ 2 であるから，まず時期ごとの観測値の分散を求めると，

$$Var(Y_{ijk}) = \sigma_0^2 + \sigma_e^2 + 2\sigma_{01}(X_{ijk} + 2) + \sigma_1^2 (X_{ijk} + 2)^2$$
$$= (\sigma_0^2 + 4\sigma_{01} + 4\sigma_1^2) + 2(\sigma_{01} + 2\sigma_1^2) X_{ijk} + \sigma_1^2 X_{ijk}^2 + \sigma_e^2$$

となる。この式に〈モデル3.4.4〉の推定値を代入すると，

$$\sigma_0^2 + 4\sigma_{01} + 4\sigma_1^2 = 61.738 + 4\times(-7.234) + 4\times 3.473 = 46.694$$

$$\sigma_{01} + 2\sigma_1^2 = -7.234 + 2\times 3.473 = -0.288$$

$$\sigma_1^2 = 3.473$$

となるが，これらはそれぞれ〈モデル3.4.4C〉をあてはめた場合のσ_0^2，σ_{01}，σ_1^2に他ならない。これは共分散に関しても同様である。実際，

$$\begin{aligned}Cov(Y_{ijk}, Y_{ijk'}) &= \sigma_0^2 + \sigma_{01}\left[(X_{ijk}+2)+(X_{ijk'}+2)\right] + \sigma_1^2(X_{ijk}+2)(X_{ijk'}+2)\\ &= (\sigma_0^2 + 4\sigma_{01} + 4\sigma_1^2) + (\sigma_{01} + 2\sigma_1^2)(X_{ijk}+X_{ijk'}) + \sigma_1^2 X_{ijk}X_{ijk'}\end{aligned}$$

となるが，それぞれの項の係数は先程と同じ形をしている。したがって，今回の場合には，〈モデル3.4.3〉と〈モデル3.4.3C〉のような問題は生じない。すなわち，「切片」と「傾き」が従う2変量正規分布の共分散行列を無構造としたモデルでは，予測変数の1次の項によって調整されるため，予測変数の原点に関する問題は解消されるのである。実際，〈モデル3.4.4C〉では，「−2対数尤度」やAIC，BICなども変化していない。〈モデル3.4.4〉と〈モデル3.4.4C〉との違いは，見かけだけのものなのである。この意味においては，「切片」と「傾き」の変量効果の共分散は，0に置かない方が，モデルとして一般的に優れているように思われる。ただし，見かけ上とは言え，共分散行列成分の予測値は変化するのであるから，予測変数の原点をどこにしているのかは，常に明確にしておかねばならない。

さて，〈モデル3.4.4〉および〈モデル3.4.4C〉の興味深い点は，σ_{01}の値である。本例の場合には，残念ながら統計学的に有意ではないので確たることは主張できないが，σ_{01}が負であるということは，「切片」が大きくなると「傾き」が小さくなることを意味している。つまり，入学当初にストレスが高い学生は，その後のストレスの増加は少ないということである。極めて妥当な結果ではないだろうか。

なお，固定効果である「時期1」の効果の検定は，いずれのモデルにおいても表3-11のとおりである。

表3-11　固定効果の検定〈モデル3.4.4〉

要因	分子自由度	分母自由度	F値	p値
時期1	1	44	14.092	<0.001

最後に，「−2対数尤度」やAIC，BICの値を検討すると，本例の場合にはσ_{01}が統計学的に有意でないことからも予想されるように，残念ながら〈モデル3.4.3〉よりよいモデルであるとは必ずしも言えない結果になっている。

表3-12 マルチレベルモデルによるパラメータ推定値

項	3.4.1	3.4.2	3.4.3	3.4.3C	3.4.4	3.4.4C	3.4.5
切片 [全体]	41.524	38.062	38.062	41.524	38.062	41.524	39.791
標準誤差	1.144	1.348	1.348	1.144	1.478	1.144	1.405
自由度	44	44	44	44	44	44	42
t 値	36.299	28.240	28.240	36.299	25.751	36.299	28.313
p 値	<.001	<.001	<.001	<.001	<.001	<.001	<.001
切片 [特別]							39.350
標準誤差							2.991
自由度							42
t 値							13.155
p 値							<.001
切片 [推薦]							46.350
標準誤差							2.442
自由度							42
t 値							18.977
p 値							<.001
切片 [一般]							33.672
標準誤差							1.692
自由度							42
t 値							19.899
p 値							<.001
傾き [全体]		1.731	1.731	1.731	1.731	1.731	1.663
標準誤差		0.421	0.421	0.461	0.461	0.461	0.474
自由度		44	44	44	44	44	42
t 値		4.117	4.117	3.754	3.754	3.754	3.508
p 値		<.001	<.001	<0.001	<0.001	<0.001	0.001
傾き [特別]							3.075
標準誤差							1.009
自由度							42
t 値							3.047
p 値							0.004
傾き [推薦]							−0.417
標準誤差							0.824
自由度							42
t 値							−0.506
p 値							0.616
傾き [一般]							2.332
標準誤差							0.571
自由度							42
t 値							4.085
p 値							<.001

表3-13 マルチレベルモデルによる共分散パラメータ推定値

項		3.4.1	3.4.2	3.4.3	3.4.3C	3.4.4	3.4.4C	3.4.5
σ_0^2	推定値	43.567	42.584	42.584	46.696	61.738	46.696	35.006
	標準誤差	12.658	13.017	13.017	12.642	21.428	12.642	16.243
	WaldのZ	3.442	3.271	3.271	3.694	2.881	3.694	2.155
	p値	0.001	0.001	0.001	<.001	0.004	<.001	0.031
σ_{01}	推定値					−7.234	−0.287	−1.833
	標準誤差					5.671	3.579	4.558
	WaldのZ					−1.276	−0.080	−0.402
	p値					0.202	0.936	0.688
σ_1^2	推定値		1.430	1.430	3.473	3.473	3.473	2.052
	標準誤差		1.339	1.339	2.171	2.171	2.171	1.927
	WaldのZ		1.068	1.068	1.600	1.600	1.600	1.065
	p値		0.286	0.286	0.110	0.110	0.110	0.287
誤差	推定値	76.604	65.272	65.272	60.961	60.961	60.961	60.961
	標準誤差	8.075	7.695	7.695	7.420	7.420	7.420	7.420
	WaldのZ	9.487	8.482	8.482	8.216	8.216	8.216	8.216
	p値	<.001	<.001	<.001	<.001	<.001	<.001	<.001
REML	−2対数尤度	1672.202	1652.257	1652.257	1650.087	1650.081	1650.081	1618.192
	AIC	1676.202	1658.257	1658.257	1656.087	1658.081	1658.081	1626.192
	BIC	1683.025	1668.479	1668.479	1666.309	1671.710	1671.710	1639.748
ML	−2対数尤度	1674.297	1654.473	1654.473	1652.461	1652.455	1652.455	1631.315
	AIC	1680.297	1664.473	1664.473	1662.461	1664.455	1664.455	1651.315
	BIC	1690.546	1681.554	1681.554	1679.542	1684.951	1684.951	1685.476

続いて，通常のマルチレベルモデルとしては最後のモデルになるが，〈モデル3.3.6〉に基づいたモデルを考えてみよう．すなわち，「入試」という個体の特性によって「切片」と「傾き」が変化するモデルである．一般的な研究の状況としては，最もありそうな状況であろう．入試形態iによって入学した学生jの時期kにおけるストレスY_{ijk}についての〈モデル3.4.5〉は以下のとおりである．ただし，全体の切片をμ，入試iの切片の偏差をα_i，入試iによる学生jの切片の偏差をd_{ij}，全体の傾きをβ，入試iの傾きの偏差をγ_i，入試iによる学生jの傾きの偏差をw_{ij}，観測時期をX_{ijk}，誤差をe_{ijk}と表記している．

$$Y_{ijk} = \mu_{ij} + \beta_{ij} X_{ijk} + e_{ijk} \quad e_{ijk} \sim N(0, \sigma_e^2) \tag{3.4.5}$$

$$\mu_{ij} = \mu + \alpha_i + d_{ij}$$

$$\beta_{ij} = \beta + \gamma_i + w_{ij}$$

$$\text{ただし,} \begin{pmatrix} d_{ij} \\ w_{ij} \end{pmatrix} \sim N\left[\begin{pmatrix} 0 \\ 0 \end{pmatrix}, \begin{pmatrix} \sigma_0^2 & \sigma_{01} \\ \sigma_{01} & \sigma_1^2 \end{pmatrix} \right]$$

「入試」の水準が3つであることに関しては，何も問題はないだろう．したがって，α_iやγ_iは固定効果と考えてよい．それに対して，個体の偏差を表すd_{ij}およびw_{ij}は変量効果になる．

それぞれは，2変量正規分布から抽出された値とされる。〈モデル3.4.5〉を観測値（データセット）にあてはめた結果は，表3-12および表3-13の〈モデル3.4.5〉のとおりである。全体としての「切片」や「傾き」は，入試ごとの値の算術平均になるため，これまでの値とは異なっているが，表3-6の〈モデル3.3.5〉や〈モデル3.3.6〉と比較すると，推定値はいずれも一致している。したがって，入試形態ごとの回帰直線の様子は，図3-3のとおりである。入学当初は「推薦入試」で入学した学生のストレスが高いが，この学生たちのストレスは時間の経過と共にあまり変化しない。これに対して，「特別入試」で入学した学生のストレスは，入学当初からある程度高く，時間の経過と共にさらに上昇し，半年ほどで「推薦入試」の学生のストレスを追い越してしまう。「一般入試」で入学した学生は，入学当初最もストレスが低く，時間の経過と共に上昇するが，10ヵ月後でも最も低いままである。また，「誤差」の分散成分であるσ_e^2と「切片」の分散成分であるσ_0^2は，いずれも統計学的に有意であるが，「傾き」の分散成分σ_1^2と共分散σ_{10}の値は統計学的に有意ではない。したがって，学生間で切片のばらつきは大きいと考えられるが，時間的な変化率はばらついているとは言えず，切片と傾きの相関関係も0でないとは言えない，という結果である。また，「−2対数尤度」は小さくなるものの，AICやBICを見る限り，〈モデル3.4.4〉より優れているか否かは，微妙なところである。

ところで，このモデルの本来の目的は，「入試」「時期1」「入試＊時期1」などの固定効果の検定にある。「ID」は，この検定を少しでも有利にする目的で投入されたのである。固定効果の検定は，表3-14のように，いずれも統計学的に有意となっている。すなわち，「入試」の効果が有意なので，「切片」は入試形態ごとに違っていることになる。また，「時期1」の効果も有意なので，全体的な傾きは0ではない。また，「入試＊時期1」の効果も有意なので，入試形態ごとの傾きは互いに異なっていることになる。多重比較として，「切片」と「傾き」それぞれにおいて，入試形態ごとの違いをモデルに基づくt検定で調べてみると，表3-15のようになった。「切片」に関しては「推薦入試」が「一般入試」より優位に高く，「傾き」に関しては，「推薦入試」が他の2つの入試より優位に小さい。

表3-14　固定効果の検定〈モデル3.4.5〉

要因	分子自由度	分母自由度	F値	p値
入試	2	42	9.216	<.001
時期1	1	42	12.307	<0.001
入試＊時期1	2	42	4.837	0.013

表3-15　多重比較〈モデル3.4.5〉
(Student, $a = 0.05$)

水準			切片	水準			傾き
推薦	A		46.350	特別	A		3.075
特別	A	B	39.350	一般	A		2.332
一般		B	33.672	推薦		B	−0.417

表3-14を表3-7の〈モデル3.3.5〉および〈モデル3.3.6〉と比較すると，変量効果である「ID」がネストしている「入試」のF値はさすがに小さくなっているが，「時期1」および「入試＊時期1」のF値は，「ID」を変数として含まない〈モデル3.3.5〉より大きく，「ID」を固

定効果の予測変数とする〈モデル3.3.6〉より小さい。妥当な結果と言えるだろう。また，「時期」を名義尺度の変数とみなした前章の表2-10の〈モデル2.3.6〉や〈モデル2.4.6〉による表2-24と比較すると，自由度が違うため確定的なことは言えないが，本モデルはほぼ同等かやや検定力が高いと考えてよさそうである。

　以上のように，マルチレベルモデルは，時間軸の変数を連続尺度とみなしたうえで，同一個体についての観測値間の相関関係を認め，個体を区別する変数を変量効果とするモデルなのである。こうすることで，時間的な変化の大きさや，切片と傾きの間の相関関係，個体の特性の違いに基づく切片や傾きの違いの検定などを実行することができる。また，同一個体についての時期の違いによる観測値のばらつきと，個体間の切片のばらつき，個体間の傾きのばらつきを比較することもできる。継時データ分析の道具としては，極めて有効な方法であろう。

3-5　マルチレベルモデルの応用

　前節において，一般線形モデルが抱えていた問題を混合モデルによって解決するためのマルチレベルモデルについて説明した。マルチレベルモデルを利用することで，「ストレス」の時間に伴う変化の様子を明らかにしたり，個体の特性の違いに基づく時間的な変化の違いについて検定することができるのである。混合モデルは一般線形モデルの延長線上にあるため，自由に分析モデルを構築することが可能なのであるが，最後に一つだけ，一般性のある応用例を示しておくことにしよう。前章で反復測定混合分散分析を議論した際に，「**夏休み効果**」に焦点を合わせていた。すなわち，記述統計からも見てとれるように，夏休み後に「ストレス」が一旦減少しているのである。おそらく「夏休み」期間中にリフレッシュしたものと思われるのであるが，果たしてこの効果は統計学的に有意なのだろうか。観測時期をそれぞれ別々の水準とする反復測定混合分散分析では，この「夏休み効果」を検定することは比較的容易であった。では，観測時期を連続尺度の変数とみなすマルチレベルモデルにおいて，この夏休み効果を検定するにはどうすればよいのであろうか。

もし，「夏休み効果」が存在するとすれば，図3-11のように，回帰直線が4回目の観測時期に階段状に低下するはずである。すなわち，4回目と5回目の観測時期においてのみ有効となる切片の偏差を定義すればよいことになる。そこで，(0, 0, 0, 1, 1)という値を取る変数「夏休(SUMMER)」を考えることにする。まずは，固定効果として「時期1」だけを含むマルチレベルモデル〈モデル3.4.4〉に，「夏休」を加えた〈モデル3.5.1〉を考えることにしよう。全体として，「夏休み効果」があると言えるか否かを検定するためのマルチレベルモデルである。入試iによる学生jの時期kにおけるストレスY_{ijk}についてのモデル式は以下のとおりである。ただし，予測変数「時期1」の値をX_{ijk}，「夏休」の値をV_{ijk}，全体の切片をμ，傾きをβ，「夏休み効果」をξ，「ID」の変量効果をd_{ij}，「ID*時期1」の変量効果をw_{ij}，「誤差」をe_{ijk}と表記している。V_{ijk}はkが4と5のときだけ1となり，それ以外の場合には0となるため，図3-11に示したような階段状の変化を記述することができるのである。

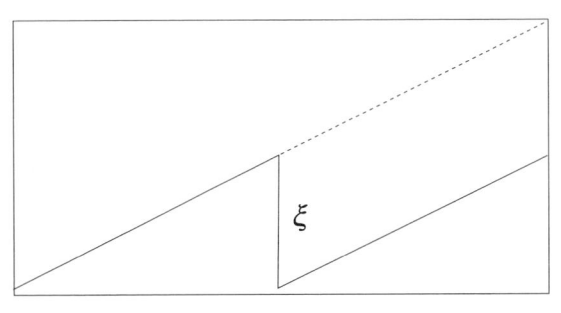

図3-11　夏休み効果の模式図

$$Y_{ijk} = \mu_{ij} + \beta_{ij} X_{ijk} + \xi V_{ijk} + e_{ijk} \qquad e_{ijk} \sim N(0, \sigma_e^2) \qquad \langle 3.5.1 \rangle$$

$$\mu_{ij} = \mu + d_{ij}$$

$$\beta_{ij} = \beta + w_{ij}$$

$$\text{ただし,} \begin{pmatrix} d_{ij} \\ w_{ij} \end{pmatrix} \sim N\left[\begin{pmatrix} 0 \\ 0 \end{pmatrix}, \begin{pmatrix} \sigma_0^2 & \sigma_{01} \\ \sigma_{01} & \sigma_1^2 \end{pmatrix}\right]$$

このモデルを観測値（データセット）にあてはめた結果は，表3-16，表3-17，表3-18のとおりである。

「夏休」の回帰係数は負（-8.215）になり，統計学的に悠々有意である（$p<.001$）。したがって，全体として「夏休み効果」はあると主張できることになる。「夏休み効果」をモデルに含めたため，「切片」や「傾き」の推定値が〈モデル3.4.4〉とは異なっていることに注意して欲しい。特に，「傾き」の変化は大きく，「夏休み効果」をモデルに投入することの重要性が再認識されるだろう。この結果をグラフに描くと図3-12のようになる。点線で描かれた〈モデル3.4.4〉との違いは明らかである。

表3-16　パラメータ推定値〈モデル3.5.1〉

項	推定値	標準誤差	自由度	t値	p値
切片	36.419	1.532	44	23.775	<.001
時期1	4.196	0.759	44	5.524	<.001
夏休	-8.215	2.011	134	-4.084	<.001

表3-17　共分散パラメータ推定値〈モデル3.5.1〉

成分	共分散成分推定値	標準誤差	WaldのZ	p値
σ_0^2	65.544	21.340	3.071	0.002
σ_{01}	-8.503	5.634	-1.509	0.131
σ_1^2	4.108	2.147	1.914	0.056
誤差	54.617	6.673	8.185	<.001

REML　-2対数尤度=1631.011，AIC=1639.011，BIC=1652.622
ML　-2対数尤度=1636.617，AIC=1650.617，BIC=1674.529

表3-18　固定効果の検定〈モデル3.5.1〉

要因	分子自由度	分母自由度	F値	p値
時期1	1	44	30.520	<.001
夏休	1	134	16.680	<.001

なお，共分散パラメータの値を表3-13の〈モデル3.4.4〉と比較すると，まずまず近い値になっている。残念ながら，共分散（σ_{01}）と「傾き」の分散（σ_1^2）は統計学的に有意ではない。MLで推定した場合のAICやBICを〈モデル3.4.4〉と比較すると，BICが非常に小さくなっている。その意味で，「夏休み効果」を考慮した本モデルは，かなり優れたモデルであると言え

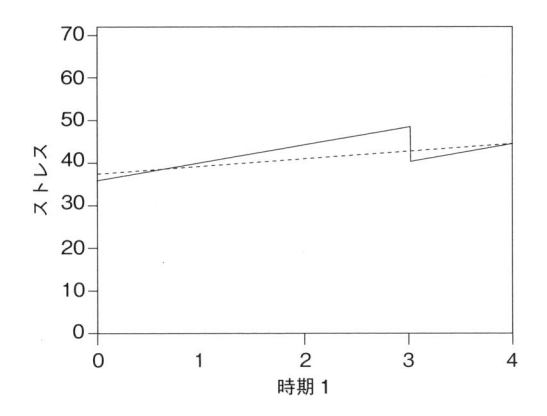

図3-12　ストレスの時間的変化〈モデル3.5.1〉

るだろう。

　最後に，入試形態ごとに区別された〈モデル3.4.5〉に「夏休み効果」を追加したモデル〈モデル3.5.2〉について考えてみよう。「夏休」の主効果をξ，「入試＊夏休」の効果をζ_iと表記すると，このモデルのモデル式は以下のようになる。

$$Y_{ijk} = \mu_{ij} + \beta_{ij} X_{ijk} + (\xi + \zeta_i) V_{ijk} + e_{ijk} \qquad e_{ijk} \sim N(0, \sigma_e^2) \qquad \langle 3.5.2 \rangle$$

$$\mu_{ij} = \mu + \alpha_i + d_{ij}$$

$$\beta_{ij} = \beta + \gamma_i + w_{ij}$$

$$\text{ただし，} \begin{pmatrix} d_{ij} \\ w_{ij} \end{pmatrix} \sim N \left[\begin{pmatrix} 0 \\ 0 \end{pmatrix}, \begin{pmatrix} \sigma_0^2 & \sigma_{01} \\ \sigma_{01} & \sigma_1^2 \end{pmatrix} \right]$$

　固定効果としては，「切片」と「傾き」が入試形態別に変化するのに加えて，4回目と5回目の調査のときだけ，全体としてはξだけ，さらに入試形態ごとにζ_iだけ，縦軸方向に平行移動する，というモデルである。「夏休み効果」に関しては個体差を考慮に入れておらず，したがって変量効果は設定されていない。モデルを単純にするためである。このモデルを観測値（データセット）にあてはめた結果は，表3-19，表3-20，表3-21のとおりである。

　固定効果のパラメータ推定値を表3-12の〈モデル3.4.5〉と比較すると，先程の〈モデル3.5.1〉の場合と同様に，まったく異なっていることがわかる。様子をグラフに描くと，図3-13のようになる。MLであてはめた場合のAICやBICを比較すると，僅かながら〈モデル3.4.5〉よりも優れている。「夏休み効果」の入試ごとの値は，「推薦入試」を除いて統計学的に有意であるが，固定効果の検定では「入試＊夏休」の効果が残念ながら統計学的に有意ではない。「夏休み効果」に入試形態による違いがある，とは主張できないようである。しかし，それ以外の固定効果はすべて統計学的に有意であり，入試形態ごとの切片の違いも，傾きの違いも，全体としての傾きも，夏休みによる全体的なリフレッシュ効果も，いずれも0ではない。

　以上，かなり大周りをしたが，一般線形モデルからマルチレベルモデルへ到る道をたどってみた。この一般線形モデルや混合モデルを，複数の反応変数を含む場合に一般化すれば，すなわち多変量化すれば，Amosなどでお馴染みの「共分散構造分析（covariance structure

表3-19 パラメータ推定値〈モデル3.5.2〉

項	推定値	標準誤差	自由度	t値	p値
切片（全体）	38.000	1.475	42	25.771	<.001
切片（特別）	36.367	3.138	42	11.588	<.001
切片（推薦）	45.606	2.562	42	17.798	<.001
切片（一般）	32.027	1.775	42	18.040	<.001
時期1（全体）	4.350	0.820	42	5.305	<.001
時期1（特別）	7.550	1.745	42	4.326	<.001
時期1（推薦）	0.700	1.425	42	0.491	0.624
時期1（一般）	4.800	0.987	42	4.862	<.001
夏休（全体）	−8.955	2.230	132	−4.015	<.001
夏休（特別）	−14.917	4.747	132	−3.142	0.002
夏休（推薦）	−3.722	3.876	132	−0.960	0.339
夏休（一般）	−8.227	2.685	132	−3.064	0.003

表3-20 共分散パラメータ推定値〈モデル3.5.2〉

成分	共分散成分推定値	標準誤差	Wald の Z	p値
σ_0^2	39.136	16.123	2.427	0.015
σ_{01}	−3.209	4.510	−0.712	0.477
σ_1^2	2.740	1.899	1.443	0.149
誤差	54.077	6.656	8.124	<.001

REML −2対数尤度=1585.703, AIC=1593.703, BIC=1607.204
ML −2対数尤度=1612.106, AIC=1638.106, BIC=1682.516

表3-21 固定効果の検定

要因	分子自由度	分母自由度	F値	p値
入試	2	42	9.487	<.001
時期1	1	42	28.139	<.001
夏休	1	132	16.124	<.001
入試＊時期1	2	42	5.042	0.007
入試＊夏休	2	132	1.669	0.192

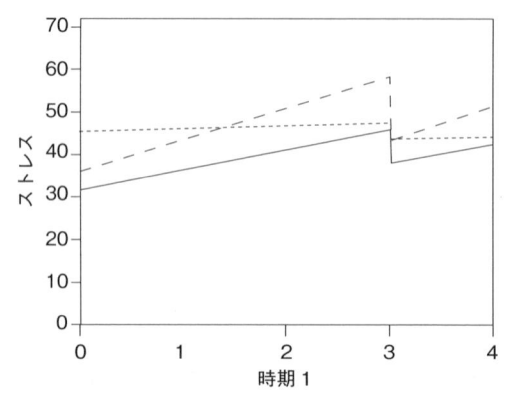

図3-13 入試形態ごとのストレス変化〈モデル3.5.2〉

analysis）」ないしは「構造方程式モデリング（structural equation modeling）」と呼ばれる分析手法へと発展することになる。このように，マルチレベルモデルは一般線形モデルの延長線上にあり，形の決まった分析方法と言うより，さまざまな状況に合わせて臨機応変にモデルを構築できる一連の分析手法群なのである。したがって，マルチレベルモデルを利用するには，手法を記憶したり，示された方法にあてはめるだけでは十分でなく，理解することが不可欠である。一般線形モデルから混合モデルを経てマルチレベルモデルへと時間を掛けて説明したのは，モデルについての考え方を理解していただきたかったからに他ならない。これらの説明は，実際に統計ソフトを動かして確認することを通して，はじめて効果を生むものであると筆者は考えている。是非，付録を有意義に利用されることを，最後にお願いしておきたい。読者の皆さまの幸運をお祈り申し上げる。

付録A　データセット

1. 達成度調査[1]

ID	FACULTY	DEPART	GENDER	ACHIEVE	STUDY	INTEREST
1	L	a	f	88	8	9
2	L	a	f	93	9	10
3	L	a	f	86	8	9
4	L	a	m	82	6	9
5	L	a	m	84	8	9
6	L	a	m	80	8	7
7	L	b	f	78	6	8
8	L	b	f	85	7	10
9	L	b	f	86	8	9
10	L	b	m	76	6	7
11	L	b	m	74	5	7
12	L	b	m	73	4	6
13	L	c	f	85	9	8
14	L	c	f	80	8	7
15	L	c	f	84	8	8
16	L	c	m	74	5	7
17	L	c	m	75	5	7
18	L	c	m	74	5	6
19	S	d	f	78	8	6
20	S	d	f	79	9	6
21	S	d	f	82	8	7
22	S	d	m	84	9	7
23	S	d	m	84	9	7
24	S	d	m	87	9	9
25	S	e	f	86	9	8
26	S	e	f	87	8	9
27	S	e	f	80	8	7
28	S	e	m	88	7	10
29	S	e	m	92	9	9
30	S	e	m	89	8	10
31	S	f	f	77	5	8
32	S	f	f	83	10	7
33	S	f	f	81	9	7
34	S	f	m	83	10	6
35	S	f	m	88	10	8
36	S	f	m	86	10	7

---

[1] このデータセットは，説明のために作られたものである．
[2] このデータセットは，川崎医療福祉大学臨床心理学科の三野節子講師から提供していただいたものに，少し手を加えたものである．

2. ストレス調査[2)]

ID	ENTRANCE	TIME	SUMMER	STRESS
1	1	1	0	23
1	1	2	0	52
1	1	3	0	40
1	1	4	1	45
1	1	5	1	59
2	1	1	0	41
2	1	2	0	44
2	1	3	0	56
2	1	4	1	42
2	1	5	1	69
3	1	1	0	32
3	1	2	0	50
3	1	3	0	46
3	1	4	1	42
3	1	5	1	58
4	1	1	0	47
4	1	2	0	49
4	1	3	0	66
4	1	4	1	44
4	1	5	1	70
5	1	1	0	39
5	1	2	0	60
5	1	3	0	61
5	1	4	1	54
5	1	5	1	56
6	1	1	0	38
6	1	2	0	31
6	1	3	0	47
6	1	4	1	37
6	1	5	1	40
7	1	1	0	30
7	1	2	0	21
7	1	3	0	30
7	1	4	1	26
7	1	5	1	32
8	1	1	0	55
8	1	2	0	42
8	1	3	0	54
8	1	4	1	37
8	1	5	1	55
9	2	1	0	45
9	2	2	0	52
9	2	3	0	63
9	2	4	1	58
9	2	5	1	56
10	2	1	0	38
10	2	2	0	46
10	2	3	0	56
10	2	4	1	48
10	2	5	1	45
11	2	1	0	38
11	2	2	0	43
11	2	3	0	47
11	2	4	1	34
11	2	5	1	49
12	2	1	0	43
12	2	2	0	49
12	2	3	0	41
12	2	4	1	41
12	2	5	1	48
13	2	1	0	48
13	2	2	0	53
13	2	3	0	46
13	2	4	1	51
13	2	5	1	49
14	2	1	0	30
14	2	2	0	37
14	2	3	0	31
14	2	4	1	31
14	2	5	1	33
15	2	1	0	48
15	2	2	0	40
15	2	3	0	42
15	2	4	1	45
15	2	5	1	45
16	2	1	0	51
16	2	2	0	52
16	2	3	0	54
16	2	4	1	46
16	2	5	1	51
17	2	1	0	49
17	2	2	0	54
17	2	3	0	45
17	2	4	1	42

ID	ENTRANCE	TIME	SUMMER	STRESS	ID	ENTRANCE	TIME	SUMMER	STRESS
17	2	5	1	48	26	3	4	1	33
18	2	1	0	55	26	3	5	1	42
18	2	2	0	64	27	3	1	0	20
18	2	3	0	44	27	3	2	0	39
18	2	4	1	54	27	3	3	0	36
18	2	5	1	48	27	3	4	1	51
19	2	1	0	39	27	3	5	1	36
19	2	2	0	40	28	3	1	0	29
19	2	3	0	44	28	3	2	0	37
19	2	4	1	40	28	3	3	0	27
19	2	5	1	26	28	3	4	1	43
20	2	1	0	54	28	3	5	1	48
20	2	2	0	46	29	3	1	0	36
20	2	3	0	40	29	3	2	0	45
20	2	4	1	36	29	3	3	0	47
20	2	5	1	40	29	3	4	1	55
21	3	1	0	30	29	3	5	1	52
21	3	2	0	25	30	3	1	0	39
21	3	3	0	50	30	3	2	0	25
21	3	4	1	32	30	3	3	0	51
21	3	5	1	72	30	3	4	1	35
22	3	1	0	29	30	3	5	1	53
22	3	2	0	39	31	3	1	0	19
22	3	3	0	49	31	3	2	0	27
22	3	4	1	43	31	3	3	0	26
22	3	5	1	55	31	3	4	1	18
23	3	1	0	23	31	3	5	1	42
23	3	2	0	36	32	3	1	0	35
23	3	3	0	53	32	3	2	0	22
23	3	4	1	33	32	3	3	0	48
23	3	5	1	52	32	3	4	1	41
24	3	1	0	25	32	3	5	1	44
24	3	2	0	33	33	3	1	0	25
24	3	3	0	61	33	3	2	0	28
24	3	4	1	41	33	3	3	0	34
24	3	5	1	47	33	3	4	1	26
25	3	1	0	23	33	3	5	1	44
25	3	2	0	35	34	3	1	0	36
25	3	3	0	41	34	3	2	0	37
25	3	4	1	34	34	3	3	0	37
25	3	5	1	49	34	3	4	1	38
26	3	1	0	23	34	3	5	1	50
26	3	2	0	26	35	3	1	0	35
26	3	3	0	45	35	3	2	0	49

ID	ENTRANCE	TIME	SUMMER	STRESS
35	3	3	0	51
35	3	4	1	44
35	3	5	1	51
36	3	1	0	36
36	3	2	0	43
36	3	3	0	37
36	3	4	1	42
36	3	5	1	46
37	3	1	0	24
37	3	2	0	47
37	3	3	0	45
37	3	4	1	44
37	3	5	1	31
38	3	1	0	37
38	3	2	0	45
38	3	3	0	34
38	3	4	1	28
38	3	5	1	47
39	3	1	0	36
39	3	2	0	39
39	3	3	0	34
39	3	4	1	36
39	3	5	1	38
40	3	1	0	18
40	3	2	0	18
40	3	3	0	20
40	3	4	1	18
40	3	5	1	18
41	3	1	0	52
41	3	2	0	28
41	3	3	0	53
41	3	4	1	48
41	3	5	1	38
42	3	1	0	45
42	3	2	0	45
42	3	3	0	51
42	3	4	1	39
42	3	5	1	43
43	3	1	0	48
43	3	2	0	60
43	3	3	0	47
43	3	4	1	60
43	3	5	1	30
44	3	1	0	46
44	3	2	0	36
44	3	3	0	39
44	3	4	1	28
44	3	5	1	31
45	3	1	0	47
45	3	2	0	34
45	3	3	0	32
45	3	4	1	37
45	3	5	1	24

付録B　SPSS シンタックス事例集

SPSS シンタックスについての一般的なコメント

　　SPSS には入力のための GUI が装備されているので，シンタックスを利用される方はあまりおられないかもしれない。ただ，慣れてしまうと，操作を保存することができ，よく利用する分析については既存のファイルの変数名を書きかえるだけで済むなど，かえってシンタックスの方が使いやすい。特に，このような書籍で紹介するには，はるかに便利である。以下では，本書で実行した具体的な分析についてのシンタックスを紹介するが，全体に関わる重要かつ必須の情報だけを最初に簡単にまとめておこう。なお，これは単なる事例であって，いつも必ずこのとおりでなければならない，という趣旨のものではない。参考にしていただければ幸いである。

1. 本書で利用している SPSS は ver.17.0 であり，Statistics Base の他に Advanced Statistics および Regression が搭載されている。混合モデルなどを実行するには，Base だけでは不十分である。
2. データについては，エディタや表計算ソフト等で入力して，SPSS に読み込んであることを前提にしている。GUI を利用するにはデータの値は数値でなければならないが，シンタックスで実行するには文字でもよい。
3. シンタックスを最初に入力するには，上部メニューの［ファイル］＞［新規作成］＞［シンタックス］をクリックしてエディタを起動する。そのまま入力してもよいし，テキストファイルからコピー＆ペーストしてもよい。筆者は，シンタックスとして保存しておくよりも，テキストファイルで保存しておいた方が気軽に編集できるので，テキストファイルからコピーして実行している。
4. シンタックスの最後は，"．"（ピリオド）で定義される。入力忘れのないように。
5. 利用するプロシージャ名の後ろで予測変数を指定する際には，名義尺度の変数は "BY" を，連続尺度の変数は "WITH" を前置詞とする。変数が複数ある場合は，英数ブランクで区切って指定できる。
6. サブコマンドは "／" で始まる。
7. 実行するには，上部メニューの［実行］＞［すべて］をクリックすればよい。

　　とりあえずシンタックスを利用して単純な分析を行うためには，この程度の知識で十分である。詳細は，SPSS の［ヘルプ］＞［シンタックス参照コマンド］を参照していただきたい。

1.2.1　1元配置分散分析

```
GLM ACHIEVE BY DEPART
    /DESIGN = DEPART
    /EMMEANS = TABLES(OVERALL)
    /EMMEANS = TABLES(DEPART) COMPARE(DEPART) ADJ(BONFERRONI)
    /SAVE = RESID
    /PRINT = DESCRIPTIVE PARAMETER HOMOGENEITY ETASQ.
```

【コメント】

1. 1行目："GLM"プロシージャを利用する。応答変数は，"ACHIEVE"。予測変数の"DEPART"は名義尺度なので，前置詞は"BY"。
2. 2行目："/DESIGN"は，モデルを構成する予測変数を指定するサブコマンド。本例は1元配置なので，予測変数は"DEPART"のみ。
3. 3, 4行目："/EMMEANS"は「最小2乗平均」とも呼ばれる「推定された周辺平均(estimated marginal means)」を出力するサブコマンド。"TABLES( )"で，出力する水準を定義する要因を指定する。"OVERALL"は，全体平均を出力する。"COMPARE( )"は，括弧内に指定された要因のすべての水準のペアのt検定をするためのオプション。"ADJ( )"でいろいろな調整が可能であるが，残念ながら，TukeyのHSD検定のための調整機能はない。ここでは"BONFERRONI"を指定している。"SIDAK"を指定することも可能である。"/EMMEANS"とは別に，"/POSTHOC"サブコマンドを利用して，事後検定としてTukeyのHSD検定を実行することが可能であるが，この検定は標本平均に対する検定であって，最小2乗平均に対する検定ではない。データのバランスがとれている場合には，標本平均と最小2乗平均は等しくなるが，アンバランスな場合には一致しない。
4. 5行目："/SAVE"は，残差や予測値などをデータテーブルに保存するためのサブコマンド。"RESID"は残差(residual)を保存することを指定する。予測値(predicted value)を保存する場合には"PRED"を指定すればよい。残差分析をしない場合には，このサブコマンドは不必要である。
5. 6行目："/PRINT"は，出力するものを指定する。本例では，記述統計(DESCRIPTIVE)，パラメータの推定値(PARAMETER)，Leveneの等分散性の検定(HOMOGENEITY)，偏η^2(ETASQ)を出力している。最後に，シンタックスの終了を意味する"．"(ピリオド)を忘れないように。
6. 検定する効果を特別な平方和で定義したい場合には，"/METHOD"サブコマンドが利用できる。デフォルトでは，タイプⅢ平方和"/METHOD=SSTYPE(3)"が設定されている。分散分析の場合に変更する必要はない。
7. 有意水準を変更したい場合には，"/CRITERIA"サブコマンドが利用できる。デフォルトでは，"/CRITERIA = ALPHA(0.05)"が設定されている。0.01に変えたければ，"/CRITERIA = ALPHA(0.01)"と入力すればよい。

1.3.2 ネストした分散分析

```
GLM ACHIEVE BY FACULTY DEPART
    /DESIGN = FACULTY DEPART(FACULTY)
    /EMMEANS = TABLES(OVERALL)
    /EMMEANS = TABLES(FACULTY) COMPARE(FACULTY) ADJ(BONFERRONI)
    /EMMEANS = TABLES(DEPART) COMPARE(DEPART) ADJ(BONFERRONI)
    /PRINT = DESCRIPTIVE PARAMETER HOMOGENEITY ETASQ.
```

【コメント】
1. 1行目："GLM"プロシージャを利用する。応答変数は，"ACHIEVE"。予測変数の "FACULTY"，"DEPART" はいずれも名義尺度なので，前置詞は "BY"。変数が複数の場合は，英数ブランクで区切って並べる。
2. 2行目："/DESIGN" は，モデルを構成する予測変数を指定するサブコマンド。ネストした分散分析に特徴的なのは，2つ目の予測変数 "DEPART(FACULTY)" である。"DEPART" は "FACULTY" にネストしているため，このように英数丸括弧内に親になる変数名を指定する。
3. 3，4，5行目："/EMMEANS" は「最小2乗平均」とも呼ばれる「推定された周辺平均 (estimated marginal means)」を出力するサブコマンド。"TABLES( )"，"COMPARE ( )"，"ADJ( )" については，「1.2.1 1元配置分散分析」を参照。
4. 6行目："/PRINT " は，出力するものを指定する。内容については，「1.2.1 1元配置分散分析」を参照。最後に "．"（ピリオド）を忘れないように。

1.4.3 2元配置分散分析

```
GLM ACHIEVE BY FACULTY GENDER
    /DESIGN = FACULTY GENDER FACULTY*GENDER
    /EMMEANS = TABLES(OVERALL)
    /EMMEANS = TABLES(FACULTY) COMPARE(FACULTY) ADJ(BONFFERONI)
    /EMMEANS = TABLES(GENDER) COMPARE(GENDER) ADJ(BONFFERONI)
    /EMMEANS = TABLES(FACULTY*GENDER) COMPARE(FACULTY)
              ADJ(BONFFERONI)
    /PRINT = DESCRIPTIVE PARAMETER HOMOGENEITY ETASQ.
```

【コメント】
1. 1行目："GLM"プロシージャを利用する。応答変数は，"ACHIEVE"。予測変数の "FACULTY"，"GENDER" はいずれも名義尺度なので，前置詞は "BY"。変数が複数の場合は，英数ブランクで区切って並べる。
2. 2行目："/DESIGN" は，モデルを構成する予測変数を指定するサブコマンド。2元配置分散分析に特徴的なのは，交互効果を表す3つ目の予測変数 "FACULTY*GENDER" である。"FACULTY" と "GENDER" の論理的な積を "＊"（アスタリスク）で表す。
3. 3〜6行目："/EMMEANS" は「最小2乗平均」とも呼ばれる「推定された周辺平均

(estimated marginal means)」を出力するサブコマンド。"TABLES( )"，"COMPARE( )"，"ADJ( )"については，「1.2.1　1元配置分散分析」を参照。SPSSでは，"FACULTY*GENDER"の4つのセルすべてをこのサブコマンドで一度に多重比較することはできない。本例では，"FACULTY"の水準によって定まるペアに対して検定している。
4. 7行目："/PRINT"は，出力するものを指定する。内容については，「1.2.1　1元配置分散分析」を参照。最後に"．"（ピリオド）を忘れないように。

1.5.1　単回帰分析

```
GLM ACHIEVE WITH STUDY
    /METHOD = SSTYPE(2)
    /DESIGN = STUDY
    /PRINT = DESCRIPTIVE PARAMETER ETASQ.
```

【コメント】
1. 1行目："GLM"プロシージャを利用する。応答変数は，"ACHIEVE"。予測変数の"STUDY"は連続尺度なので，前置詞は"WITH"。
2. 2行目："/METHOD"サブコマンドは必ずしも必要ではない。回帰分析のための平方和は本来タイプⅡであるが，デフォルトのタイプⅢ平方和を回帰分析に対して指定しても結果は同じである。なお，タイプⅠ平方和の結果を確認したい場合には，ここで"SSTYPE(1)"を指定すればよい。SPSSでは，同時に複数のタイプを指定することはできない。
3. 3行目："/DESIGN"は，モデルを構成する予測変数を指定するサブコマンド。単回帰では予測変数は1つだけ（"STUDY"）。
4. 4行目："/PRINT"は，出力するものを指定する。内容については，「1.2.1　1元配置分散分析」を参照。ただし，名義尺度の予測変数はないので，等分散性の検定は無意味。最後に"．"（ピリオド）を忘れないように。
5. 変数を中心化する場合には，中心化した変数を新たに作成すればよい。

1.6.2　重回帰分析

```
GLM ACHIEVE WITH STUDY INTEREST
    /METHOD = SSTYPE(2)
    /DESIGN = STUDY INTEREST
    /PRINT = DESCRIPTIVE PARAMETER ETASQ.
```

【コメント】
1. 1行目："GLM"プロシージャを利用する。応答変数は，"ACHIEVE"。予測変数の"STUDY"，"INTEREST"はいずれも連続尺度なので，前置詞は"WITH"。変数が複数ある場合は，英数ブランクで区切って併記すればよい。
2. 単回帰分析との違いは，3行目の"/DESIGN"サブコマンドのみ。予測変数が複数になるので，英数ブランクで区切って併記すればよい。

3. 変数を中心化したり標準化する場合には，中心化したり標準化した変数を新たに作成すればよい。

1.7.1 交互効果を含む重回帰分析

```
GLM ACHIEVE WITH STUDY INTEREST
    /METHOD = SSTYPE(2)
    /DESIGN = STUDY INTEREST STUDY*INTEREST
    /LMATRIX = 'STUDY-SLOPE(H, L)'
        INTERCEPT 0 STUDY 1 INTEREST 0 STUDY*INTEREST 9.067;
        INTERCEPT 0 STUDY 1 INTEREST 0 STUDY*INTEREST 6.545
    /LMATRIX = 'INTEREST-SLOPE(H, L)'
        INTERCEPT 0 STUDY 0 INTEREST 1 STUDY*INTEREST 9.389;
        INTERCEPT 0 STUDY 0 INTEREST 1 STUDY*INTEREST 6.055
    /PRINT = DESCRIPTIVE PARAMETER ETASQ.
```

【コメント】
1. 1行目："GLM"プロシージャを利用する。応答変数は，"ACHIEVE"。予測変数の"STUDY"，"INTEREST"はいずれも連続尺度なので，前置詞は"WITH"。変数が複数ある場合は，英数ブランクで区切って併記すればよい。
2. 3行目："/DESIGN"サブコマンドに，交互効果を表す"STUDY*INTEREST"を追加すればよい。交互効果の項は，2元配置分散分析の場合と同様に，"*"（アステリスク）で示される。
3. 変数を中心化する場合には，中心化した変数を新たに作成すればよい。ただし，交互効果の項は，中心化した"STUDY"と中心化した"INTEREST"の積になるのであり，"STUDY"と"INTEREST"の積を中心化するのではない。
4. 4行目："/LMATRIX"サブコマンドは，"INTEREST"の値が平均値（7.806）±標準偏差（1.261）のとき，つまり9.067と6.545のときの"STUDY"の傾き，および"STUDY"の値が平均値（7.722）±標準偏差（1.667）のとき，つまり9.389と6.055のときの"INTEREST"の傾きをそれぞれ求め，その値が統計学的に有意か否かをt検定する。

1.8.1 高次多項式回帰分析

```
GLM ACHIEVE WITH STUDY
    /METHOD = SSTYPE(2)
    /DESIGN = STUDY STUDY*STUDY
    /PRINT = DESCRIPTIVE PARAMETER ETASQ.
```

【コメント】
1. 1行目："GLM"プロシージャを利用する。応答変数は，"ACHIEVE"。予測変数の"STUDY"は連続尺度なので，前置詞は"WITH"。
2. 単回帰分析との違いは，3行目の"/DESIGN"サブコマンドのみ。"STUDY"の2乗を新たな変数として作成してもよいが，"STUDY"の自分自身との交互効果を指定しても等価。

3. 変数を中心化する場合には，新たな変数を作成すればよい．ただし，2乗の項は，中心化した"STUDY"の2乗になるのであり，"STUDY"の2乗を中心化するのではない．

1.9.1 変数の対数変換

```
GLM log_ACH WITH log_STUDY log_INT
    /METHOD = SSTYPE(2)
    /DESIGN = log_STUDY log_INT
    /PRINT = DESCRIPTIVE PARAMETER ETASQ.
```

【コメント】
1. 1行目："GLM"プロシージャを利用する．応答変数は，"log_ACH"．予測変数の"log_STUDY"と"log_INT"はいずれも連続尺度なので，前置詞は"WITH"．
2. 対数変換された変数を用いることを除けば，通常の重回帰分析である．

1.10.1 共通の傾きを持つ共分散分析

```
GLM ACHIEVE BY FACULTY WITH STUDY
    /METHOD = SSTYPE(3)
    /DESIGN = FACULTY STUDY
    /LMATRIX = 'Intercept(OVERALL, L, S, L-S)'
        INTERCEPT 1 FACULTY 1/2 1/2;
        INTERCEPT 1 FACULTY 1 0;
        INTERCEPT 1 FACULTY 0 1;
        INTERCEPT 0 FACULTY 1 -1
    /PRINT = DESCRIPTIVE PARAMETER ETASQ.
```

【コメント】
1. 1行目："GLM"プロシージャを利用する．応答変数は，"ACHIEVE"．予測変数の"FACULTY"は名義尺度なので前置詞は"BY"．"STUDY"は連続尺度なので，前置詞は"WITH"．
2. 2行目：平方和はタイプIとタイプIIIのいずれかを利用することになるので，"/METHOD"サブコマンドで指定している．デフォルトはタイプIII平方和なので，タイプIII平方和を利用するときは指定しなくてもよい．
3. 3行目："/DESIGN"サブコマンドで予測変数"FACULTY"と"STUDY"を指定する．英数ブランクで区切って併記．
4. 4行目："/LMATRIX"は，パラメータの線形結合で表現される統計量を検定するためのサブコマンド．少し煩雑であるが，利用価値は高いので是非理解して欲しい．JMPでは「カスタム検定」と呼ばれている機能である．
   まず，"'Intercept(OVERALL, L, S, L-S)'"の部分は単なる出力用のラベルなので，引用符でくくっておけば，どのように表記しようと自由である．
   さて，本例の場合，"FACULTY"の水準は"L"と"S"の2つである[1]．したがって，本文の記号を用いれば，本例のパラメータは，μ，α_1，α_2，βの4つである．そこで，

これらのパラメータをどのように組み合わせた統計量を検定するのかを指定するのが"/LMATRIX"サブコマンドの役割である。つまり，本例の2行目のように，

　　　INTERCEPT 1 FACULTY 1 0

と指定すれば，$(1 \times \mu) + (1 \times \alpha_1) + (0 \times \alpha_2) + (0 \times \beta) = \mu + \alpha_1$ を指定したことになる。これによって，$\mu + \alpha_1$ の推定値が表示されると共に，$\mu + \alpha_1 = 0$ の帰無仮説が検定される。名義尺度の水準がいくつあるかは確認しておく必要がある。

なお，複数の線形結合を指定したい場合には，本例のように，"；"（セミコロン）で区切って複数指定することが可能である。最後の行にはセミコロンはない。

本例の3行目は，$\mu + \alpha_2$ を指定している。

また，4行目の例は，$\alpha_1 - \alpha_2$ を検定している。

なお，検定する帰無仮説の右辺（本例の場合は0）を0以外の値に設定したい場合には，"/KMATRIX"サブコマンドを利用すればよい。たとえば，本例の場合，検定したい帰無仮説が "$\mu = 0.8$" および "$\mu + \alpha_1 = 1.0$" "$\mu + \alpha_2 = 1.5$" "$\alpha_1 - \alpha_2 = 0.5$" であるのなら，"/LMATRIX"サブコマンドに続いて，

　　　/KMATRIX = 0.8；1.0；1.5；0.5

とすればよい。何も指定しなければ，"/KMATRIX"のデフォルトはすべて0である。

5. 5行目："/PRINT"サブコマンドは単回帰分析と同じ。最後にピリオドを忘れないように。

1.11.1　水準ごとに傾きが変化する共分散分析

```
GLM ACHIEVE BY FACULTY WITH STUDY
    /METHOD = SSTYPE(3)
    /DESIGN = FACULTY STUDY FACULTY*STUDY
    /LMATRIX = 'Intercept-Slope(OVERALL, L, S)'
        INTERCEPT 1 FACULTY 1/2 1/2;
        INTERCEPT 1 FACULTY 1 0;
        INTERCEPT 1 FACULTY 0 1;
        STUDY 1 FACULTY*STUDY 1/2 1/2;
        STUDY 1 FACULTY*STUDY 1 0;
        STUDY 1 FACULTY*STUDY 0 1
    /PRINT = DESCRIPTIVE PARAMETER ETASQ.
```

【コメント】

1. 1行目："GLM"プロシージャを利用する。応答変数は，"ACHIEVE"。予測変数の"FACULTY"は名義尺度なので前置詞は"BY"。"STUDY"は連続尺度なので前置詞は"WITH"。
2. 2行目："/METHOD"サブコマンドで平方和のタイプを指定している。デフォルトはタイプIII平方和なので，必ずしも指定する必要はない。

前ページ1）どちらが先かは出力を見ればわかるが（アルファベット順），はっきりさせたい場合には，最初から学部の値を"1"と"2"にするなど，順序が紛れないように工夫しておけばよい。

3. 3行目："/DESIGN"サブコマンドで予測変数を指定する。前節の共分散分析の"FACULTY""STUDY"に加えて，交互効果の項"FACULTY*STUDY"を追加する。
4. 4行目："/LMATRIX"は，パラメータの線形結合で表現される統計量を検定するためのサブコマンド。詳細は「1.10.1 共通の傾きを持つ共分散分析」を参照。本例の場合，パラメータは，μ, α_1, α_2, β, ω_1, ω_2 の6つである。6種類の線形結合を指定しているが，それぞれμ, $\mu+\alpha_1$, $\mu+\alpha_2$, β, $\beta+\omega_1$, $\beta+\omega_2$ である。すなわち，全体とFACULTYごとの切片と傾きの推定値を求め，その値が「0である」という帰無仮説を，モデルに共通の誤差項に基づいてt検定している。それぞれの線形結合の間は，"；"（セミコロン）で区切る。最後の行には，セミコロンはない。
5. 5行目："/PRINT"サブコマンドは単回帰分析と同じ。最後にピリオドを忘れないように。

2.1.1 1元配置混合分散分析

```
MIXED ACHIEVE BY DEPART
      /METHOD = REML
      /RANDOM = DEPART
      /TEST = 'OVERALL' INTERCEPT 1 | DEPART 1/6 1/6 1/6 1/6 1/6 1/6
      /TEST = 'DEPART [a] ' intercept 1 | DEPART 1 0 0 0 0 0
      /TEST = 'DEPART [b] ' intercept 1 | DEPART 0 1 0 0 0 0
      /TEST = 'DEPART [c] ' intercept 1 | DEPART 0 0 1 0 0 0
      /TEST = 'DEPART [d] ' intercept 1 | DEPART 0 0 0 1 0 0
      /TEST = 'DEPART [e] ' intercept 1 | DEPART 0 0 0 0 1 0
      /TEST = 'DEPART [f] ' intercept 1 | DEPART 0 0 0 0 0 1
      /PRINT = DESCRIPTIVES SOLUTION TESTCOV.
```

【コメント】
1. 1行目："MIXED"プロシージャを利用する。応答変数は，"ACHIEVE"。予測変数の"DEPART"は名義尺度なので，前置詞は"BY"。
2. 2行目："/METHOD"サブコマンドであてはめの方法を指定する。"ML"と"REML"のいずれかを選ぶことができる。
3. 3行目："/RANDOM"サブコマンドで，変量効果の予測変数を指定する。
4. 4～10行目："/TEST"サブコマンドは，"GLM"プロシージャにおける"/LMATRIX"サブコマンドに似た命令。パラメータの線形結合で表現できる統計量の推定と検定を行う。最初の"'DEPART [a] '"等は，出力のためのラベルなので，自由に記述すればよい。続いて，固定効果のパラメータの値を指定する。本例では，切片（μ）を指定している。変量効果は"|"（パイプ）に続いて指定する。本例の2行目は，
$$(1\times\mu)+(1\times b_1)+(0\times b_2)+(0\times b_3)+(0\times b_4)+(0\times b_5)+(0\times b_6)=\mu+b_1$$
を出力している。
5. 10行目："/PRINT"サブコマンドで，出力するものを指定する。"DESCRIPTIVES"オプションは，応答変数の記述統計量の出力。"SOLUTION"オプションは，「情報量基準」や「固定効果」など一般的な結果の出力。"TESTCOV"オプションは，分散成分を含む共分散行列の推定値と検定を出力。最後の"．"（ピリオド）を忘れないように。

2.2.1 ネストした混合分散分析

```
MIXED ACHIEVE BY FACULTY DEPART
    /METHOD = REML
    /FIXED = FACULTY
    /RANDOM = DEPART(FACULTY)
    /EMMEANS = TABLES(FACULTY) COMPARE(FACULTY) ADJ(BONFFERONI)
    /TEST = 'DEPART [a] ' intercept 1 FACULTY 1 0 | DEPART(FACULTY) 1 0 0 0 0 0
    /TEST = 'DEPART [b] ' intercept 1 FACULTY 1 0 | DEPART(FACULTY) 0 1 0 0 0 0
    /TEST = 'DEPART [c] ' intercept 1 FACULTY 1 0 | DEPART(FACULTY) 0 0 1 0 0 0
    /TEST = 'DEPART [d] ' intercept 1 FACULTY 0 1 | DEPART(FACULTY) 0 0 0 1 0 0
    /TEST = 'DEPART [e] ' intercept 1 FACULTY 0 1 | DEPART(FACULTY) 0 0 0 0 1 0
    /TEST = 'DEPART [f] ' intercept 1 FACULTY 0 1 | DEPART(FACULTY) 0 0 0 0 0 1
    /PRINT = DESCRIPTIVES SOLUTION TESTCOV.
```

【コメント】

1. 1行目:"MIXED"プロシージャを利用する。応答変数は,"ACHIEVE"。予測変数の"FACULTY"および"DEPART"はいずれも名義尺度なので,前置詞は"BY"。
2. 2行目:"/METHOD"サブコマンドであてはめの方法を指定する。"ML"と"REML"のいずれかを選ぶことができる。
3. 3行目:"/FIXED"サブコマンドで固定効果の予測変数"FACULTY"を指定。
4. 4行目:"/RANDOM"サブコマンドで変量効果の予測変数を指定する。"DEPART"は"FACULTY"にネストしているので,英数丸括弧内に親変数を指定。
5. 5行目:"/EMMEANS"サブコマンドで"FACULTY"の水準ごとの推定周辺平均(最小2乗平均)を出力する。"/TEST"サブコマンドを利用することも可能。"COMPARE( )""ADJ( )"については,「1.2.1 1元配置分散分析」を参照。
6. 6〜11行目:"/TEST"サブコマンドは,パラメータの線形結合で表現できる統計量の推定と検定を行う。最初の"'DEPART [a] '"等は,出力のためのラベルなので,自由に記述すればよい。続いて,固定効果のパラメータの値を指定する。変量効果は"|"(パイプ)に続いて指定する。本例の最初の行は,

$$(1 \times \mu) + (1 \times \alpha_1) + (0 \times \alpha_2) + (1 \times b_1) + (0 \times b_2) + (0 \times b_3) + (0 \times b_4) + (0 \times b_5) + (0 \times b_6)$$
$$= \mu + \alpha_1 + b_1$$

を出力している。SPSSでは,"INTERCEPT"だけ(μ)の値を出力できない。
7. 12行目:"/PRINT"サブコマンドについては,「2.1.1 1元配置混合分散分析」を参照。最後にピリオドを忘れないように。

2.3.1 ヌル一般線形モデル

```
GLM STRESS
    /DESIGN =
    /EMMEANS = TABLES(OVERALL)
    /PRINT = PARAMETER ETASQ.
```

【コメント】
1. 1行目："GLM"プロシージャを利用する。応答変数は，"STRESS"。予測変数はない。
2. 2行目："/DESIGN"サブコマンドは予測式を定義するが，予測変数がないので，右辺は空。
3. 3行目："/EMMEANS"サブコマンドで推定周辺平均(最小2乗平均)を出力。"TABLES( )"で水準を決定する要因を指定するが，"OVERALL"は全体平均（μ）を出力させる。
4. 4行目："/PRINT"サブコマンドについては，「2.1.1　1元配置混合分散分析」を参照。最後にピリオドを忘れないように。

2.3.3　1元配置分散分析

```
GLM STRESS BY TIME
    /DESIGN = TIME
    /EMMEANS = TABLES(OVERALL)
    /EMMEANS = TABLES(TIME) COMPARE(TIME) ADJ(BONFERRONI)
    /PRINT = PARAMETER ETASQ.
```

【コメント】
1. 1行目："GLM"プロシージャを利用する。応答変数は"STRESS"。予測変数の"TIME"は名義尺度なので，前置詞は"BY"。
2. 2行目："/DESIGN"サブコマンドで予測変数を指定する。1元配置なので予測変数は"TIME"のみ。
3. 3, 4行目："/EMMEANS"サブコマンドで推定周辺平均(最小2乗平均)を出力。最初の行は，全体平均を出力。2番目の行は，要因"TIME"の水準ごとの周辺平均を出力すると共に，すべてのペアのt検定（Bonferroni補正）を実施。
4. 5行目："/PRINT"サブコマンドについては，「2.1.1　1元配置混合分散分析」を参照。最後にピリオドを忘れないように。

2.3.4　2元配置反復測定分散分析

```
GLM STRESS BY ID TIME
    /DESIGN = ID TIME
    /EMMEANS = TABLES(OVERALL)
    /EMMEANS = TABLES(TIME) COMPARE(TIME) ADJ(BONFERRONI)
    /PRINT = PARAMETER ETASQ.
```

【コメント】
1. 1行目："GLM"プロシージャを利用する。応答変数は，"STRESS"。予測変数の"ID"および"TIME"はいずれも名義尺度なので，前置詞は"BY"。
2. 2行目："/DESIGN"サブコマンドで予測変数"ID"と"TIME"を指定。
3. 3, 4行目："/EMMEANS"サブコマンドで推定周辺平均(最小2乗平均)を出力する。"TABLES( )""COMPARE( )""ADJ( )"オプションについては「1.2.1　1元配置分散分析」を参照。
4. 5行目："/PRINT"サブコマンドについても「1.2.1　1元配置分散分析」を参照。最後にピリオドを忘れないように。

2.3.5　3元配置反復測定分散分析（交互作用なし）

```
GLM STRESS BY ID ENTRANCE TIME
    /DESIGN = ID(ENTRANCE) ENTRANCE TIME
    /EMMEANS = TABLES(OVERALL)
    /EMMEANS = TABLES(ENTRANCE) COMPARE(ENTRANCE)
              ADJ(BONFERRONI)
    /EMMEANS = TABLES(TIME) COMPARE(TIME) ADJ(BONFERRONI)
    /PRINT = PARAMETER ETASQ.
```

【コメント】
1. 1行目："GLM"プロシージャを利用する。応答変数は，"STRESS"。予測変数の"ID""ENTRANCE""TIME"はいずれも名義尺度なので，前置詞は"BY"。
2. 2行目："/DESIGN"サブコマンドで予測変数を指定。"ID"は"ENTRANCE"にネストしているので，"ID(ENTRANCE)"と表記する必要がある。
3. 3, 4, 5行目："/EMMEANS"サブコマンドで推定周辺平均(最小2乗平均)を出力する。"TABLES( )""COMPARE( )""ADJ( )"オプションについては「1.2.1　1元配置分散分析」を参照。
4. 6行目："/PRINT"サブコマンドについても「1.2.1　1元配置分散分析」を参照。最後にピリオドを忘れないように。

2.3.6　3元配置反復測定分散分析（交互作用あり）

```
GLM STRESS BY ID ENTRANCE TIME
    /DESIGN = ID(ENTRANCE) ENTRANCE TIME ENTRANCE*TIME
    /EMMEANS = TABLES(OVERALL)
    /EMMEANS = TABLES(ENTRANCE)
    /EMMEANS = TABLES(TIME)
    /EMMEANS = TABLES(ENTRANCE*TIME) COMPARE(ENTRANCE)
              ADJ(BONFERRONI)
```

　　　　　/LMATRIX = 'summer vacation'
　　　　　　　TIME 0 0 1 -1 0 ENTRANCE*TIME 0 0 1 -1 0 0 0 0 0 0 0 0 0 0 ;
　　　　　　　TIME 0 0 1 -1 0 ENTRANCE*TIME 0 0 0 0 0 0 0 1 -1 0 0 0 0 0 0 ;
　　　　　　　TIME 0 0 1 -1 0 ENTRANCE*TIME 0 0 0 0 0 0 0 0 0 0 0 0 1 -1 0
　　　　　/PRINT = PARAMETER ETASQ.

【コメント】

1. 1行目："GLM" プロシージャを利用する。応答変数は，"STRESS"。予測変数の "ID" "ENTRANCE" "TIME" はいずれも名義尺度なので，前置詞は "BY"。
2. 2行目："/DESIGN" サブコマンドで予測変数を指定。"ENTRANCE" と "TIME" の交互効果を含めるため "ENTRANCE*TIME" を追加。
3. 3～6行目："/EMMEANS" サブコマンドで推定周辺平均(最小2乗平均)を出力する。"TABLES( )" "COMPARE( )" "ADJ( )" オプションについては「1.2.1　1元配置分散分析」を参照。
　SPSSでは，"ENTRANCE*TIME" で設定される15のセルの平均を一度に比較することはできない。
4. 7行目：入試形態ごとに TIME=3 と TIME=4 における "STRESS" の差を検定。"/LMATRIX" サブコマンドについては，「1.10.1　共通の傾きを持つ共分散分析」を参照。
5. 8行目："/PRINT" サブコマンドについては「1.2.1　1元配置分散分析」を参照。最後にピリオドを忘れないように。

2.4.1　ヌル混合モデル

　　　MIXED STRESS BY ID
　　　　　/METHOD = REML
　　　　　/RANDOM = ID
　　　　　/PRINT = SOLUTION TESTCOV.

【コメント】

1. 1行目："MIXED" プロシージャを利用する。応答変数は，"STRESS"。予測変数の "ID" は名義尺度なので，前置詞は "BY"。
2. 2行目："/METHOD" は，あてはめの方法を指定するサブコマンド。"REML" と "ML" を選択できる。
3. 3行目："/RANDOM" は，変量効果を指定するサブコマンド。本例では "ID" が変量効果。
4. 5行目："/PRINT" は，出力する内容を指定するサブコマンド。本例では，一般的な解 "SOLUTION" と分散成分の検定 "TESTCOV" を出力。最後にピリオドを忘れないように。

2.4.2　2元配置反復測定混合分散分析

```
MIXED STRESS BY ID TIME
    /METHOD = REML
    /FIXED = TIME
    /RANDOM = ID
    /EMMEANS = TABLES(OVERALL)
    /EMMEANS = TABLES(TIME) COMPARE(TIME) ADJ(BONFERRONI)
    /PRINT = SOLUTION TESTCOV.
```

【コメント】

1. 1行目："MIXED"プロシージャを利用する。応答変数は，"STRESS"。予測変数の"ID" "TIME"はいずれも名義尺度なので，前置詞は"BY"。
2. 2行目："/METHOD"は，あてはめの方法を指定するサブコマンド。"REML"と"ML"を選択できる。
3. 3行目："/FIXED"は，固定効果の変数を指定する。本例では"TIME"のみ。
4. 4行目："/RANDOM"は，変量効果の変数を指定する。本例では"ID"のみ。
5. 5, 6行目："/EMMEANS"は推定された周辺平均値を出力する。詳細は，「1.2.1　1元配置分散分析」を参照。
6. 7行目："/PRINT"については，「2.4.1　ヌル混合モデル」を参照。最後にピリオドを忘れないように。

2.4.3　1元配置反復測定混合分散分析(CS)

```
MIXED STRESS BY ID TIME
    /METHOD = REML
    /FIXED = TIME
    /REPEATED = TIME | SUBJECT(ID) COVTYPE(CS)
    /EMMEANS = TABLES(OVERALL)
    /EMMEANS = TABLES(TIME) COMPARE(TIME) ADJ(BONFERRONI)
    /PRINT = SOLUTION TESTCOV.
```

【コメント】

1. 1行目："MIXED"プロシージャを利用する。応答変数は，"STRESS"。予測変数の"ID" "TIME"はいずれも名義尺度なので，前置詞は"BY"。"ID"は効果としては明示的に登場しないが，4行目で使用するため，最初の行で宣言しておく必要がある。
2. 2行目："/METHOD"は，あてはめの方法を指定するサブコマンド。"REML"と"ML"を選択できる。
3. 3行目："/FIXED"は，固定効果の変数を指定する。本例では"TIME"のみ。
4. 4行目："/REPEATED"は，混合モデルの反復測定分散分析に特徴的なサブコマンド。反復を定義する時間変数を指定する。本例の場合には"TIME"。個体を定義する変数と同一個体についての反復測定間の共分散行列のタイプを追加指定する。"SUBJECT

(ID)"により，"ID"で個体を定義する。"COVTYPE(CS)"により，複合対称 (compound symmetry)を共分散行列のタイプとして指定。

5. 5, 6行目："/EMMEANS"は推定された周辺平均値を出力する。詳細は，「1.2.1　1元配置分散分析」を参照。

6. 7行目："/PRINT"については，「2.4.1　ヌル混合モデル」を参照。最後のピリオドを忘れないように。

2.4.4　1元配置反復測定混合分散分析(UN)

「2.4.3　1元配置反復測定混合分散分析(CS)」の"COVTYPE(CS)"を"COVTYPE(UN)"に変更するだけ。

2.4.5　2元配置反復測定混合分散分析(CS：交互効果なし)

```
MIXED STRESS BY ID ENTRANCE TIME
    /METHOD = REML
    /FIXED = ENTRANCE TIME
    /REPEATED = TIME | SUBJECT(ID) COVTYPE(CS)
    /EMMEANS = TABLES(OVERALL)
    /EMMEANS = TABLES(ENTRANCE) COMPARE(ENTRANCE)
               ADJ(BONFERRONI)
    /EMMEANS = TABLES(TIME) COMPARE(TIME) ADJ(BONFERRONI)
    /TEST = 'SP [1] ' intercept 1 ENTRANCE 1 0 0 TIME 1 0 0 0 0
    /TEST = 'SP [2] ' intercept 1 ENTRANCE 1 0 0 TIME 0 1 0 0 0
    /TEST = 'SP [3] ' intercept 1 ENTRANCE 1 0 0 TIME 0 0 1 0 0
    /TEST = 'SP [4] ' intercept 1 ENTRANCE 1 0 0 TIME 0 0 0 1 0
    /TEST = 'SP [5] ' intercept 1 ENTRANCE 1 0 0 TIME 0 0 0 0 1
    /TEST = 'RC [1] ' intercept 1 ENTRANCE 0 1 0 TIME 1 0 0 0 0
    /TEST = 'RC [2] ' intercept 1 ENTRANCE 0 1 0 TIME 0 1 0 0 0
    /TEST = 'RC [3] ' intercept 1 ENTRANCE 0 1 0 TIME 0 0 1 0 0
    /TEST = 'RC [4] ' intercept 1 ENTRANCE 0 1 0 TIME 0 0 0 1 0
    /TEST = 'RC [5] ' intercept 1 ENTRANCE 0 1 0 TIME 0 0 0 0 1
    /TEST = 'GN [1] ' intercept 1 ENTRANCE 0 0 1 TIME 1 0 0 0 0
    /TEST = 'GN [2] ' intercept 1 ENTRANCE 0 0 1 TIME 0 1 0 0 0
    /TEST = 'GN [3] ' intercept 1 ENTRANCE 0 0 1 TIME 0 0 1 0 0
    /TEST = 'GN [4] ' intercept 1 ENTRANCE 0 0 1 TIME 0 0 0 1 0
    /TEST = 'GN [5] ' intercept 1 ENTRANCE 0 0 1 TIME 0 0 0 0 1
    /PRINT = SOLUTION TESTCOV.
```

【コメント】

1. 1行目："MIXED"プロシージャを利用する。応答変数は，"STRESS"。予測変数の"ID""ENTRANCE""TIME"はいずれも名義尺度なので，前置詞は"BY"。"ID"はモ

デル式に明示的には登場しないが，4行目で使用するため，最初の行で宣言しておく必要がある。
2. 2行目："/METHOD"は，あてはめの方法を指定するサブコマンド。"REML"と"ML"を選択できる。
3. 3行目："/FIXED"は，固定効果の変数を指定する。本例では"ENTRANCE"と"TIME"。
4. 4行目："/REPEATED"は，混合モデルの反復測定分散分析に特徴的なサブコマンド。反復を定義する時間変数を指定する。本例の場合には"TIME"。個体を定義する変数と同一個体についての反復測定間の共分散行列のタイプを追加指定する。"SUBJECT (ID)"により，"ID"で個体を定義する。"COVTYPE (CS)"により，複合対称 (compound symmetry) を共分散行列のタイプとして指定。
5. 5〜7行目："/EMMEANS"は推定された周辺平均値を出力する。詳細は，「1.2.1 1元配置分散分析」を参照。
6. 8〜22行目：GLMプロシージャの"/LMATRIX"サブコマンドと同様に，パラメータの線形結合で表現できる統計量を推定し，検定するためのサブコマンド。最初の行は，

$(1 \times \mu)+(1 \times \alpha_1)+(0 \times \alpha_2)+(0 \times \alpha_3)+(1 \times \beta_1)+(0 \times \beta_2)+(0 \times \beta_3)+(0 \times \beta_4)+(0 \times \beta_5) = \mu + \alpha_1 + \beta_1$

なので，特別入試のTIME=1の"STRESS"の値を推定・検定する。
7. 23行目："/PRINT"については，「2.4.1 ヌル混合モデル」を参照。最後のピリオドを忘れないように。

2.4.6 2元配置反復測定混合分散分析（CS：交互効果あり）

```
MIXED STRESS BY ID ENTRANCE TIME
    /METHOD = REML
    /FIXED = ENTRANCE TIME ENTRANCE*TIME
    /REPEATED = TIME | SUBJECT(ID) COVTYPE(CS)
    /EMMEANS = TABLES(OVERALL)
    /EMMEANS = TABLES(ENTRANCE)
    /EMMEANS = TABLES(TIME)
    /EMMEANS = TABLES(ENTRANCE*TIME)
    /TEST = 'summer(SP)' TIME 0 0 1 -1 0 ENTRANCE*TIME 0 0 1 -1 0 0 0 0 0 0 0 0 0
    /TEST = 'summer(RC)' TIME 0 0 1 -1 0 ENTRANCE*TIME 0 0 0 0 0 0 0 1 -1 0 0 0 0
    /TEST = 'summer(GN)' TIME 0 0 1 -1 0 ENTRANCE*TIME 0 0 0 0 0 0 0 0 0 0 0 1 -1 0
    /PRINT = SOLUTION TESTCOV.
```

【コメント】
1. 1行目："MIXED"プロシージャを利用する。応答変数は，"STRESS"。予測変数の"ID" "ENTRANCE" "TIME"はいずれも名義尺度なので，前置詞は"BY"。"ID"は効果としては明示的に登場しないが，4行目で使用するため，最初の行で宣言しておく必要がある。
2. 2行目："/METHOD"は，あてはめの方法を指定するサブコマンド。"REML"と"ML"

を選択できる。
3. 3行目："/FIXED"は，固定効果の変数を指定する。本例では"ENTRANCE"と"TIME"と交互効果"ENTRANCE*TIME"。
4. 4行目："/REPEATED"は，混合モデルの反復測定分散分析に特徴的なサブコマンド。反復を定義する時間変数を指定する。本例の場合には"TIME"。個体を定義する変数と同一個体についての反復測定間の共分散行列のタイプを追加指定する。"SUBJECT (ID)"により，"ID"で個体を定義する。"COVTYPE (CS)"により，複合対称（compound symmetry）を共分散行列のタイプとして指定。
5. 5〜8行目："/EMMEANS"は推定された周辺平均値を出力する。詳細は，「1.2.1　1元配置分散分析」を参照。
6. 9〜11行目：GLMプロシージャの"/LMATRIX"サブコマンドと同様に，パラメータの線形結合で表現できる統計量を推定し，検定するためのサブコマンド。最初の行は，
$$(1 \times \beta_3) + (-1 \times \beta_4) + (1 \times \omega_{13}) + (-1 \times \omega_{14}) = (\beta_3 + \omega_{13}) - (\beta_4 + \omega_{14})$$
   なので，特別入試のTIME=3の"STRESS"の値とTIME=4の"STRESS"の値の差を推定・検定する。
7. 12行目："/PRINT"については，「2.4.1　ヌル混合モデル」を参照。最後のピリオドを忘れないように。

3.3.3　単回帰分析

```
GLM STRESS WITH TIME_1
    /METHOD = SSTYPE(2)
    /DESIGN = TIME_1
    /PRINT = PARAMETER ETASQ.
```

【コメント】
1. 1行目："GLM"プロシージャを利用する。応答変数は，"STRESS"。予測変数の"TIME_1"は連続尺度なので，前置詞は"WITH"。
2. 2行目："/METHOD"は，利用する平方和の種類を指定する。デフォルトのタイプIII平方和のままでも問題はない。
3. 3行目："/DESIGN"は，予測変数を指定する。本例の場合は，"TIME_1"による単回帰なので，予測変数は1つだけ。
4. 4行目："/PRINT"は，出力するものを指定する。"PARAMETER"（パラメータ推定値）と偏η^2を出力している。

3.3.4　"ID"と"TIME_1"による共分散分析（ANCOVA）

```
GLM STRESS BY ID WITH TIME_1
    /METHOD = SSTYPE(3)
    /DESIGN = ID TIME_1 ID*TIME_1
    /PRINT = PARAMETER ETASQ.
```

【コメント】
1. 1行目："GLM"プロシージャを利用する．応答変数は，"STRESS"．予測変数の"ID"は名義尺度なので前置詞は"BY"，"TIME_1"は連続尺度なので前置詞は"WITH"．
2. 2行目："/METHOD"は，利用する平方和の種類を指定する．デフォルトはタイプⅢ平方和なので，特に指定する必要はない．
3. 3行目："/DESIGN"は，予測変数を指定する．本例の場合は，"ID""TIME_1"の主効果と交互効果"ID*TIME_1"を指定．個体ごとに「切片」と「傾き」が変化する共分散分析．
4. 4行目："/PRINT"は，出力するものを指定する．

3.3.5 "ENTRANCE"と"TIME_1"による共分散分析（ANCOVA）

```
GLM STRESS BY ENTRANCE WITH TIME_1
    /METHOD = SSTYPE(3)
    /DESIGN = ENTRANCE TIME_1 ENTRANCE*TIME_1
    /LMATRIX = 'Intercept(ENT)'
        INTERCEPT 1 ENTRANCE 1/3 1/3 1/3;
        INTERCEPT 1 ENTRANCE 1 0 0;
        INTERCEPT 1 ENTRANCE 0 1 0;
        INTERCEPT 1 ENTRANCE 0 0 1
    /LMATRIX = 'Slope(ENT)'
        TIME_1 1 ENTRANCE*TIME_1 1/3 1/3 1/3;
        TIME_1 1 ENTRANCE*TIME_1 1 0 0;
        TIME_1 1 ENTRANCE*TIME_1 0 1 0;
        TIME_1 1 ENTRANCE*TIME_1 0 0 1
    /PRINT = PARAMETER ETASQ.
```

【コメント】
1. 1行目："GLM"プロシージャを利用する．応答変数は，"STRESS"．予測変数の"ENTRANCE"は名義尺度なので前置詞は"BY"，"TIME_1"は連続尺度なので前置詞は"WITH"．
2. 2行目："/METHOD"は，利用する平方和の種類を指定する．デフォルトはタイプⅢ平方和なので，特に指定する必要はない．
3. 3行目："/DESIGN"は，予測変数を指定する．本例の場合は，"ENTRANCE""TIME_1"の主効果と交互効果"ENTRANCE*TIME_1"を指定．入試形態ごとに「切片」と「傾き」が変化する共分散分析である．
4. 4行目："/LMARRIX"サブコマンドの詳細については，「1.10.1 共通の傾きを持つ共分散分析」を参照．それぞれ，全体の切片（μ），「特別入試」の切片（$\mu + \alpha_1$），「推薦入試」の切片（$\mu + \alpha_2$），「一般入試」の切片（$\mu + \alpha_3$）を出力している．
5. 5行目：4行目と同じく"/LMATRIX"サブコマンドである．それぞれ，全体の傾き（β），「特別入試」の傾き（$\beta + \gamma_1$），「推薦入試」の傾き（$\beta + \gamma_2$），「一般入試」の傾き（$\beta + \gamma_3$）を出力している．

6. 6行目："/PRINT"は，出力するものを指定する。

3.3.6 "ID"と"ENTRANCE"と"TIME_1"による共分散分析（ANCOVA）

```
GLM STRESS BY ID ENTRANCE WITH TIME_1
    /METHOD = SSTYPE(3)
    /DESIGN = ID(ENTRANCE) ENTRANCE TIME_1 ID*TIME_1(ENTRANCE)
             ENTRANCE*TIME_1
    /PRINT = PARAMETER ETASQ.
```

【コメント】
1. 1行目："GLM"プロシージャを利用する。応答変数は，"STRESS"。予測変数の"ID"と"ENTRANCE"は名義尺度なので前置詞は"BY"，"TIME_1"は連続尺度なので前置詞は"WITH"。
2. 2行目："/METHOD"は，利用する平方和の種類を指定する。デフォルトはタイプIII平方和なので，特に指定する必要はない。
3. 3行目："/DESIGN"は，予測変数を指定する。"ID"は"ENTRANCE"にネストしているため，"ID(ENTRANCE)"と表記される。"TIME_1"との交互作用についても"ID*TIME_1(ENTRANCE)"と表記される。本来なら，"/LMATRIX"を利用して，入試形態ごとの「切片」「傾き」の推定値と標準誤差を表示したいところであるが，SPSSでは学生ごとの値は出力できるが，それらを平均した入試形態ごとの値は出力できない。SASやJMPでは出力できるので，できれば改善していただきたいところである。
4. 4行目："/PRINT"は，出力するものを指定する。

3.4.2 マルチレベルモデル（"TIME_1"による単回帰）

```
MIXED STRESS BY ID WITH TIME_1
    /METHOD = REML
    /FIXED = TIME_1
    /RANDOM = ID ID*TIME_1
    /PRINT = SOLUTION TESTCOV.
```

【コメント】
1. 1行目："MIXED"プロシージャを利用する。応答変数は，"STRESS"。予測変数の"ID"は名義尺度なので前置詞は"BY"，"TIME_1"は連続尺度なので前置詞は"WITH"。
2. 2行目："/METHOD"は，あてはめの方法を指定するサブコマンド。"REML"と"ML"を選択できる。
3. 3行目："/FIXED"は，固定効果の予測変数を定義する。本例では，固定効果は"TIME_1"のみである。
4. 4行目："/RANDOM"は，変量効果の予測変数を定義する。"ID"と"ID*TIME_1"が変量効果。
5. 5行目："/PRINT"は，出力するものを指定する。"SOLUTION"は分析結果，

"TESTCOV"は分散・共分散成分の検定結果を，それぞれ出力する。

3.4.3　マルチレベルモデル（"TIME_1"による単回帰，対角共分散行列）

```
MIXED STRESS BY ID WITH TIME_1
    /METHOD = REML
    /FIXED = TIME_1
    /RANDOM = INTERCEPT TIME_1 | SUBJECT(ID) COVTYPE(DIAG)
    /PRINT = SOLUTION TESTCOV.
```

【コメント】
1. 〈モデル3.4.2〉と等価なモデルであるが，4行目の"/RANDOM"サブコマンドの内容が違っている。"｜"（パイプ）の前に変量効果を含む項（切片と傾き）を指定し，"｜"（パイプ）の後に個体を定義する要因"SUBJECT(ID)"，共分散行列の構造"COVTYPE(DIAG)"を指定している。"DIAG"は対角（diagonal）行列を意味する。このような表記の仕方をすると，〈モデル3.4.3〉のようなモデルを定義したことになる。オプションが指定されない場合には，デフォルトで単位行列が指定されていると考えればよい。

3.4.3C　マルチレベルモデル（"TIME_C"による単回帰，対角共分散行列）

```
MIXED STRESS BY ID WITH TIME_C
    /METHOD = REML
    /FIXED = TIME_C
    /RANDOM = INTERCEPT TIME_C | SUBJECT(ID) COVTYPE(DIAG)
    /PRINT = SOLUTION TESTCOV.
```

【コメント】
1. 〈モデル3.4.3〉の予測変数"TIME_1"を，"TIME_C"に変更しただけである。

3.4.4　マルチレベルモデル（"TIME_1"による単回帰，無構造共分散行列）

```
MIXED STRESS BY ID WITH TIME_1
    /METHOD = REML
    /FIXED = TIME_1
    /RANDOM = INTERCEPT TIME_1 | SUBJECT(ID) COVTYPE(UN)
    /PRINT = SOLUTION TESTCOV.
```

【コメント】
1. 〈モデル3.4.3〉の4行目の"COVTYPE"を，無構造"UN"に変更しただけである。

3. 4. 4C　マルチレベルモデル（"TIME_C" による単回帰，無構造共分散行列）

```
MIXED STRESS BY ID WITH TIME_C
    /METHOD = REML
    /FIXED = TIME_C
    /RANDOM = INTERCEPT TIME_C | SUBJECT(ID) COVTYPE(UN)
    /PRINT = SOLUTION TESTCOV.
```

【コメント】
1. 〈モデル3.4.4〉の予測変数 "TIME_1" を，"TIME_C" に変更しただけである。

3. 4. 5　マルチレベルモデル（"ENTRANCE" を含めた共分散分析，無構造共分散行列）

```
MIXED STRESS BY ID ENTRANCE WITH TIME_1
    /METHOD = REML
    /FIXED = ENTRANCE TIME_1 ENTRANCE*TIME_1
    /RANDOM = INTERCEPT TIME_1 | SUBJECT(ID) COVTYPE(UN)
    /TEST = 'Intercept(ENT)'
        INTERCEPT 1 ENTRANCE 1/3 1/3 1/3;
        INTERCEPT 1 ENTRANCE 1 0 0;
        INTERCEPT 1 ENTRANCE 0 1 0;
        INTERCEPT 1 ENTRANCE 0 0 1
    /TEST = 'Slope(ENT)'
        TIME_1 1 ENTRANCE*TIME_1 1/3 1/3 1/3;
        TIME_1 1 ENTRANCE*TIME_1 1 0 0;
        TIME_1 1 ENTRANCE*TIME_1 0 1 0;
        TIME_1 1 ENTRANCE*TIME_1 0 0 1
    /TEST = 'Intercept(diff)'
        ENTRANCE 1 -1 0;
        ENTRANCE 1 0 -1;
        ENTRANCE 0 1 -1
    /TEST = 'Slope(diff)'
        ENTRANCE*TIME_1 1 -1 0;
        ENTRANCE*TIME_1 1 0 -1;
        ENTRANCE*TIME_1 0 1 -1
    /PRINT = SOLUTION TESTCOV.
```

【コメント】
1. 1行目："MIXED" プロシージャを利用する。応答変数は，"STRESS"。予測変数の "ID" と "ENTRANCE" は名義尺度なので前置詞は "BY"，"TIME_1" は連続尺度なので前置詞は "WITH"。

2. 2行目："/METHOD"は，あてはめの方法を指定するサブコマンド。"REML"と"ML"を選択できる。
3. 3行目："/FIXED"は，固定効果を定義する。入試形態ごとの切片の偏差に相当する"ENTRANCE"，全体としての傾きに相当する"TIME_1"，入試形態ごとの傾きの偏差に相当する"ENTRANCE*TIME_1"が指定されている。
4. 4行目："/RANDOM"は，変量効果を定義する。〈モデル3.4.4〉と同じである。
5. 5～9行目："/TEST"は，GLMプロシージャの場合の"LMATRIX"に相当するサブコマンド。パラメータの線形結合によって表現される統計量の推定値を示し，検定を行う。それぞれ，全体の切片（μ），「特別入試」の切片（$\mu + \alpha_1$），「推薦入試」の切片（$\mu + \alpha_2$），「一般入試」の切片（$\mu + \alpha_3$）を表示する。
6. 10～14行目：それぞれ，全体の傾き（β），「特別入試」の傾き（$\beta + \gamma_1$），「推薦入試」の傾き（$\beta + \gamma_2$），「一般入試」の傾き（$\beta + \gamma_3$）を表示する。
7. 15～18行目：それぞれ，入試形態ごとの切片の差を推定し，検定している。
8. 19～22行目：それぞれ，入試形態ごとの傾きの差を推定し，検定している。
9. 23行目："/PRINT"は，出力するものを指定する。"SOLUTION"は分析結果，"TESTCOV"は分散・共分散成分の検定結果を，それぞれ出力する。

3.5.1 マルチレベルモデル（全体に対する「夏休み効果」の検定）

```
MIXED STRESS BY ID WITH TIME_1 SUMMER
    /METHOD = REML
    /FIXED = TIME_1 SUMMER
    /RANDOM = INTERCEPT TIME_1 | SUBJECT(ID) COVTYPE(UN)
    /PRINT = SOLUTION TESTCOV.
```

【コメント】
1. 1行目："MIXED"プロシージャを利用する。応答変数は，"STRESS"。予測変数の"ID"は名義尺度なので前置詞は"BY"，"TIME_1"と"SUMMER"は連続尺度なので前置詞は"WITH"。
2. 2行目："/METHOD"は，あてはめの方法を指定するサブコマンド。"REML"と"ML"を選択できる。
3. 3行目："/FIXED"は，固定効果を定義する。本モデルでは，全体的な傾きに相当する"TIME_1"と夏休み後の落差に相当する"SUMMER"だけ。
4. 4行目："/RANDOM"は，変量効果を定義する。〈モデル3.4.4〉と同じである。
5. 5行目："/PRINT"は，出力するものを指定する。"SOLUTION"は分析結果，"TESTCOV"は分散・共分散成分の検定結果を，それぞれ出力する。

3.5.2 マルチレベルモデル（入試形態ごとの「夏休み効果」の検定）

```
MIXED STRESS BY ID ENTRANCE WITH TIME_1 SUMMER
    /METHOD = REML
```

```
            /FIXED = ENTRANCE TIME_1 SUMMER ENTRANCE*TIME_1
ENTRANCE*SUMMER
            /RANDOM = INTERCEPT TIME_1 | SUBJECT(ID) COVTYPE(UN)
            /TEST = 'Intercept(ENT)'
                    INTERCEPT 1 ENTRANCE 1/3 1/3 1/3;
                    INTERCEPT 1 ENTRANCE 1 0 0;
                    INTERCEPT 1 ENTRANCE 0 1 0;
                    INTERCEPT 1 ENTRANCE 0 0 1
            /TEST = 'Slope(ENT)'
                    TIME_1 1 ENTRANCE*TIME_1 1/3 1/3 1/3;
                    TIME_1 1 ENTRANCE*TIME_1 1 0 0;
                    TIME_1 1 ENTRANCE*TIME_1 0 1 0;
                    TIME_1 1 ENTRANCE*TIME_1 0 0 1
            /TEST = 'Summer(ENT)'
                    SUMMER 1 ENTRANCE*SUMMER 1/3 1/3 1/3;
                    SUMMER 1 ENTRANCE*SUMMER 1 0 0;
                    SUMMER 1 ENTRANCE*SUMMER 0 1 0;
                    SUMMER 1 ENTRANCE*SUMMER 0 0 1
            /PRINT = SOLUTION TESTCOV.
```

【コメント】

1. 1行目："MIXED" プロシージャを利用する。応答変数は，"STRESS"。予測変数の "ID" は名義尺度なので前置詞は "BY"，"TIME_1" と "SUMMER" は連続尺度なので前置詞は "WITH"。

2. 2行目："/METHOD" は，あてはめの方法を指定するサブコマンド。"REML" と "ML" を選択できる。

3. 3行目："/FIXED" は，固定効果を定義する。"ENTRANCE" は入試形態ごとの切片の偏差，"TIME_1" は全体の傾き，"SUMMER" は "SUMMER" の傾きと言ってもよいが，実質的には4回目・5回目だけの階段状の変化幅，"ENTRANCE*TIME_1" は入試形態ごとの傾きの偏差，"ENTRANCE*SUMMER" は入試形態ごとの「夏休み効果」の偏差。

4. 4行目："/RANDOM" は，変量効果を定義する。〈モデル 3.4.4〉と同じである。

5. 5〜19行目："/TEST" は，パラメータの線形結合で表現できる統計量の推定値を求め，検定するためのサブコマンド。最初の3行は，それぞれ全体の切片（μ），「特別入試」の切片（$\mu + \alpha_1$），「推薦入試」の切片（$\mu + \alpha_2$），「一般入試」の切片（$\mu + \alpha_3$）を表す。続く3行は，それぞれ全体の傾き（β），「特別入試」の傾き（$\beta + \gamma_1$），「推薦入試」の傾き（$\beta + \gamma_2$），「一般入試」の傾き（$\beta + \gamma_3$）を表す。最後の4行は，それぞれ全体の夏休み効果（ξ），「特別入試」の夏休み効果（$\xi + \zeta_1$），「推薦入試」の夏休み効果（$\xi + \zeta_2$），「一般入試」の夏休み効果（$\xi + \zeta_3$）を表す。

6. 20行目："/PRINT" は，出力するものを指定する。"SOLUTION" は分析結果，"TESTCOV" は分散・共分散成分の検定結果を，それぞれ出力する。

付録 C　SAS コード事例集

SAS コードについての一般的なコメント

　SAS 社には別に JMP というスマートな GUI と美しい出力を備えたすばらしいレスポンスの統計ソフトがあり，ほとんどの分析は JMP で十分こなせるのであるが，残念ながら本書の主眼であるマルチレベルモデルに関しては，多変量正規分布の共分散成分が 0 に固定されている。こうした制限さえなければ，本書においても問題なく JMP を主としたいところであるが，やはり本家の SAS に登場していただかざるをえない。SPSS の場合と同様に，本書で実行した具体的な分析のコードを以下に紹介するが，全体に関わる重要かつ必須な情報だけを最初に簡単にまとめておこう。なお，これは単なる事例であって，いつも必ずこのとおりでなければならない，という趣旨のものではない。参考にしていただければ幸いである。

1. 本書で利用している SAS は，SAS 9.1.3 である。
2. データについては，エディタや表計算ソフト等で入力し，［ファイル］＞［データのインポート］を利用して，すでに SAS に読み込んであることを前提にしている。達成度に関するデータセットは"WORK.ds1"，ストレスに関するデータセットは"WORK.ds2"とする。
3. コードは「エディタ」部分に直接入力してもよいが，テキストファイルで保存した方が気軽に編集できるため，筆者は「エディタ」部分にコピー＆ペーストして実行している。
4. コードの 1 行は，";"（セミコロン）で定義される。
5. コードは，プログラムの実行を意味する"run;"で終わる。
6. 名義尺度の変数は"class"文で宣言する。
7. オプションは命令の後に"／"で区切って入力する。オプションが複数ある場合には，英文ブランクで区切って併記すればよい。
8. 実行するには，上部メニューの［実行］＞［サブミット］をクリックすればよい。

　とりあえず SAS を利用して単純な分析を行うためには，この程度の知識で十分である。詳細は，SAS の［ヘルプ］を参照していただきたい。

1.2.1　1 元配置分散分析

```
proc GLM data = WORK.ds1;
    class DEPART;
    model ACHIEVE = DEPART /solution;
    estimate 'overall' intercept 1;
```

```
        lsmeans DEPART /stderr pdiff adjust=tukey;
run;
```

【コメント】

1. 1行名：一般線形モデル（general linear model）のプロシージャ（procedure）を利用する。SASでは，プロシージャ名の後に対象とするデータを指定することになっている。行末の"；"を忘れないように。
2. 2行目：一般的なコメントにも記したが，"class"は，名義尺度の変数を宣言する文である。
3. 3行目："model"は，モデルを指定する最も重要な文である。"="の左辺が「応答変数」，右辺に「予測変数」を英文ブランクで区切って併記する。1元配置分散分析では予測変数が1つだけなので，特に問題はない。"/"後の"solution"オプションは，結果の推定値を出力させるためのものである。他にも，利用する平方和のタイプを指定する"SS1"，"SS2"，"SS3"，"SS4"などもここで指定可能である。デフォルトでは，"SS1"と"SS3"が指定されている。複数指定することが可能である。特に設定を変更する必要はない。
4. 4行目："estimate"は，パラメータの線形結合の推定値を計算し，検定するための文。JMPには，「カスタム検定」という名称で同様の機能が搭載されているが，係数の指定方法が微妙に異なるので注意が必要。"'overall'"の部分は，出力されるラベルを指定するものなので，好みの表記にすればよい。学科ごとの最小2乗平均は次の"lsmeans"文で出力できるが，全体の最小2乗平均が出力されないため，"estimate"文で出力している。"estimate"文における"intercept"はモデル式のμに相当する全体の最小2乗平均であり，結果として出力される"Intercept"ではない。結果として出力される"Intercept"は，最後の水準（f学科）の最小2乗平均である。この"estimate"文により，$1 \times \mu$の推定値が出力される。
5. 5行目："lsmeans"は，最小2乗平均（least square means）を出力するための文。出力する水準を決定するための変数（要因）を指定する。"/"後の"stderr"オプションは，標準誤差（standard error）を出力するためのものである。95%信頼限界（confidence limit）を表示させたい場合には，オプションとして"cl"を併記すればよい。また，"pdiff"は，すべての水準のペアの最小2乗平均の差のp値を計算させるオプションである。デフォルトでは，すべてのペアの最小2乗平均間でStudentのt検定を行う。続いて"adjust=tukey"を指定することにより，TukeyのHSD検定用にp値が調整される。
6. 6行目："run;"は，コードを締めくくる実行命令。

1.3.2 ネストした分散分析

```
proc GLM data = WORK.ds1;
        class FACULTY DEPART;
        model ACHIEVE = FACULTY DEPART(FACULTY) /solution;
        estimate 'overall' intercept 1;
        lsmeans FACULTY DEPART(FACULTY) / stderr pdiff adjust=tukey;
run;
```

【コメント】

1. 1行名：GLMプロシージャを用いることを宣言する文。分析対象となるデータセットの指定等については，「1.2.1　1元配置分散分析」を参照。
2. 2行目："class"は，名義尺度の変数を宣言する文。ネストした分散分析では名義尺度の変数が2つあるので，"FACULTY DEPART"のように，英数ブランクで区切って並べる。
3. 3行目："model"文は，モデルを指定する。応答変数を左辺に，予測変数を右辺に指定する。応答変数は"ACHIEVE"，予測変数は"FACULTY"と"DEPART"であるが，"DEPART"は"FACULTY"にネストしているので，"DEPART(FACULTY)"のように英数丸括弧内に親となる変数名を表記する。"/"後のオプションについては，「1.2.1　1元配置分散分析」を参照。
4. 4行目："estimate"は，全体の最小2乗平均を出力するための文。JMPには，「カスタム検定」という名称で同様の機能が搭載されているが，係数の指定方法が微妙に異なるので注意が必要[1]。"'overall'"の部分は，出力されるラベルを指定するものなので，好みの表記にすればよい。学科ごとの最小2乗平均は次の"lsmeans"文で出力できるが，全体の最小2乗平均が出力されないため，"estimate"文で出力している。"estimate"文における"intercept"はモデル式のμに相当する全体の最小2乗平均であり，結果として出力される"Intercept"ではない。結果として出力される"Intercept"は，最後の水準（f学科）の最小2乗平均である。この"estimate"文により，$1 \times \mu$の推定値が出力される。
5. 5行目："lsmeans"は，要因で区別される水準ごとの最小2乗平均を出力させる文。複数の要因を，まとめて表記できる。"DEPART"については，"model"文の場合と同様に，ネストの関係を明示する必要がある。"/"後のオプションについては，「1.2.1　1元配置分散分析」を参照。
6. 6行目："run;"は，コードを締めくくる実行命令。

1.4.3　2元配置分散分析

```
proc GLM data = WORK.ds1;
    class FACULTY GENDER;
    model ACHIEVE = FACULTY GENDER FACULTY*GENDER /solution;
    estimate 'overall' intercept 1;
    lsmeans FACULTY GENDER FACULTY*GENDER / stderr pdiff adjust=tukey;
run;
```

【コメント】

1. 1行名：GLMプロシージャを用いることを宣言する文。分析対象となるデータセットの指定等については，「1.2.1　1元配置分散分析」を参照。

---

[1] SASでは，本例の場合，パラメータとして"intercept"（μ），"学科"（$\beta_1 \sim \beta_6$）の合計7つを指定するようになっている。JMPのカスタム検定では，Σ制約により$\beta_6 = -(\beta_1 + \beta_2 + \beta_3 + \beta_4 + \beta_5)$となるため，$\mu$に加えて$\beta_1 \sim \beta_5$を指定するようになっている。

2. 2行目："class"は，名義尺度の変数を宣言する文。2元配置分散分析では名義尺度の変数が2つあるので，"FACULTY GENDER"のように，英数ブランクで区切って並べる。
3. 3行目："model"文は，モデルを指定する。応答変数を左辺に，予測変数を右辺に指定する。2元配置分散分析に特徴的な予測変数は，交互効果を表す3つ目の"FACULTY*GENDER"である。"FACULTY"と"GENDER"の論理的な積を表すため，"*"（アステリスク）を用いる。"/"後のオプションについては，「1.2.1　1元配置分散分析」を参照。
4. 4行目："estimate"は，全体の最小2乗平均を出力するための文。詳細は「1.2.1　1元配置分散分析」を参照。
5. 5行目："lsmeans"は，要因の水準ごとの最小2乗平均を出力させる文。複数の要因を並べて指定できる。交互効果も指定可能。"/"後のオプションについては，「1.2.1　1元配置分散分析」を参照。
6. 6行目："run;"は，コードを締めくくる実行命令。

1.5.1　単回帰分析

```
proc GLM data = WORK.ds1;
    model ACHIEVE = STUDY /solution;
run;
```

【コメント】
1. 1行名：GLMプロシージャを用いることを宣言する文。分析対象となるデータセットの指定等については，「1.2.1　1元配置分散分析」を参照。
2. 2行目："model"文は，モデルを指定する。応答変数を左辺に，予測変数を右辺に指定する。"solution"オプションは推定値を出力させるためのもの。平方和のタイプも指定できるが，デフォルトでSS1とSS3が指定されているので，変更する必要はない。回帰分析の場合には，本来はSS2であるが，SS3を回帰分析に対して指定するとSS2と等価な結果が得られる。
3. 3行目："run;"は，コードを締めくくる実行命令。
4. 変数を中心化する場合には，中心化した変数を新たに作成すればよい。

1.6.2　重回帰分析

```
proc GLM data = WORK.ds1;
    model ACHIEVE = STUDY INTEREST /solution;
run;
```

【コメント】
1. 1行名：GLMプロシージャを用いることを宣言する文。分析対象となるデータセットの指定等については，「1.2.1　1元配置分散分析」を参照。
2. 2行目："model"文は，モデルを指定する。応答変数を左辺に，予測変数を右辺に指定する。単回帰分析との違いは，予測変数が複数になるだけ。英数ブランクで区切って，併

3. 3行目："run;"は，コードを締めくくる実行命令。
4. 変数を中心化する場合には，中心化した変数を新たに作成すればよい。

1.7.1 交互効果を含む重回帰分析

```
proc GLM data = WORK.ds1;
    model ACHIEVE = STUDY INTEREST STUDY*INTEREST /solution;
run;
```

【コメント】
1. 1行名：GLMプロシージャを用いることを宣言する文。分析対象となるデータセットの指定等については，「1.2.1　1元配置分散分析」を参照。
2. 2行目："model"文は，モデルを指定する。応答変数を左辺に，予測変数を右辺に指定する。通常の重回帰分析と異なっているのは，交互効果を示す"STUDY*INTEREST"の項のみ。交互効果は，2元配置分散分析の場合と同様に，"*"（アスタリスク）で示される。
3. 3行目："run;"は，コードを締めくくる実行命令。
4. 変数を中心化する場合には，中心化した変数を新たに作成すればよい。ただし，交互効果の項は，中心化した"STUDY"と中心化した"INTEREST"の積になるのであり，"STUDY"と"INTEREST"の積を中心化するのではない。

1.8.1 高次多項式回帰分析

```
proc GLM data = WORK.ds1;
    model ACHIEVE = STUDY STUDY*STUDY /solution;
run;
```

【コメント】
1. 1行名：GLMプロシージャを用いることを宣言する文。分析対象となるデータセットの指定等については，「1.2.1　1元配置分散分析」を参照。
2. 2行目："model"文は，モデルを指定する。左辺に応答変数を，右辺に予測変数を指定する。単回帰分析と違っているのは，"STUDY"の2乗の項。"STUDY"の2乗を新たな変数として作成しても良いが，"STUDY"の自分自身との交互効果を指定しても等価。
3. 3行目："run;"は，コードを締めくくる実行命令。
4. 変数を中心化する場合には，新たな変数を作成すればよい。ただし，2乗の項は，中心化した"STUDY"の2乗になるのであり，"STUDY"の2乗を中心化するのではない。

1.9.1 変数の対数変換

```
proc GLM data = WORK.ds1;
    model log_ACH = log_STUDY log_INT /solution;
```

run;

【コメント】
1. 1行名：GLM プロシージャを用いることを宣言する文。分析対象となるデータセットの指定等については，「1.2.1 1元配置分散分析」を参照。
2. 2行目："model" 文は，モデルを指定する。変数が変わっていることを除けば，通常の重回帰分析である。

1.10.1 共通の傾きを持つ共分散分析

```
proc GLM data = WORK.ds1;
    class FACULTY;
    model ACHIEVE = FACULTY STUDY /solution;
    estimate 'intercept L' intercept 1 FACULTY 1 0;
    estimate 'intercept S' intercept 1 FACULTY 0 1;
run;
```

【コメント】
1. 1行名：GLM プロシージャを用いることを宣言する文。分析対象となるデータセットの指定等については，「1.2.1 1元配置分散分析」を参照。
2. 2行目："class" は名義尺度の変数を定義する。
3. 3行目："model" 文は，モデルを指定する。左辺に応答変数を，右辺に予測変数を指定する。予測変数は，"FACULTY" と "STUDY"。オプションで平方和のタイプ別も指定できるが，"SS1" と "SS3" がデフォルトで指定されているので，変更する必要はない。
4. 4, 5行目："estimate" はパラメータの線形結合で表現される統計量の推定値を算出し，全体の誤差の平均平方に基づく検定を行うための文。" 'intercept L' "の部分は，出力されるラベルを指定する部分なので，便利なように指定すればよい。その後は本例の記号を用いれば，"intercept" は μ，"FACULTY" は α_1 と α_2，"STUDY" は β に相当する。最初の例は

    $(1 \times \mu) + (1 \times \alpha_1) + (0 \times \alpha_2) + (0 \times \beta) = \mu + \alpha_1$

    を指定していることになる。2つ目の例は $\mu + \alpha_2$ である。
    なお，表1-24 のような切片の差を推定・検定したい場合には，

    "estimate 'intercept L-S' FACULTY 1 -1;"

    と指定すればよい。
5. 6行目："run;" は，コードを締めくくる実行命令。

1.11.1 水準ごとに傾きが変化する共分散分析

```
proc GLM data = WORK.ds1;
    class FACULTY;
```

```
model ACHIEVE = FACULTY STUDY FACULTY*STUDY /solution;
    estimate 'intercept L' intercept 1 FACULTY 1 0;
    estimate 'intercept S' intercept 1 FACULTY 0 1;
    estimate 'slope L'     STUDY 1 FACULTY*STUDY 1 0;
    estimate 'slope S'     STUDY 1 FACULTY*STUDY 0 1;
run;
```

【コメント】

1. 1行名：GLM プロシージャを用いることを宣言する文．分析対象となるデータセットの指定等については，「1.2.1　1元配置分散分析」を参照．
2. 2行目："class" は名義尺度の変数を定義する．
3. 3行目："model" 文は，モデルを指定する．左辺に応答変数を，右辺に予測変数を指定する．予測変数は，"FACULTY" と "STUDY" に両者の交互効果 "FACULTY*STUDY" を追加する．オプションで平方和のタイプ別も指定できるが，"SS1" と "SS3" がデフォルトで指定されているので，変更する必要はない．
4. 4～7行目："estimate" はパラメータの線形結合で表現される統計量の推定値を算出し，全体の誤差の平均平方に基づく検定を行うための文．"'intercept L'" の部分は，出力されるラベルを指定する部分なので，自由に指定すればよい．その後は本例の記号を用いれば，"intercept" は μ，"FACULTY" は α_1 と α_2，"STUDY" は β，"FACULTY*STUDY" は ω_1，ω_2 に相当する．最初の例は

$$(1 \times \mu) + (1 \times \alpha_1) + (0 \times \alpha_2) + (0 \times \beta) + (0 \times \omega_1) + (0 \times \omega_2) = \mu + \alpha_1$$

を指定していることになる．2つ目は $\mu + \alpha_2$，3つ目は $\beta + \omega_1$，最後は $\beta + \omega_2$ である．
5. 8行目："run;" は，コードを締めくくる実行命令．

2.1.1　1元配置混合分散分析

```
proc MIXED data = WORK.ds1 method=REML nobound covtest;
    class DEPART;
    model ACHIEVE = / solution;
    random DEPART / solution;
    estimate 'overall' intercept 1;
    estimate 'DEPART [a] ' intercept 1 | DEPART 1 0 0 0 0 0;
    estimate 'DEPART [b] ' intercept 1 | DEPART 0 1 0 0 0 0;
    estimate 'DEPART [c] ' intercept 1 | DEPART 0 0 1 0 0 0;
    estimate 'DEPART [d] ' intercept 1 | DEPART 0 0 0 1 0 0;
    estimate 'DEPART [e] ' intercept 1 | DEPART 0 0 0 0 1 0;
    estimate 'DEPART [f] ' intercept 1 | DEPART 0 0 0 0 0 1;
run;
```

【コメント】
1. 1行名：MIXEDプロシージャを用いることを宣言する文。分析対象となるデータセットの指定等については，「1.2.1　1元配置分散分析」を参照。あてはめに利用する方法もこの文で指定する。"method"オプションで"ML"と"REML"を選択できる。"nobound"は，分散が負になった場合も，そのまま計算を続けるように指示するオプション。"covtest"オプションは，分散成分を含む共分散行列の値についての検定を出力する。
2. 2行目："class"文は，名義尺度の変数を定義する。
3. 3行目："model"文は，固定効果のモデルを定義する。応答変数を"="の左辺に，利用する固定効果を右辺に指定。本例の場合には，固定効果がないため右辺は空。"solution"オプションは，固定効果の推定値および検定結果を出力。
4. 4行目："random"文は，変量効果を指定する。"solution"オプションは変量効果のBLUP値と検定結果を出力する。
5. 5〜11行目："estimate"文は，パラメータの線形結合で表現される統計量の推定値を計算し，検定するための文。" 'overall' "の部分は出力されるラベルなので，分かり易いように自由に決めればよい。続いて，固定効果を指定。最初の行は，全体平均（$1 \times \mu$）の値を出力。"|"（パイプ）に続いて変量効果を指定。2番目の行は，
$(1 \times \mu) + (1 \times b_1) + (0 \times b_2) + (0 \times b_3) + (0 \times b_4) + (0 \times b_5) + (0 \times b_6) = \mu + b_1$
の予測値と「$\mu + b_1 = 0$」の帰無仮説に関する検定結果を出力。
6. 12行目："run;"は，コードを締めくくる実行命令。

2.2.1　ネストした混合分散分析

```
proc MIXED data = WORK.ds1 method=REML nobound covtest;
    class FACULTY DEPART;
    model ACHIEVE = FACULTY / solution;
    random DEPART(FACULTY) / solution;
    estimate 'overall' intercept 1;
    estimate 'DEPART [a] ' intercept 1 FACULTY 1 0| DEPART(FACULTY) 1 0 0 0 0 0;
    estimate 'DEPART [b] ' intercept 1 FACULTY 1 0| DEPART(FACULTY) 0 1 0 0 0 0;
    estimate 'DEPART [c] ' intercept 1 FACULTY 1 0| DEPART(FACULTY) 0 0 1 0 0 0;
    estimate 'DEPART [d] ' intercept 1 FACULTY 0 1| DEPART(FACULTY) 0 0 0 1 0 0;
    estimate 'DEPART [e] ' intercept 1 FACULTY 0 1| DEPART(FACULTY) 0 0 0 0 1 0;
    estimate 'DEPART [f] ' intercept 1 FACULTY 0 1| DEPART(FACULTY) 0 0 0 0 0 1;
    lsmeans FACULTY / pdiff adjust=tukey;
run;
```

【コメント】
1. 1行名：MIXEDプロシージャを用いることを宣言する文。分析対象となるデータセットの指定等については，「1.2.1　1元配置分散分析」を参照。あてはめに利用する方法もこの文で指定する。"method"オプションで"ML"と"REML"を選択できる。"nobound"は，分散が負になった場合も，そのまま計算を続けるように指示するオプシ

ョン。"covtest"オプションは，分散成分を含む共分散行列の値についての検定を出力する。
2. 2行目："class"文は，名義尺度の変数を定義する。
3. 3行目："model"文は，固定効果のモデルを定義する。応答変数を"="の左辺に，利用する固定効果を右辺に指定。本例の場合には，"FACULTY"。"solution"オプションは，固定効果の推定値および検定結果を出力。
4. 4行目："random"文は，変量効果を指定する。"DEPART"は"FACULTY"にネストしているため，英数丸括弧内に親変数を指定。"solution"オプションは変量効果のBLUPと検定結果を出力。
5. 5～11行目："estimate"文で，予測値と検定結果を出力する。詳細は，「2.1.1 1元配置混合分散分析」を参照。
6. 12行目："lsmeans"は，要因の水準ごとの最小2乗平均を出力させる文。"/"後のオプションについては，「1.2.1 1元配置分散分析」を参照。
7. 13行目："run;"は，コードを締めくくる実行命令。

2.3.1 ヌル一般線形モデル

```
proc GLM data = WORK.ds2;
    model STRESS = / solution;
    estimate 'overall' intercept 1;
run;
```

【コメント】
1. 1行名：GLMプロシージャを用いることを宣言する文。分析対象となるデータセットの指定等については，「1.2.1 1元配置分散分析」を参照。このモデルからデータセットが変わる。
2. 2行目："model"文は，モデルを定義する。応答変数を"="の左辺に，予測変数を右辺に指定。本例の場合には，予測変数はない。"solution"オプションは，解を出力するもの。
3. 3行目："estimate"文で，予測値と検定結果を出力する。詳細は，「2.1.1 1元配置混合分散分析」を参照。
4. "run;"は，コードを締めくくる実行命令。

2.3.3 1元配置分散分析

```
proc GLM data = WORK.ds2;
    class TIME;
    model STRESS = TIME / solution;
    estimate 'overall' intercept 1;
    estimate 'summer vacation' TIME 0 0 1 -1 0;
    lsmeans TIME / stderr pdiff adjust=tukey;
run;
```

【コメント】
1. 1行目：GLMプロシージャを用いることを宣言する文。分析対象となるデータセットの指定等については，「1.2.1　1元配置分散分析」を参照。
2. 2行目："class"文は，名義尺度の変数を定義する。
5. 3行目："model"文は，モデルを定義する。応答変数を左辺に，予測変数を右辺に指定。本例の予測変数は"TIME"のみ。"solution"オプションは，解を出力するためのもの。
3. 4，5行目："estimate"文で，予測値と検定結果を出力する。詳細は，「2.1.1　1元配置混合分散分析」を参照。最初の行は，全体平均（μ）を出力，2番目の行は夏休み前後のストレスの差を推定・検定している。
4. 6行目："lsmeans"は，要因の水準ごとの最小2乗平均を出力させる文。"／"後のオプションについては，「1.2.1　1元配置分散分析」を参照。
5. 7行目："run;"は，コードを締めくくる実行命令。

2.3.4　2元配置反復測定分散分析

```
proc GLM data = WORK.ds2;
    class ID TIME;
    model STRESS = ID TIME / solution;
    estimate 'overall' intercept 1;
    estimate 'summer vacation' TIME 0 0 1 -1 0;
    lsmeans TIME / stderr pdiff adjust=tukey;
run;
```

【コメント】
1. 1行目：GLMプロシージャを用いることを宣言する文。分析対象となるデータセットの指定等については，「1.2.1　1元配置分散分析」を参照。
2. 2行目："class"文は，名義尺度の変数を定義する。
3. 3行目："model"文は，モデルを定義する。応答変数を左辺に，固定効果の予測変数を右辺に指定。本例の予測変数は"ID"と"TIME"の2つ。"solution"オプションは，解を出力するためのもの。
4. 4，5行目："estimate"文で，予測値と検定結果を出力する。詳細は，「2.1.1　1元配置混合分散分析」を参照。最初の行は，全体平均（μ）を出力，2番目の行は夏休み前後のストレスの差を推定・検定している。
5. 6行目："lsmeans"は，要因の水準ごとの最小2乗平均を出力させる文。"／"後のオプションについては，「1.2.1　1元配置分散分析」を参照。
6. 7行目："run;"は，コードを締めくくる実行命令。

2.3.5　3元配置反復測定分散分析（交互作用なし）

```
proc GLM data = WORK.ds2;
    class ID ENTRANCE TIME;
    model STRESS = ID(ENTRANCE) ENTRANCE TIME / solution;
```

```
        estimate 'SP：1' intercept 1 ENTRANCE 1 0 0 TIME 1 0 0 0 0;
        estimate 'SP：2' intercept 1 ENTRANCE 1 0 0 TIME 0 1 0 0 0;
        estimate 'SP：3' intercept 1 ENTRANCE 1 0 0 TIME 0 0 1 0 0;
        estimate 'SP：4' intercept 1 ENTRANCE 1 0 0 TIME 0 0 0 1 0;
        estimate 'SP：5' intercept 1 ENTRANCE 1 0 0 TIME 0 0 0 0 1;
        estimate 'RC：1' intercept 1 ENTRANCE 0 1 0 TIME 1 0 0 0 0;
        estimate 'RC：2' intercept 1 ENTRANCE 0 1 0 TIME 0 1 0 0 0;
        estimate 'RC：3' intercept 1 ENTRANCE 0 1 0 TIME 0 0 1 0 0;
        estimate 'RC：4' intercept 1 ENTRANCE 0 1 0 TIME 0 0 0 1 0;
        estimate 'RC：5' intercept 1 ENTRANCE 0 1 0 TIME 0 0 0 0 1;
        estimate 'GN：1' intercept 1 ENTRANCE 0 0 1 TIME 1 0 0 0 0;
        estimate 'GN：2' intercept 1 ENTRANCE 0 0 1 TIME 0 1 0 0 0;
        estimate 'GN：3' intercept 1 ENTRANCE 0 0 1 TIME 0 0 1 0 0;
        estimate 'GN：4' intercept 1 ENTRANCE 0 0 1 TIME 0 0 0 1 0;
        estimate 'GN：5' intercept 1 ENTRANCE 0 0 1 TIME 0 0 0 0 1;
        lsmeans ENTRANCE / stderr pdiff adjust=tukey;
        lsmeans TIME / stderr pdiff adjust=tukey;
run;
```

【コメント】

1. 1行目：GLMプロシージャを用いることを宣言する文。分析対象となるデータセットの指定等については，「1.2.1　1元配置分散分析」を参照。
2. 2行目："class"文は，名義尺度の変数を定義する。
3. 3行目："model"文は，モデルを定義する。応答変数を左辺に，固定効果の予測変数を右辺に指定。"ID"は"ENTRANCE"にネストしているので，"ID(ENTRANCE)"と表記する。本例の予測変数は"ID(ENTRANCE)"と"ENTRANCE""TIME"の3つ。交互効果は含まない。"solution"オプションは，解を出力するためのもの。
4. 4～18行目："estimate"文で，予測値と検定結果を出力する。詳細は，「2.1.1　1元配置混合分散分析」を参照。最初の行は，特別入試で入学した学生の時期=1におけるストレスの値を推定・検定している。
5. 19, 20行目："lsmeans"は，要因の水準ごとの最小2乗平均を出力させる文。"/"後のオプションについては，「1.2.1　1元配置分散分析」を参照。
6. 21行目："run;"は，コードを締めくくる実行命令。

2.3.6　3元配置反復測定分散分析（交互作用あり）

```
proc GLM data = WORK.ds2;
    class ID ENTRANCE TIME;
    model STRESS = ID(ENTRANCE) ENTRANCE TIME ENTRANCE*TIME
                 / solution;
    estimate 'overall' intercept 1;
    estimate 'summer(SP)' TIME 0 0 1 -1 0 ENTRANCE*TIME 0 0 1 -1 0 0 0 0 0 0 0 0 0 0 0;
```

```
            estimate 'summer(RC)' TIME 0 0 1 -1 0 ENTRANCE*TIME 0 0 0 0 0 0 0 1 -1 0 0 0 0 0 0;
            estimate 'summer(GN)' TIME 0 0 1 -1 0 ENTRANCE*TIME 0 0 0 0 0 0 0 0 0 0 0 0 1 -1 0;
            lsmeans ENTRANCE*TIME / stderr;
run;
```

【コメント】

1. 1行目：GLMプロシージャを用いることを宣言する文。分析対象となるデータセットの指定等については，「1.2.1　1元配置分散分析」を参照。
2. 2行目："class"文は，名義尺度の変数を定義する。
3. 3行目："model"文は，モデルを定義する。応答変数を左辺に，固定効果の予測変数を右辺に指定。"ID"は"ENTRANCE"にネストしているので，"ID(ENTRANCE)"と表記する。本例では，"ID(ENTRANCE)""ENTRANCE""TIME"の他に，"ENTRANCE"と"TIME"の交互効果"ENTRANCE*TIME"を含める。"solution"オプションは，解を出力するためのもの。
4. 4～7行目："estimate"文で，予測値と検定結果を出力する。詳細は，「2.1.1　1元配置混合分散分析」を参照。最初の行は全体平均，2番目移行は，入試形態ごとに夏休み前後の差の推定・検定を行っている。
5. 8行目："lsmeans"は，要因の水準ごとの最小2乗平均を出力させる文。本例のように，交互効果を指定することも可能。"/"後のオプションについては，「1.2.1　1元配置分散分析」を参照。すべてのペアの比較は数が多くなりすぎるので，実施していない。
6. 9行目："run;"は，コードを締めくくる実行命令。

2.4.1　ヌル混合モデル

```
proc MIXED data = WORK.ds2 method=REML nobound covtest;
        class ID;
        model STRESS = / solution;
        random ID / solution;
        estimate 'overall' intercept 1;
run;
```

【コメント】

1. 1行名：MIXEDプロシージャを用いることを宣言する文。分析対象となるデータセットの指定等については，「1.2.1　1元配置分散分析」を参照。あてはめに利用する方法もこの文で指定する。"method"オプションで"ML"と"REML"を選択できる。"nobound"は，分散が負になった場合も，そのまま計算を続けるように指示するオプション。"covtest"オプションは，分散成分を含む共分散行列の値についての検定を出力する。
2. 2行目："class"文は，名義尺度の変数を定義する。
3. 3行目："model"文は，モデルの固定効果部分を定義する。応答変数を"="の左辺に，利用する固定効果を右辺に指定。本例の場合には，固定効果がないため右辺は空。"solution"オプションは，固定効果の推定値および検定結果を出力。
4. 4行目："random"文は，変量効果を指定する。"solution"オプションは変量効果のBLUP値と検定結果を出力する。本例では"ID"が変量効果。

5. 5行目："estimate"文は，パラメータの線形結合で表現される統計量の推定値を計算し，検定するための文。本例は，全体平均（μ）の推定と検定を行う。
6. 6行目："run;"は，コードを締めくくる実行命令。

2.4.2 2元配置反復測定混合分散分析

```
proc MIXED data = WORK.ds2 method=REML nobound covtest;
    class ID TIME;
    model STRESS = TIME / solution;
    random ID / solution;
    estimate 'overall' intercept 1;
    lsmeans TIME / pdiff adjust=tukey;
run;
```

【コメント】
1. 1行名：MIXEDプロシージャを用いることを宣言する文。分析対象となるデータセットの指定等については，「1.2.1　1元配置分散分析」を参照。あてはめに利用する方法もこの文で指定する。"method"オプションで"ML"と"REML"を選択できる。"nobound"は，分散が負になった場合も，そのまま計算を続けるように指示するオプション。"covtest"オプションは，分散成分を含む共分散行列の値についての検定を出力する。
2. 2行目："class"文は，名義尺度の変数を定義する。
3. 3行目："model"文は，モデルの固定効果部分を定義する。応答変数を"="の左辺に，利用する固定効果を右辺に指定。本例の場合には，"TIME"のみ。"solution"オプションは，固定効果の推定値および検定結果を出力。
4. 4行目："random"文は，変量効果を指定する。"solution"オプションは変量効果のBLUP値と検定結果を出力する。本例では"ID"が変量効果。
5. 5行目："estimate"文は，パラメータの線形結合で表現される統計量の推定値を計算し，検定するための文。本例は，全体平均（μ）の推定と検定を行う。
6. 6行目："lsmeans"は，要因の水準ごとの最小2乗平均を出力させる文。本例では，"TIME"の水準ごとの最小2乗平均を出力。"/"後のオプションについては，「1.2.1　1元配置分散分析」を参照。
7. 7行目："run;"は，コードを締めくくる実行命令。

2.4.3 1元配置反復測定混合分散分析(CS)

```
proc MIXED data = WORK.ds2 method=REML nobound covtest;
    class ID TIME;
    model STRESS = TIME / solution;
    repeated TIME / subject=ID type=CS r rcorr;
    estimate 'overall' intercept 1;
    lsmeans TIME / pdiff adjust=tukey;
```

run;

【コメント】

1. 1行名：MIXED プロシージャを用いることを宣言する文。分析対象となるデータセットの指定等については，「1.2.1 1元配置分散分析」を参照。あてはめに利用する方法もこの文で指定する。"method" オプションで "ML" と "REML" を選択できる。"nobound" は，分散が負になった場合も，そのまま計算を続けるように指示するオプション。"covtest" オプションは，分散成分を含む共分散行列の値についての検定を出力する。
2. 2行目："class" 文は，名義尺度の変数を定義する。
3. 3行目："model" 文は，モデルの固定効果部分を定義する。応答変数を "=" の左辺に，利用する固定効果を右辺に指定。本例の場合には，"TIME" のみ。"solution" オプションは，固定効果の推定値および検定結果を出力。
4. 4行目："repeated" 文は，この分析法に特徴的。反復を定義する予測変数（要因）を指定する。本例の場合には "TIME"。個体を定義する要因を "subject" オプションで指定。本例の場合には "ID"。同一個体についての複数回の観測相互の共分散行列の類型を "type" オプションで指定。本例の場合には，複合対称(compound symmetry)を指定している。"r" オプションは，共分散行列の形で，"rcorr" オプションは，相関行列の形で推定値を出力する。
5. 5行目："estimate" 文は，パラメータの線形結合で表現される統計量の推定値を計算し，検定するための文。本例は，全体平均（μ）の推定と検定を行う。
6. 6行目："lsmeans" は，要因の水準ごとの最小2乗平均を出力させる文。本例では，"TIME" の水準ごとの最小2乗平均を出力。"/" 後のオプションについては，「1.2.1 1元配置分散分析」を参照。
7. 7行目："run;" は，コードを締めくくる実行命令。

2.4.4　1元配置反復測定混合分散分析(UN)

「2.4.3　1元配置反復測定混合分散分析(CS)」の "type=CS" を "type=UN" に変更するだけ。

2.4.5　2元配置反復測定混合分散分析(CS：交互効果なし)

```
proc MIXED data = WORK.ds2 method=REML nobound covtest;
    class ID ENTRANCE TIME;
    model STRESS = ENTRANCE TIME / solution;
    repeated TIME / subject=ID type=CS r rcorr;
    estimate 'overall' intercept 1;
    estimate ' SP [1] ' intercept 1 ENTRANCE 1 0 0 TIME 1 0 0 0 0;
    estimate ' SP [2] ' intercept 1 ENTRANCE 1 0 0 TIME 0 1 0 0 0;
    estimate ' SP [3] ' intercept 1 ENTRANCE 1 0 0 TIME 0 0 1 0 0;
    estimate ' SP [4] ' intercept 1 ENTRANCE 1 0 0 TIME 0 0 0 1 0;
    estimate ' SP [5] ' intercept 1 ENTRANCE 1 0 0 TIME 0 0 0 0 1;
```

```
                estimate ' RC [1] ' intercept 1 ENTRANCE 0 1 0 TIME 1 0 0 0 0;
                estimate ' RC [2] ' intercept 1 ENTRANCE 0 1 0 TIME 0 1 0 0 0;
                estimate ' RC [3] ' intercept 1 ENTRANCE 0 1 0 TIME 0 0 1 0 0;
                estimate ' RC [4] ' intercept 1 ENTRANCE 0 1 0 TIME 0 0 0 1 0;
                estimate ' RC [5] ' intercept 1 ENTRANCE 0 1 0 TIME 0 0 0 0 1;
                estimate ' GN [1] ' intercept 1 ENTRANCE 0 0 1 TIME 1 0 0 0 0;
                estimate ' GN [2] ' intercept 1 ENTRANCE 0 0 1 TIME 0 1 0 0 0;
                estimate ' GN [3] ' intercept 1 ENTRANCE 0 0 1 TIME 0 0 1 0 0;
                estimate ' GN [4] ' intercept 1 ENTRANCE 0 0 1 TIME 0 0 0 1 0;
                estimate ' GN [5] ' intercept 1 ENTRANCE 0 0 1 TIME 0 0 0 0 1;
                lsmeans ENTRANCE / pdiff adjust=tukey;
                lsmeans TIME / pdiff adjust=tukey;
run;
```

【コメント】

1. 1行目：MIXEDプロシージャを用いることを宣言する文。分析対象となるデータセットの指定等については，「1.2.1 1元配置分散分析」を参照。あてはめに利用する方法もこの文で指定する。"method"オプションで"ML"と"REML"を選択できる。"nobound"は，分散が負になった場合も，そのまま計算を続けるように指示するオプション。"covtest"オプションは，分散成分を含む共分散行列の値についての検定を出力する。

2. 2行目："class"文は，名義尺度の変数を定義する。

3. 3行目："model"文は，モデルの固定効果部分を定義する。応答変数を"="の左辺に，利用する固定効果を右辺に指定。本例の場合には，"ENTRANCE"と"TIME"の主効果のみ。"solution"オプションは，固定効果の推定値および検定結果を出力。

4. 4行目："repeated"文は，この分析法に特徴的。反復を定義する予測変数（要因）を指定する。本例の場合には"TIME"。個体を定義する要因を"subject"オプションで指定。本例の場合には"ID"。同一個体についての複数回の観測相互の共分散行列の類型を"type"オプションで指定。本例の場合には，複合対称(compound symmetry)を指定している。"r"オプションは，共分散行列の形で，"rcorr"オプションは，相関行列の形で推定値を出力する。

5. 5〜20行目："estimate"文は，パラメータの線形結合で表現される統計量の推定値を計算し，検定するための文。2番目の行は，
$(1 \times \mu) + (1 \times \alpha_1) + (0 \times \alpha_2) + (0 \times \alpha_3) + (1 \times \beta_1) + (0 \times \beta_2) + (0 \times \beta_3) + (0 \times \beta_4) + (0 \times \beta_5) = \mu + \alpha_1 + \beta_1$
なので，特別入試の時期=1のストレスを推定・検定する。

6. 21, 22行目："lsmeans"は，要因の水準ごとの最小2乗平均を出力させる文。本例では，"ENTRANCE" "TIME"の水準ごとの最小2乗平均を出力。"/"後のオプションについては，「1.2.1 1元配置分散分析」を参照。

7. 23行目："run;"は，コードを締めくくる実行命令。

2.4.6　2元配置反復測定混合分散分析（CS：交互効果あり）

```
proc MIXED data = WORK.ds2 method=REML nobound covtest;
class ID ENTRANCE TIME;
model STRESS = ENTRANCE TIME ENTRANCE*TIME / solution;
repeated TIME / subject=ID type=CS r rcorr;
estimate ' summer(SP)' TIME 0 0 1 -1 0 ENTRANCE*TIME 0 0 1 -1 0 0 0 0 0 0 0 0 0 0;
estimate ' summer(RC)' TIME 0 0 1 -1 0 ENTRANCE*TIME 0 0 0 0 0 0 0 1 -1 0 0 0 0 0 0;
estimate ' summer(GN)' TIME 0 0 1 -1 0 ENTRANCE*TIME 0 0 0 0 0 0 0 0 0 0 0 1 -1 0;
lsmeans ENTRANCE;
lsmeans TIME;
lsmeans ENTRANCE*TIME;
run;
```

【コメント】

1. 1行目：MIXEDプロシージャを用いることを宣言する文。分析対象となるデータセットの指定等については，「1.2.1　1元配置分散分析」を参照。あてはめに利用する方法もこの文で指定する。"method"オプションで"ML"と"REML"を選択できる。"nobound"は，分散が負になった場合も，そのまま計算を続けるように指示するオプション。"covtest"オプションは，分散成分を含む共分散行列の値についての検定を出力する。
2. 2行目："class"文は，名義尺度の変数を定義する。
3. 3行目："model"文は，モデルの固定効果部分を定義する。応答変数を"="の左辺に，利用する固定効果を右辺に指定。本例の場合には，"ENTRANCE"と"TIME"の主効果と交互作用の"ENTRANCE*TIME"。"solution"オプションは，固定効果の推定値および検定結果を出力。
4. 4行目："repeated"文は，この分析法に特徴的。反復を定義する予測変数（要因）を指定する。本例の場合には"TIME"。個体を定義する要因を"subject"オプションで指定。本例の場合には"ID"。同一個体についての複数回の観測相互の共分散行列の類型を"type"オプションで指定。本例の場合には，複合対称(compound symmetry)を指定している。"r"オプションは，共分散行列の形で，"rcorr"オプションは，相関行列の形で推定値を出力する。
5. 5～7行目："estimate"文は，パラメータの線形結合で表現される統計量の推定値を計算し，検定するための文。最初の行は，
$$(1 \times \beta_3) + (-1 \times \beta_4) + (1 \times \omega_{13}) + (-1 \times \omega_{14}) = (\beta_3 + \omega_{13}) - (\beta_4 + \omega_{14})$$
なので，特別入試の時期=3のストレス値と時期=4のストレス値の差を推定・検定する。
6. 8～10行目："lsmeans"は，要因の水準ごとの最小2乗平均を出力させる文。本例では，"ENTRANCE" "TIME" "ENTRANCE*TIME"の水準ごとの最小2乗平均を出力。
7. 11行目："run;"は，コードを締めくくる実行命令。

3.3.3 単回帰分析

```
proc GLM data = WORK.ds2;
    model STRESS = TIME_1 /solution;
run;
```

【コメント】
1. 1行目：GLM プロシージャを用いることを宣言する文。分析対象となるデータセットの指定等については，「1.2.1　1元配置分散分析」を参照。
2. 2行目："model"文は，モデルを指定する。応答変数を左辺に，予測変数を右辺に指定する。本例の応答変数は"STRESS"，予測変数は"TIME_1"。"solution"オプションは推定値を出力させるためのもの。平方和のタイプも指定できるが，デフォルトでSS1とSS3が指定されているので，変更する必要はない。
3. 3行目："run;"は，コードを締めくくる実行命令。

3.3.4 "ID"と"TIME_1"による共分散分析（ANCOVA）

```
proc GLM data = WORK.ds2;
    class ID;
    model STRESS = ID TIME_1 ID*TIME_1 /solution;
    estimate 'intercept(overall)' intercept 1;
    estimate 'slope(overall)' TIME_1 1;
run;
```

【コメント】
1. 1行目：GLM プロシージャを用いることを宣言する文。分析対象となるデータセットの指定等については，「1.2.1　1元配置分散分析」を参照。
2. 2行目："class"は名義尺度の変数を定義する。
3. 3行目："model"文は，モデルを指定する。応答変数を左辺に，予測変数を右辺に指定する。本例の応答変数は"STRESS"，予測変数は"ID"と"TIME_1"の主効果と交互効果"ID*TIME_1"。"solution"オプションは推定値を出力させるためのもの。平方和のタイプも指定できるが，デフォルトでSS1とSS3が指定されているので，変更する必要はない。
4. 4, 5行目："estimate"文は，パラメータの線形結合で表現される統計量の推定値を計算し，検定するための文。4行目は全体の切片，5行目は全体の傾きを出力する。
5. 6行目："run;"は，コードを締めくくる実行命令。

3.3.5 "ENTRANCE"と"TIME_1"による共分散分析（ANCOVA）

```
proc GLM data = WORK.ds2;
    class ENTRANCE;
```

```
        model STRESS = ENTRANCE TIME_1 ENTRANCE*TIME_1 /solution;
        estimate 'intercept(overall)' intercept 1;
        estimate 'intercept(SP)' intercept 1 ENTRANCE 1 0 0;
        estimate 'intercept(RC)' intercept 1 ENTRANCE 0 1 0;
        estimate 'intercept(GN)' intercept 1 ENTRANCE 0 0 1;
        estimate 'slope(overall)' TIME_1 1;
        estimate 'slope(SP)' TIME_1 1 ENTRANCE*TIME_1 1 0 0;
        estimate 'slope(RC)' TIME_1 1 ENTRANCE*TIME_1 0 1 0;
        estimate 'slope(GN)' TIME_1 1 ENTRANCE*TIME_1 0 0 1;
run;
```

【コメント】

1. 1行目：GLM プロシージャを用いることを宣言する文。分析対象となるデータセットの指定等については，「1.2.1　1元配置分散分析」を参照。
2. 2行目："class" は名義尺度の変数を定義する。
3. 3行目："model" 文は，モデルを指定する。応答変数を左辺に，予測変数を右辺に指定する。本例の応答変数は "STRESS"，予測変数は "ENTRANCE" と "TIME_1" の主効果と交互効果 "ENTRANCE*TIME_1"。"solution" オプションは推定値を出力させるためのもの。平方和のタイプも指定できるが，デフォルトで SS1 と SS3 が指定されているので，変更する必要はない。
4. 4～11行目："estimate" 文は，パラメータの線形結合で表現される統計量の推定値を計算し，検定するための文。4～7行目は，全体と入試形態別の切片の値，8～11行目は，全体と入試形態別の傾きの値を出力する。
5. 12行目："run;" は，コードを締めくくる実行命令。

3.3.6　"ID" と "ENTRANCE" と "TIME_1" による共分散分析（ANCOVA）

```
proc GLM data = WORK.ds2;
        class ID ENTRANCE;
        model STRESS = ID(ENTRANCE) ENTRANCE TIME_1 ID*TIME_1(ENTRANCE)
                       ENTRANCE*TIME_1 /solution;
        estimate 'intercept(overall)' intercept 1;
        estimate 'intercept(SP)' intercept 1 ENTRANCE 1 0 0;
        estimate 'intercept(RC)' intercept 1 ENTRANCE 0 1 0;
        estimate 'intercept(GN)' intercept 1 ENTRANCE 0 0 1;
        estimate 'slope(overall)' TIME_1 1;
        estimate 'slope(SP)' TIME_1 1 ENTRANCE*TIME_1 1 0 0;
        estimate 'slope(RC)' TIME_1 1 ENTRANCE*TIME_1 0 1 0;
        estimate 'slope(GN)' TIME_1 1 ENTRANCE*TIME_1 0 0 1;
run;
```

【コメント】

1. 1 行目：GLM プロシージャを用いることを宣言する文。分析対象となるデータセットの指定等については，「1.2.1　1元配置分散分析」を参照。
2. 2 行目："class" は名義尺度の変数を定義する。
3. 3 行目："model" 文は，モデルを指定する。応答変数を左辺に，予測変数を右辺に指定する。本例の応答変数は "STRESS"，予測変数は "ID(ENTRANCE)" と "ENTRANCE" と "TIME_1" の主効果と交互効果 "ID*TIME_1(ENTRANCE)" "ENTRANCE*TIME_1"。"ID" は "ENTRANCE" にネストしているため，英数丸括弧内に指定する必要がある。"ID" と "TIME_1" の交互効果も "ENTRANCE" にネストする。"solution" オプションは推定値を出力させるためのもの。平方和のタイプも指定できるが，デフォルトで SS1 と SS3 が指定されているので，変更する必要はない。
4. 4〜11 行目："estimate" 文は，パラメータの線形結合で表現される統計量の推定値を計算し，検定するための文。内容は〈モデル 3.3.5〉と同様。
5. 12 行目："run;" は，コードを締めくくる実行命令。

3.4.2　マルチレベルモデル（"TIME_1" による単回帰）

```
proc MIXED data = WORK.ds2 method=REML nobound covtest;
    class ID;
    model STRESS = TIME_1 / solution;
    random ID ID*TIME_1 / solution;
run;
```

【コメント】

1. 1 行目：MIXED プロシージャを用いることを宣言する文。分析対象となるデータセットの指定等については，「1.2.1　1元配置分散分析」を参照。あてはめに利用する方法もこの文で指定する。"method" オプションで "ML" と "REML" を選択できる。"nobound" は，分散が負になった場合も，そのまま計算を続けるように指示するオプション。"covtest" オプションは，分散成分を含む共分散行列の値についての検定を出力する。
2. 2 行目："class" は名義尺度の変数を定義する。
3. 3 行目："model" 文は，モデルの固定効果部分を定義する。応答変数を "=" の左辺に，利用する固定効果を右辺に指定。本例の固定効果は，"TIME_1" のみ。"solution" オプションは，固定効果の推定値および検定結果を出力。
4. 4 行目："random" 文は，変量効果を指定する。"solution" オプションは変量効果の BLUP 値と検定結果を出力する。本例では "ID" と "ID*TIME_1" が変量効果。
5. 5 行目："run;" は，コードを締めくくる実行命令。

3.4.3　マルチレベルモデル（"TIME_1" による単回帰，対角共分散行列）

```
proc MIXED data = WORK.ds2 method=REML nobound covtest;
    class ID;
```

```
        model STRESS = TIME_1 / solution;
        random intercept TIME_1 / sub=ID type=UN(1) solution;
run;
```

【コメント】

1. 1行目：MIXED プロシージャを用いることを宣言する文。分析対象となるデータセットの指定等については，「1.2.1　1元配置分散分析」を参照。あてはめに利用する方法もこの文で指定する。"method" オプションで "ML" と "REML" を選択できる。"nobound" は，分散が負になった場合も，そのまま計算を続けるように指示するオプション。"covtest" オプションは，分散成分を含む共分散行列の値についての検定を出力する。
2. 2行目："class" は名義尺度の変数を定義する。
3. 3行目："model" 文は，モデルの固定効果部分を定義する。応答変数を "=" の左辺に，利用する固定効果を右辺に指定。本例の固定効果は，"TIME_1" のみ。"solution" オプションは，固定効果の推定値および検定結果を出力。
4. 4行目：このモデルを特徴付ける大切な文。"/" の前に変量効果を含む項（切片と傾き）を指定し，"/" の後に個体を定義する要因 "sub=ID"，共分散行列の構造 "UN(1)" を指定する。"UN(1)" は対角行列を意味する。
5. 5行目："run;" は，コードを締めくくる実行命令。

3.4.3C　マルチレベルモデル（"TIME_C" による単回帰，対角共分散行列）

```
proc MIXED data = WORK.ds2 method=REML nobound covtest;
    class ID;
    model STRESS = TIME_C / solution;
    random intercept TIME_C / sub=ID type=UN(1) solution;
run;
```

【コメント】
1. 〈モデル 3.4.3〉の予測変数 "TIME_1" を，"TIME_C" に変更しただけである。

3.4.4　マルチレベルモデル（"TIME_1" による単回帰，無構造共分散行列）

```
proc MIXED data = WORK.ds2 method=REML nobound covtest;
    class ID;
    model STRESS = TIME_1 / solution;
    random intercept TIME_1 / sub=ID type=UN solution;
run;
```

【コメント】
1. 〈モデル 3.4.3〉の4行目の "type" を，無構造 "UN" に変更しただけである。

3.4.4C　マルチレベルモデル（"TIME_C"による単回帰，無構造共分散行列）

```
proc MIXED data = WORK.ds2 method=REML nobound covtest;
    class ID;
    model STRESS = TIME_C / solution;
    random intercept TIME_C / sub=ID type=UN solution;
run;
```

【コメント】
1. 〈モデル3.4.4〉の予測変数"TIME_1"を，"TIME_C"に変更しただけである。

3.4.5　マルチレベルモデル（"ENTRANCE"を含めた共分散分析，無構造共分散行列）

```
proc MIXED data = WORK.ds2 method=REML nobound covtest;
    class ID ENTRANCE;
    model STRESS = ENTRANCE TIME_1 ENTRANCE*TIME_1 / solution;
    random intercept TIME_1 / sub=ID(ENTRANCE) type=UN solution;
    estimate 'intercept(overall)' intercept 1;
    estimate 'intercept(SP)' intercept 1 ENTRANCE 1 0 0;
    estimate 'intercept(RC)' intercept 1 ENTRANCE 0 1 0;
    estimate 'intercept(GN)' intercept 1 ENTRANCE 0 0 1;
    estimate 'slope(overall)' TIME_1 1;
    estimate 'slope(SP)' TIME_1 1 ENTRANCE*TIME_1 1 0 0;
    estimate 'slope(RC)' TIME_1 1 ENTRANCE*TIME_1 0 1 0;
    estimate 'slope(GN)' TIME_1 1 ENTRANCE*TIME_1 0 0 1;
run;
```

【コメント】
1. 1行名：MIXEDプロシージャを用いることを宣言する文。分析対象となるデータセットの指定等については，「1.2.1　1元配置分散分析」を参照。あてはめに利用する方法もこの文で指定する。"method"オプションで"ML"と"REML"を選択できる。"nobound"は，分散が負になった場合も，そのまま計算を続けるように指示するオプション。"covtest"オプションは，分散成分を含む共分散行列の値についての検定を出力する。
2. 2行目："class"は名義尺度の変数を定義する。
3. 3行目："model"文は，モデルの固定効果部分を定義する。応答変数を"="の左辺に，利用する固定効果を右辺に指定。本例の固定効果は，入試形態ごとの切片の偏差に相当する"ENTRANCE"，全体の傾きに相当する"TIME_1"，入試形態ごとの傾きの偏差に相当する"ENTRANCE*TIME_1"。"solution"オプションは，固定効果の推定値および検定結果を出力する。
4. 4行目：基本的に〈モデル3.4.4〉と同等であるが，"ID"は"ENTRANCE"にネスト

しているため，丸括弧内に"ENTRANCE"を指定する必要がある．
5. 5〜12行目："estimate"文は，パラメータの線形結合で表現される統計量の推定値を計算し，検定するための文．内容は〈モデル3.3.5〉と同様．
6. 13行目："run;"は，コードを締めくくる実行命令．

3.5.1 マルチレベルモデル（全体に対する「夏休み効果」の検定）

```
proc MIXED data = WORK.ds2 method=REML nobound covtest;
    class ID;
    model STRESS = TIME_1 SUMMER / solution;
    random intercept TIME_1 / sub=ID type=UN solution;
run;
```

【コメント】
1. 1行名：MIXEDプロシージャを用いることを宣言する文．分析対象となるデータセットの指定等については，「1.2.1 1元配置分散分析」を参照．あてはめに利用する方法もこの文で指定する．"method"オプションで"ML"と"REML"を選択できる．"nobound"は，分散が負になった場合も，そのまま計算を続けるように指示するオプション．"covtest"オプションは，分散成分を含む共分散行列の値についての検定を出力する．
2. 2行目："class"は名義尺度の変数を定義する．
3. 3行目："model"文は，モデルの固定効果部分を定義する．応答変数を"="の左辺に，利用する固定効果を右辺に指定．本例の固定効果は，"TIME_1"と"SUMMER"．"solution"オプションは，固定効果の推定値および検定結果を出力．
4. 4行目："random"文は，〈モデル3.4.4〉と同じ．
5. 5行目："run;"は，コードを締めくくる実行命令．

3.5.2 マルチレベルモデル（入試形態ごとの「夏休み効果」の検定）

```
proc MIXED data = WORK.ds2 method=REML nobound covtest;
    class ID ENTRANCE;
    model STRESS = ENTRANCE TIME_1 SUMMER ENTRANCE*TIME_1
                    ENTRANCE*SUMMER / solution;
    random intercept TIME_1 / sub=ID(ENTRANCE) type=UN solution;
    estimate 'intercept(overall)' intercept 1;
    estimate 'intercept(SP)' intercept 1 ENTRANCE 1 0 0;
    estimate 'intercept(RC)' intercept 1 ENTRANCE 0 1 0;
    estimate 'intercept(GN)' intercept 1 ENTRANCE 0 0 1;
    estimate 'slope(overall)' TIME_1 1;
    estimate 'slope(SP)' TIME_1 1 ENTRANCE*TIME_1 1 0 0;
    estimate 'slope(RC)' TIME_1 1 ENTRANCE*TIME_1 0 1 0;
    estimate 'slope(GN)' TIME_1 1 ENTRANCE*TIME_1 0 0 1;
```

```
        estimate 'summer(overall)' SUMMER 1;
        estimate 'summer(SP)' SUMMER 1 ENTRANCE*SUMMER 1 0 0;
        estimate 'summer(RC)' SUMMER 1 ENTRANCE*SUMMER 0 1 0;
        estimate 'summer(GN)' SUMMER 1 ENTRANCE*SUMMER 0 0 1;
run;
```

【コメント】

1. 1行名：MIXED プロシージャを用いることを宣言する文。分析対象となるデータセットの指定等については，「1.2.1　1元配置分散分析」を参照。あてはめに利用する方法もこの文で指定する。"method" オプションで "ML" と "REML" を選択できる。"nobound" は，分散が負になった場合も，そのまま計算を続けるように指示するオプション。"covtest" オプションは，分散成分を含む共分散行列の値についての検定を出力する。

2. 2行目："class" は名義尺度の変数を定義する。

3. 3行目："model" 文は，モデルの固定効果部分を定義する。応答変数を "=" の左辺に，利用する固定効果を右辺に指定。本例の固定効果は，入試形態ごとの切片の偏差に相当する "ENTRANCE"，全体としての傾きに相当する "TIME_1"，"SUMMER" の傾きと言っても良いのだが，実質的には夏休み後のストレスの落差に相当する "SUMMER"，入試形態ごとの傾きの偏差に相当する "ENTRANCE*TIME_1"，入試形態ごとの「夏休み効果」の偏差に相当する "ENTRANCE*SUMMER"。"solution" オプションは，固定効果の推定値および検定結果を出力。

4. 4行目："random" 文は，〈モデル 3.4.5〉と同じ。

5. 5〜16行目："estimate" 文は，パラメータの線形結合で表現される統計量の推定値を計算し，検定するための文。最初の 4 行は，それぞれ全体の切片（μ），「特別入試」の切片（$\mu + \alpha_1$），「推薦入試」の切片（$\mu + \alpha_2$），「一般入試」の切片（$\mu + \alpha_3$）を表す。続く 4 行は，それぞれ全体の傾き（β），「特別入試」の傾き（$\beta + \gamma_1$），「推薦入試」の傾き（$\beta + \gamma_2$），「一般入試」の傾き（$\beta + \gamma_3$）を表す。最後の 4 行は，それぞれ全体の夏休み効果（ξ），「特別入試」の夏休み効果（$\xi + \zeta_1$），「推薦入試」の夏休み効果（$\xi + \zeta_2$），「一般入試」の夏休み効果（$\xi + \zeta_3$）を表す。

6. 17行目："run;" は，コードを締めくくる実行命令。

付録 D　R スクリプト事例集

R スクリプトについての一般的なコメント

　　ご存知のように，統計ソフト R はユーザーの手によって開発維持されている貴重なソフトである。ただ，商品化されているソフトと比較すると，すぐに使える機能が完備されているわけではない。ユーザーが自由に新しい関数を作れるのであるから，本来は自作するべきなのであろうが，残念ながら現在の私にその力はない。そこで，いささか舌足らずの紹介で申し訳ないのだが，とりあえず現時点で簡単にできる範囲のスクリプトを紹介しておく。少しでもお役に立つことできれば幸いである。まず，全体に関わる重要かつ必須な情報だけを最初に簡単にまとめておこう。なお，これは単なる事例であって，いつも必ずこのとおりでなければならない，という趣旨のものではない。参考にしていただければ幸いである。

1. 本書で利用している R は，R 2.12.1 の Windows 版である。さまざまなタイプの平方和に対応した分散分析表を出力するには，"car" パッケージをインストールしておく必要がある。また，マルチレベルモデルを実行するには "lme4" というパッケージをインストールしておく必要がある。コンソールを立ち上げた後，上部のメニューから「パッケージ」＞「パッケージの読み込み」をクリックして表示されるリストにこれらのパッケージがない場合には，「パッケージ」＞「パッケージのインストール」を利用して，どこか日本の CRAN ミラーサイトから "car" パッケージおよび "lme4" パッケージをインストールしなければならない。この操作は 1 回だけである。
2. 書く必要もないだろうが，R では大文字と小文字は区別される。たとえば，"anova( )" 関数と "Anova( )" 関数は別物である。
3. タイプ II あるいはタイプ III 平方和に基づく分散分析表を出力する "Anova( )" を実行するには，"car" パッケージを読み込んでおかなければならない。また，混合モデルのあてはめに利用する "lmer( )" を実行するには，"lme4" パッケージを読み込んでおかなければならない。R では，パッケージをインストールしても，コンピュータ内に準備されるだけであって，すぐ実行できる状態になってはいない。R を立ち上げるたびに，毎回 "library(car)" および "library(lme4)" を実行して，パッケージを読み込む必要がある。
4. データについては，たとえば csv ファイルなどから，"read.csv( )" などを利用して，すでに読み込んであるものとする。データセットのことを R ではデータフレーム (data frame) と呼ぶが，「達成度」に関するデータフレーム名を "df1"，「ストレス」に関するデータフレーム名を "df2" としている。
5. 名義尺度の変数については，たとえば "df1$ID <- factor(df1$ID)" のように，名義尺度であることを定義してあるものとする。値が文字列の変数は，特に指定するまでもなく

最初から名義尺度とされるが，値が数字のものは，指定しなければコンピュータにはどちらかわからない。それぞれのデータフレームで名義尺度とされている変数は，以下のとおりである。

　　df1：ID, FACULTY, DEPART, GENDER, FAC_GEN
　　df2：ID, ENTRANCE, TIME

6. 3〜5の操作を簡便化するために，"data.txt"を準備した。データのcsvファイル（"achievement.csv"と"stress.csv"）が存在するフォルダを，上部メニューの「ファイル」＞「ディレクトリの変更」を利用してカレント・ディレクトリ[1]に指定した後，メモ帳などで"data.txt"を開いて，内容をコンソールにコピー&ペーストすれば，3〜5の操作を自動的に行ってくれる。Rはインタープリタなので，改行コードが入力されるたびに1行分の命令を実行する。したがって，複数行を1度にペーストしても，1行ごとに実行してくれることになる。

とりあえずRを利用して単純な分析を行うためには，この程度の知識で十分である。詳細は，Rの［ヘルプ］やインターネット上に数多く存在するRに関するサイトを参照していただきたい。

1.2.1　1元配置分散分析

```
m1021 <- lm(ACHIEVE ~ DEPART, data=df1)
summary(m1021)
anova(m1021)
Anova(m1021, type=2)
```

【コメント】
1. 分析方法の指定は，事実上1行目だけである。"m1021"は結果オブジェクトに付けた名称であり，自由にわかりやすい名前を付ければよい。
2. "<-"は代入することを意味する演算子。矢印のような形をしているので，違和感はないだろう。
3. "lm( )"が一般線形モデルによる分析を実行するための関数名である。linear model を意味する。Rでは，"glm( )"は一般化線形モデル（generalized linear model）を意味する。"glm( )"を用いても，分布の種類（family）を"gaussian"にすれば一般線形モデルを実行できるが，斬馬刀で玉ねぎをみじん切りにするような感じになる。最初の部分がモデル式を示している。等号ではなく"~"（チルダ）を用いるので気を付けるように。"~"の左辺に応答変数"ACHIEVE"，右辺に名義尺度の予測変数"DEPART"を指定する。"data="は，分析対象とするデータフレームを指定する。本例の場合には，"df1"。"data="を省略して，値である"df1"のみを入力してもよい。
4. 2行目の"summary( )"は，分析結果を表示するための命令。英数括弧内に，結果のオ

---

[1] "current directory" 懐かしい呼び名である。昔，MS-DOSというOSが使われていた時代，現在"folder"と呼ばれているファイルの格納場所のことを"directory"と呼んでいた。ディレクトリを特に指定しない場合，現在（current）のデフォルトのディレクトリのことを，カレント・ディレクトリと呼ぶ。

ブジェクト名を指定する。
5. 3行目の"anova( )"は，タイプⅠ平方和による分散分析表を出力する関数。英数括弧内に，結果のオブジェクト名を指定する。
6. 4行目の"Anova( )"は，タイプⅡないしはタイプⅢ平方和による分散分析表を出力する関数。英数括弧内に，表示する結果のオブジェクト名と採用する平方和のタイプを指定する。本例の場合には分散分析なので，本来平方和はタイプⅢにすべきなのだが，タイプⅢを指定すると平方和の小数点以下が表示されなかったり，エラーがでるなど不安定になる。"Anova( )"関数のドキュメントにもあるように，タイプⅢ平方和での出力には少し問題があるようである。本例では問題ないので，タイプⅡを指定した。本例では，タイプⅠ平方和に基づく"anova( )"の出力と同じである。
7. こうした"lm( )"の出力をめぐる問題に対応するため，分散分析の場合には，"aov( )"という"lm( )"のwrapperがある。つまり，中身は"lm( )"なのだが，その入力と出力をコントロールして，従来の分散分析風の出力を与えてくれる関数である。"aov( )"を利用すれば，分散分析表の出力は以下のように書くこともできる。

```
m1021a <- aov(ACHIEVE ~ DEPART, data=df1)
summary(m1021a)
```

しかし，この"aov( )"もバランスしたデータにしか対応していない。Rの世界は，やはり自分で何とかするのが原則の世界のようである。

1.3.2 ネストした分散分析

```
m1032 <- lm(ACHIEVE ~ FACULTY/DEPART, data=df1)
summary(m1032)
anova(m1032)
Anova(m1032, type=2)
```

【コメント】
1. "lm( )"内のモデル式を定義する部分以外については，「1.2.1 1元配置分散分析」を参照。
2. "FACULTY"と"FACULTY"にネストしている"DEPART"を明示的に示す，"FACULTY + DEPART %in% FACULTY"という表記法もある。"FACULTY/DEPART"は省略化した表記法。
3. "Anova( )"でタイプⅢ平方和を指定するとエラーがでる。

1.4.3 2元配置分散分析

```
m1043 <- lm(ACHIEVE ~ FACULTY*GENDER, data=df1)
summary(m1043)
anova(m1043)
Anova(m1043, type=2)
```

【コメント】

1. "lm( )" 内のモデル式を定義する部分以外については，「1.2.1　1元配置分散分析」を参照。
2. 主効果と交互効果を明示的に "FACULTY + GENDER + FACULTY:GENDER" と表記する方法もある。この場合には，積を表す記号が ":" なので注意が必要。"FACULTY*GENDER" は，交互効果を含めた2元配置の省略化した表記法。
3. この場合も，"Anova( )" でタイプIII平方和を指定すると，出力が奇妙な値になる。本例の場合には問題ないので，タイプII平方和を指定した。

1.5.1　単回帰分析

```
m1051 <- lm(ACHIEVE ~ STUDY, data=df1)
summary(m1051)
anova(m1051)
Anova(m1051, type=2)
```

【コメント】

1. "lm( )" 内のモデル式を定義する部分以外については，「1.2.1　1元配置分散分析」を参照。
2. 単回帰なので，予測変数は連続尺度の "STUDY" のみ。
3. 単回帰なので平方和のタイプはどれでも同じだが，回帰分析の通例に合わせてタイプIIを設定した。

1.6.2　重回帰分析

```
m1062 <- lm(ACHIEVE ~ STUDY + INTEREST, data=df1)
summary(m1062)
anova(m1062)
Anova(m1062, type=2)
```

【コメント】

1. "lm( )" 内のモデル式を定義する部分以外については，「1.2.1　1元配置分散分析」を参照。
2. 連続尺度の変数 "STUDY" と "INTEREST" を予測変数とする重回帰分析。
3. タイプI平方和とタイプII平方和の違いが明確になる。予測変数のところを "INTEREST + STUDY" に変えて実験してみて欲しい。

1.7.1　交互効果を含む重回帰分析

```
m1071 <- lm(ACHIEVE ~ STUDY*INTEREST, data=df1)
summary(m1071)
anova(m1071)
```

Anova(m1071, type=3)

【コメント】
1. "lm( )"内のモデル式を定義する部分以外については，「1.2.1　1元配置分散分析」を参照。
2. 交互効果を含む2元配置分散分析の場合と同様に，連続尺度の変数に対しても，交互効果を含む重回帰分析の場合には，"STUDY*INTEREST"という表記が可能である。もちろん，明示的に"STUDY + INTEREST + STUDY:INTEREST"と表記することも可能である。
3. 今回はタイプII平方和を指定すると，値が奇妙になる。平方和をタイプIIIに指定するとまともなタイプII平方和が出力される。"Anova( )"は，ドキュメントにもあるように，連続尺度の変数に対しては，きちんと対応していないようである。

1.8.1　高次多項式回帰分析

m1081 <- lm(ACHIEVE ~ 1 + STUDY + I(STUDY^2), data=df1)
summary(m1081)
anova(m1081)
Anova(m1081, type=2)

【コメント】
1. "lm( )"内のモデル式を定義する部分以外については，「1.2.1　1元配置分散分析」を参照。
2. 2次式は，"1 + STUDY + I(STUDY^2)"のように表記する。
3. 今回は，タイプIIでもタイプIIIでも"Anova( )"の出力は正しくなる。

1.9.1　変数の対数変換

m1091 <- lm(log_ACH ~ log_STUDY + log_INT, data=df1)
summary(m1091)
anova(m1091)
Anova(m1091, type=2)

【コメント】
1. "lm( )"内のモデル式を定義する部分以外については，「1.2.1　1元配置分散分析」を参照。
2. 応答変数も予測変数も，対数を取った"log_ACH""log_STUDY""log_INT"を用いている点を除けば，〈モデル1.6.2〉の重回帰分析と同じである。
3. 今回は，タイプIIでもタイプIIIでも"Anova( )"の出力は正しくなる。

1.10.1 共通の傾きを持つ共分散分析

```
m1101 <- lm(ACHIEVE ~ FACULTY + STUDY, data=df1)
summary(m1101)
anova(m1101)
Anova(m1101, type=2)
```

【コメント】
1. "lm( )"内のモデル式を定義する部分以外については,「1.2.1　1元配置分散分析」を参照。
2. 名義尺度であるか連続尺度であるかが異なるだけで,式自体は重回帰分析と何ら違いはない。
3. 今回は,タイプⅡでもタイプⅢでも"Anova( )"の出力は正しくなる。

1.11.1 水準ごとに傾きが変化する共分散分析

```
m1111 <- lm(ACHIEVE ~ FACULTY*STUDY, data=df1)
summary(m1111)
anova(m1111)
Anova(m1111, type=3)
```

【コメント】
1. "lm( )"内のモデル式を定義する部分以外については,「1.2.1　1元配置分散分析」を参照。
2. 変数の尺度が異なっているだけで,表現自体は交互効果を含む2元配置分散分析と同じである。"FACULTY + STUDY + FACULTY:STUDY"と表記することもできる。
3. "Anova( )"は,ドキュメントにもあるように,ANCOVAにはきちんと対応できていない。本例ではタイプⅢ平方和を指定しているが,"STUDY"の平方和が正しく出力されない。タイプⅡ平方和を指定すると,"STUDY"の平方和はタイプⅠ平方和の値になる。いずれにしても,"STUDY"の正しいタイプⅡ平方和を表示することができない。

2.1.1　1元配置混合分散分析

```
m2011 <- lmer(ACHIEVE ~ 1 | DEPART, data=df1)
summary(m2011)
```

【コメント】
1. "lmer( )"が混合モデルによる分析を実行するための関数。linear mixed effect regressionを意味する。正規分布以外の確率分布を扱う場合には,"glmer( )"を利用することになる。"lmer( )"内のモデル式を定義する部分以外については,「1.2.1　1元配置分散分析」を参照。
2. "|"(パイプ)の後に示された"DEPART"と"|"の前に記された"1"を掛け合わせた

ものが変量効果として指定される。本例の場合，固定効果はない。

3. デフォルトでは REML 法によるあてはめが行われる。"data=df1" に続いて，"REML=FALSE" を指定すると，ML 法によるあてはめが行われる。
4. 固定効果がないので "anova( )" および "Anova( )" は省略した。実行しても，何も出力されない。
5. BLUP 値等を出力するための作り付け関数がないので，結果を表示するのが不自由である。デフォルトで表示されるのは，分散成分と対数尤度，AIC, BIC, 固定効果の推定と検定である。固定効果の推定値と検定結果は，SPSS や SAS と一致する。また，分散成分の推定値は SPSS や SAS の結果と一致するが，標準誤差は出力されない。また，AIC, BIC などの値は微妙に異なっている（REML で推定されていない固定効果の変数の数までカウントしているようだ）。

2.2.1 ネストした混合分散分析

```
m2021 <- lmer(ACHIEVE ~ FACULTY + (1 | DEPART), data=df1)
summary(m2021)
anova(m2021)
```

【コメント】

1. "lmer( )" が混合モデルによる分析を実行するための関数。"lmer( )" 内のモデル式を定義する部分以外については，「1.2.1　1元配置分散分析」を参照。
2. 固定効果は "FACULTY" のみ。変量効果の部分は英数括弧に入れて上記のように指定する必要がある "ACHIEVE ~ FACULTY | DEPART" ではない。1 と "DEPART" を掛け合わせたものが変量効果とされるため，英数括弧も必要である。"DEPART" の "FACULTY" へのネストの関係は，特に指定しない。"(1 | DEPART %in% FACULTY)" と指定すると，かえって結果が奇妙になる。
3. デフォルトでは REML 法によるあてはめが行われる。"data=df1" に続いて，"REML=FALSE" を指定すると，ML 法によるあてはめが行われる。
4. BLUP 値等を出力するための作り付け関数がないので，結果を表示するのが不自由である。デフォルトで表示されるのは，分散成分と対数尤度，AIC, BIC, 固定効果の推定と検定である。固定効果の推定値と検定結果は，SPSS や SAS と一致する。また，分散成分の推定値は SPSS や SAS の結果と一致するが，標準誤差は出力されない。また，AIC, BIC などの値は微妙に異なっている（REML で推定されていない固定効果の変数の数までカウントしているようだ）。
5. "Anova( )" は固定効果について analysis of deviance の結果を示すが，SPSS や SAS の検定結果と対応がとれない。

2.3.1 ヌル一般線形モデル

```
m2031 <- lm(STRESS ~ 1, data=df2)
summary(m2031)
anova(m2031)
```

【コメント】
1. "lm( )"が一般線形モデルによる分析を実行するための関数。"lm( )"内のモデル式を定義する部分以外については，「1.2.1　1元配置分散分析」を参照。
2. 予測変数は何もないので"1"と表現している。何も指定しないとエラーになる。

2.3.3　1元配置分散分析

```
m2033 <- lm(STRESS ~ TIME, data=df2)
summary(m2033)
anova(m2033)
Anova(m2033, type=3)
```

【コメント】
1. "lm( )"内のモデル式を定義する部分以外については，「1.2.1　1元配置分散分析」を参照。
2. 予測変数は名義尺度の"TIME"だけ。
3. タイプⅡでもタイプⅢでも"Anova( )"の出力は正しくなる。

2.3.4　2元配置反復測定分散分析

```
m2034 <- lm(STRESS ~ ID + TIME, data=df2)
summary(m2034)
anova(m2034)
Anova(m2034, type=3)
```

【コメント】
1. "lm( )"内のモデル式を定義する部分以外については，「1.2.1　1元配置分散分析」を参照。
2. 予測変数は名義尺度の"ID"と"TIME"の主効果のみ。交互効果は含まない。
3. タイプⅡでもタイプⅢでも"Anova( )"の出力は正しくなる。

2.3.5　3元配置反復測定分散分析（交互作用なし）

```
m2035 <- lm(STRESS ~ ENTRANCE/ID + TIME, data=df2)
summary(m2035)
anova(m2035)
Anova(m2035, type=2)
```

【コメント】
1. "lm( )"内のモデル式を定義する部分以外については，「1.2.1　1元配置分散分析」を参照。
2. "ENTRANCE + ID %in% ENTRANCE + TIME"と表記することも可。
3. "Anova( )"にタイプⅢ平方和を指定すると，エラーになる。

2.3.6　3元配置反復測定分散分析（交互作用あり）

```
m2036 <- lm(STRESS ~ ENTRANCE/ID + TIME + ENTRANCE:TIME, data=df2)
summary(m2036)
anova(m2036)
Anova(m2036, type=2)
```

【コメント】
1. "lm( )" 内のモデル式を定義する部分以外については，「1.2.1　1元配置分散分析」を参照。
2. 上記の〈モデル 2.3.5〉に "ENTRANCE" と "TIME" の交互効果 "ENTRANCE:TIME" を追加すればよい。
3. "Anova( )" にタイプ III 平方和を指定すると，エラーになる。また，タイプ II 平方和を指定しても，"TIME" の平方和が正しく表示されない。表示される平方和はタイプ I 平方和である。

2.4.1　ヌル混合モデル

```
m2041 <- lmer(STRESS ~ 1 | ID, data=df2)
summary(m2041)
```

【コメント】
1. "lmer( )" が混合モデルによる分析を実行するための関数。"lmer( )" 内のモデル式を定義する部分以外については，「1.2.1　1元配置分散分析」を参照。
2. "|"（パイプ）の後に示された "ID" と "|" の前に記された "1" を掛け合わせたものが変量効果として指定される。本例の場合，固定効果はない。
3. デフォルトでは REML 法によるあてはめが行われる。"data=df2" に続いて，"REML=FALSE" を指定すると，ML 法によるあてはめが行われる。
4. 固定効果がないので "anova( )" および "Anova( )" は省略した。実行しても，何も出力されない。
5. BLUP 値等を出力するための作り付け関数がないので，結果を表示するのが不自由である。デフォルトで表示されるのは，分散成分と対数尤度，AIC，BIC，固定効果の推定と検定である。固定効果の推定値と検定結果は，SPSS や SAS と一致する。また，分散成分の推定値は SPSS や SAS の結果と一致するが，標準誤差は出力されない。また，AIC，BIC などの値は微妙に異なっている（REML で推定されていない固定効果の変数の数までカウントしているようだ）。

2.4.2　2元配置反復測定混合分散分析

```
m2042 <- lmer(STRESS ~ TIME + (1 | ID), data=df2)
summary(m2042)
anova(m2042)
```

【コメント】

1. "lmer( )" 内のモデル式を定義する部分以外については,「1.2.1　1元配置分散分析」を参照。
2. 固定効果は "TIME" だけである。変量効果は,"|"（パイプ）の後ろに指定する。"TIME | ID" ではない。英数括弧も必要である。
3. デフォルトでは REML 法によるあてはめが行われる。"data=df2" に続いて,"REML=FALSE" を指定すると,ML 法によるあてはめが行われる。
4. BLUP 値等を出力するための作り付け関数がないので,結果を表示するのが不自由である。デフォルトで表示されるのは,分散成分と対数尤度,AIC,BIC,固定効果の推定と検定である。固定効果の推定値と検定結果は,SPSS や SAS と一致する。また,分散成分の推定値は SPSS や SAS の結果と一致するが,標準誤差は出力されない。また,AIC,BIC などの値は微妙に異なっている（REML で推定されていない固定効果の変数の数までカウントしているようだ）。
5. "Anova( )" は固定効果について analysis of deviance の結果を示すが,SPSS や SAS の検定結果と対応がとれない。

2.4.3　1元配置反復測定混合分散分析(CS)

2.4.4　1元配置反復測定混合分散分析(UN)

残念ながら,"lmer( )" では,これらの形式のモデル式を定義できない。したがって,無構造の共分散行列は指定できない。

2.4.5　2元配置反復測定混合分散分析(CS：交互効果なし)

```
m2045 <- lmer(STRESS ~ ENTRANCE + TIME + (1 | ID), data=df2)
summary(m2045)
anova(m2045)
```

【コメント】

1. "lmer( )" 内のモデル式を定義する部分以外については,「1.2.1　1元配置分散分析」を参照。
2. 固定効果は "ENTRANCE" と "TIME" の主効果だけである。時期ごとの観測値間の共分散行列のタイプを指定する方法でのモデル式は "lmer( )" ではサポートされていないので,〈モデル 2.4.2〉と同様の形で指定した。結果は,共分散行列を複合対称にしたのと等価である。
3. デフォルトでは REML 法によるあてはめが行われる。"data=df2" に続いて,"REML=FALSE" を指定すると,ML 法によるあてはめが行われる。
4. BLUP 値等を出力するための作り付け関数がないので,結果を表示するのが不自由である。デフォルトで表示されるのは,分散成分と対数尤度,AIC,BIC,固定効果の推定と検定である。固定効果の推定値と検定結果は,SPSS や SAS と一致する。また,分散成分の推定値は SPSS や SAS の結果と一致するが,標準誤差は出力されない。また,AIC,BIC などの値は微妙に異なっている（REML で推定されていない固定効果の変数の数ま

でカウントしているようだ）。
5. "Anova( )"は固定効果について analysis of deviance の結果を示すが，SPSS や SAS の検定結果と対応がとれない。

2.4.6　2元配置反復測定混合分散分析（CS：交互効果あり）

```
m2046 <- lmer(STRESS ~ ENTRANCE*TIME + (1 | ID), data=df2)
summary(m2046)
anova(m2046)
```

【コメント】
1. "lmer( )"内のモデル式を定義する部分以外については，「1.2.1　1元配置分散分析」を参照。
2. 固定効果は "ENTRANCE" と "TIME" の主効果および交互効果 "ENTRANCE:TIME" であるが，まとめて "ENTRANCE*TIME" と指定できる。時期ごとの観測値間の共分散行列のタイプを指定する方法でのモデル式は "lmer( )" ではサポートされていないので，〈モデル2.4.2〉と同様の形で指定した。結果は，共分散行列を複合対称にしたのと等価である。
3. デフォルトでは REML 法によるあてはめが行われる。"data=df2" に続いて，"REML=FALSE" を指定すると，ML 法によるあてはめが行われる。
4. BLUP 値等を出力するための作り付け関数がないので，結果を表示するのが不自由である。デフォルトで表示されるのは，分散成分と対数尤度，AIC，BIC，固定効果の推定と検定である。固定効果の推定値と検定結果は，SPSS や SAS と一致する。また，分散成分の推定値は SPSS や SAS の結果と一致するが，標準誤差は出力されない。また，AIC，BIC などの値は微妙に異なっている（REML で推定されていない固定効果の変数の数までカウントしているようだ）。
5. "Anova( )"は固定効果について analysis of deviance の結果を示すが，SPSS や SAS の検定結果と対応がとれない。

3.3.3　単回帰分析

```
m3033 <- lm(STRESS ~ TIME_1, data=df2)
summary(m3033)
anova(m3033)
Anova(m3033, type=3)
```

【コメント】
1. "lm( )"内のモデル式を定義する部分以外については，「1.2.1　1元配置分散分析」を参照。
2. 予測変数は連続尺度の "TIME_1" のみ。
3. タイプⅡでもタイプⅢでも結果は等しくなる。

3.3.4 「ID」と「時期1」による共分散分析（ANCOVA）

  m3034 <- lm(STRESS ~ ID*TIME_1, data=df2)
  summary(m3034)
  anova(m3034)
  Anova(m3034, type=3)

【コメント】
1. "lm( )"内のモデル式を定義する部分以外については,「1.2.1　1元配置分散分析」を参照。
2. 名義尺度の"ID"と連続尺度の"TIME_1"の主効果および交互効果"ID:TIME_1"が予測変数。"ID*TIME_1"と略記できる。
3. "Anova( )"でタイプⅡ平方和を指定すると,"ID"の平方和がタイプⅠ平方和のままになる。タイプⅢ平方和を指定すると,"ID"は正常な平方和になるが,"TIME_1"の平方和が奇妙な値になる。交互効果"ID:TIME_1"の平方和は正常値が表示される。"Anova( )"は,ドキュメントによると,ANCOVAには対応できていないようである。

3.3.5 「入試」と「時期1」による共分散分析（ANCOVA）

  m3035 <- lm(STRESS ~ ENTRANCE*TIME_1, data=df2)
  summary(m3035)
  anova(m3035)
  Anova(m3035, type=3)

【コメント】
1. "lm( )"内のモデル式を定義する部分以外については,「1.2.1　1元配置分散分析」を参照。
2. 名義尺度の"ENTRANCE"と連続尺度の"TIME_1"の主効果および交互効果"ENTRANCE:TIME_1"が予測変数。"ENTRANCE*TIME_1"と略記できる。
3. 先程の〈モデル3.3.4〉と同様に,タイプⅡ平方和を指定すると,"ENTRANCE"の平方和がタイプⅠ平方和のままになる。タイプⅢ平方和を指定すると,"ENTRANCE"は正常な平方和になるが,"TIME_1"の平方和が奇妙な値になる。交互効果"ENTRANCE:TIME_1"の平方和は正常値が出力される。"Anova( )"は,ドキュメントによると,ANCOVAには対応できていないようである。

3.3.6 「ID」と「入試」と「時期1」による共分散分析（ANCOVA）

  m3036 <- lm(STRESS ~ ENTRANCE/ID*TIME_1, data=df2)
  summary(m3036)
  anova(m3036)
  Anova(m3036, type=2)

【コメント】
1. "lm( )"内のモデル式を定義する部分以外については,「1.2.1　1元配置分散分析」を参照。

2. "ENTRANCE" と "ID" と "TIME_1" の主効果および交互効果 "ENTRANCE:TIME_1" と "ID:TIME_1" が予測変数。"ID" は "ENTRANCE" にネストしているため，まとめて "ENTRANCE/ID*TIME_1" と略記できる。
3. 残念ながら2つの交互効果 (ENTRANCE*TIME_1 と ID*TIME_1) 以外は正常に出力されない。

3.4.2 マルチレベルモデル（「時期1」による単回帰）
3.4.3 マルチレベルモデル（「時期1」による単回帰，対角共分散行列）
3.4.3C マルチレベルモデル（「時期C」による単回帰，対角共分散行列）

残念ながら，"lmer( )" では，$\sigma_{01} = 0$ としたモデルを指定できない。「切片」と「傾き」の共分散行列は常に無構造になる。

3.4.4 マルチレベルモデル（「時期1」による単回帰，無構造共分散行列）

```
m3044 <- lmer(STRESS ~ TIME_1 + (1 + TIME_1 | ID), data=df2)
summary(m3044)
anova(m3044)
```

【コメント】
1. "lmer( )" 内のモデル式を定義する部分以外については，「1.2.1 1元配置分散分析」を参照。
2. 固定効果は連続尺度の "TIME_1" のみ。変量効果は「切片」と「傾き」の両方に設定されるため，"(1 + TIME_1 | ID)" と表記される。"(TIME_1 | ID)" と略記することも可。
3. デフォルトでは REML 法によるあてはめが行われる。"data=df2" に続いて，"REML=FALSE" を指定すると，ML 法によるあてはめが行われる。
4. BLUP 値等を出力するための作り付け関数がないので，結果を表示するのが不自由である。デフォルトで表示されるのは，分散成分と対数尤度，AIC，BIC，固定効果の推定と検定である。固定効果の推定値と検定結果は，SPSS や SAS と一致する。また，分散成分の推定値は PSS や SAS の結果と一致するが，標準誤差は出力されない。なお，σ_{01} は相関係数として出力される。また，AIC，BIC などの値は微妙に異なっている（REMLで推定されていない固定効果の変数の数までカウントしているようだ）。
5. "Anova( )" は固定効果について analysis of deviance の結果を示すが，SPSS や SAS の検定結果と対応がとれない。

3.4.4C マルチレベルモデル（「時期C」による単回帰，無構造共分散行列）

```
m3044C <- lmer(STRESS ~ TIME_C + (1 + TIME_C | ID), data=df2)
summary(m3044C)
anova(m3044C)
```

3.4.5　マルチレベルモデル（「入試」を含めた共分散分析，無構造共分散行列）

```
m3045 <- lmer(STRESS ~ ENTRANCE*TIME_1 + (1 + TIME_1 | ID), data=df2)
summary(m3045)
anova(m3045)
```

【コメント】

1. "lmer( )"内のモデル式を定義する部分以外については，「1.2.1　1元配置分散分析」を参照。
2. 固定効果は，名義尺度の"ENTRANCE"と連続尺度の"TIME_1"の主効果および交互効果の"ENTRANCE:TIME_1"。変量効果は「切片」と「傾き」の両方に設定されるため，"(1 + TIME_1 | ID)"と表記される。"(TIME_1 | ID)"と略記することも可。
3. デフォルトでは REML 法によるあてはめが行われる。"data=df2"に続いて，"REML=FALSE"を指定すると，ML 法によるあてはめが行われる。
4. BLUP 値等を出力するための作り付け関数がないので，結果を表示するのが不自由である。デフォルトで表示されるのは，分散成分と対数尤度，AIC, BIC, 固定効果の推定と検定である。固定効果の推定値と検定結果は，SPSS や SAS と一致する。また，分散成分の推定値は SPSS や SAS の結果と一致するが，標準誤差は出力されない。なお，σ_{01} は相関係数として出力される。また，AIC, BIC などの値は微妙に異なっている（REML で推定されていない固定効果の変数の数までカウントしているようだ）。
5. "anova( )"はタイプI平方和に基づいた検定しか表示できないため，タイプIII平方和に基づいた検定ができない。
6. "Anova( )"は固定効果について analysis of deviance の結果を示すが，SPSS や SAS の検定結果と対応がとれない。

3.5.1　マルチレベルモデル（全体に対する「夏休み効果」の検定）

```
m3051 <- lmer(STRESS ~ TIME_1 + SUMMER + (1 + TIME_1 | ID), data=df2)
summary(m3051)
anova(m3051)
```

【コメント】

1. "lmer( )"内のモデル式を定義する部分以外については，「1.2.1　1元配置分散分析」を参照。
2. 固定効果は，連続尺度の"TIME_1"と"SUMMER"の主効果のみ。変量効果は「切片」と"TIME_1"の「傾き」の両方に設定されるため，"(1 + TIME_1 | ID)"と表記される。"(TIME_1 | ID)"と略記することも可。
3. デフォルトでは REML 法によるあてはめが行われる。"data=df2"に続いて，"REML=FALSE"を指定すると，ML 法によるあてはめが行われる。
4. BLUP 値等を出力するための作り付け関数がないので，結果を表示するのが不自由であ

る。デフォルトで表示されるのは，分散成分と対数尤度，AIC，BIC，固定効果の推定と検定である。固定効果の推定値と検定結果は，SPSS や SAS と一致する。また，分散成分の推定値は SPSS や SAS の結果と一致するが，標準誤差は出力されない。なお，σ_{01} は相関係数として出力される。また，AIC，BIC などの値は微妙に異なっている（REML で推定されていない固定効果の変数の数までカウントしているようだ）。

5. "anova( )" はタイプ I 平方和に基づいた検定しか表示できないため，タイプ III 平方和に基づいた検定ができない。
6. "Anova( )" は固定効果について analysis of deviance の結果を示すが，SPSS や SAS の検定結果と対応がとれない。

3.5.2 マルチレベルモデル（入試形態ごとの「夏休み効果」の検定）

```
m3052 <- lmer(STRESS ~ ENTRANCE + TIME_1 + SUMMER + ENTRANCE:TIME_1
        + ENTRANCE:SUMMER + (1 + TIME_1 | ID), data=df2)
summary(m3052)
anova(m3052)
```

【コメント】
1. "lmer( )" 内のモデル式を定義する部分以外については，「1.2.1　1元配置分散分析」を参照。
2. 固定効果は，名義尺度の "ENTRANCE" と連続尺度の "TIME_1" と "SUMMER" の主効果および "ENTRANCE" と "TIME_1" "SUMMER" の交互効果。変量効果は「切片」と "TIME_1" の「傾き」の両方に設定されるため，"(1 + TIME_1 | ID)" と表記される。"(TIME_1 | ID)" と略記することも可。
3. デフォルトでは REML 法によるあてはめが行われる。"data=df2" に続いて，"REML=FALSE" を指定すると，ML 法によるあてはめが行われる。
4. BLUP 値等を出力するための作り付け関数がないので，結果を表示するのが不自由である。デフォルトで表示されるのは，分散成分と対数尤度，AIC，BIC，固定効果の推定と検定である。固定効果の推定値と検定結果は，SPSS や SAS と一致する。なお，σ_{01} は相関係数として出力される。また，分散成分の推定値は SPSS や SAS の結果と一致するが，標準誤差は出力されない。また，AIC，BIC などの値は微妙に異なっている（REML で推定されていない固定効果の変数の数までカウントしているようだ）。
5. "anova( )" はタイプ I 平方和に基づいた検定しか表示できないため，タイプ III 平方和に基づいた検定ができない。
6. "Anova( )" は固定効果について analysis of deviance の結果を示すが，SPSS や SAS の検定結果と対応がとれない。

付録E　n次元ベクトルによる幾何学的説明の試み

　　最初に記したように，本書の目的は，文系研究者の方々に，できる限り煩雑な数学的議論を避けて統計の手法を説明することにある。とすれば，この断片は，付録と言うより余録と呼ぶべきかもしれない。文系研究者の方々が，とりあえず「マルチレベルモデル」を用いて継時データを分析するためには，この付録は何の役にも立たないからである。ただ，筆者としては，あちらこちらで散見はするものの，未だまとまった仕方で解説されたことのないn次元ベクトルを利用した一般線形モデルの幾何学的説明を，基礎的な部分だけでも是非この場を借りて試みてみたい。微積分を利用した説明はきちんとした説明としては王道であろうが，ともすれば細かい計算に追われ，一体自分が何をしようとしていたのか全体像がわからなくなってしまうことも多い。また，結果が得られたとしても，なぜそうなるのかという問に対して，とにかく計算の結果こうなったのだ，という以上の答を見出せないことも多い。これに対して幾何学的な説明は，単純な場合について直観的な説明をするだけで，以下同文という感じであるため，きちんとした証明になっているとは言い難いのだが，全体像がつかめるのが利点である。つまり，さまざまな事柄（統計量）の関連性が一目で見てとれるのである。何かについて考えるためには，その何かを取り囲むさまざまな事柄が漠然とではあれ見えていなければならない。周辺知識との関連こそが，考えることを可能にするのである。ということで，ここで紹介するのはほんの一端でしかないのだが，一般線形モデルの基本的なところだけでも，この場を借りて幾何学的説明を試みさせていただきたい。より進んだ理解を得たいと考えておられる方々のお役に立つことができれば幸いである。

1. 2つのベクトル空間

　　表E-1は，第1章で扱った「達成度」に関するデータセットの様子を示したものである。今，"ACHIEVE"と"STUDY"についてのみ取り上げると，2とおりの仕方でベクトルを考えることができるだろう。第1に，行を1まとまりに考え，$(88, 8)$，$(93, 9)$・・・という行ベクトルを考えることができる。**散布図（scatter diagram）**としてよく知られているプロットは，このベクトルに対応するものである。すなわち，散布図に描かれる点は，それぞれの行ベクトルの終点を表している。クラスター分析など，距離の概念を中心とする多変量分析は，この行ベクトルで考えるのがわかりやすい。行は通常1つの観測に対応しているので，このベクトルを**観測ベクトル（observation vector）**と呼ぶことにしよう。これに対して，一般線形モデルを理解するときに役立つのは，今1つの考え方，つまり列を1まとまりに考え，$(88, 93, 86, 82, 84, \cdots)'$，$(8, 9, 8, 6, 8, \cdots)'$という列ベクトルで理解する方法である。列ベクトルには，ある変数の標本全体が含まれるため，**標本ベクトル（sample vector）**と呼ぶことにしよう。うっかりすると，どちらのベクトルで考えていたのか，混乱の原因になる。くれぐれもどちらのベクトル空間を考えているのか混乱することのないように，しっかりと区別しておかねばならない。

表 E-1 「達成度」のデータセット

ID	FACULTY	DEPART	GENDER	ACHIEVE	STUDY	INTEREST
1	L	a	f	88	8	9
2	L	a	f	93	9	10
3	L	a	f	86	8	9
4	L	a	m	82	6	9
5	L	a	m	84	8	9
-	-	-	-	-	-	-
-	-	-	-	-	-	-
-	-	-	-	-	-	-

2. 標本平均と最小2乗平均

　一般線形モデルの考え方は，予測変数の値で応答変数の値を予測するという回帰分析の考え方であった。つまり，「標本平均」は，「観測値の算術平均」という定義以上の意味を持たない[1]のだが，一般線形モデルで利用される「最小2乗平均」は，最小2乗法を用いて，すべての観測値を1つの定数で予測した結果得られる推定値という意味を持っている。この様子をベクトルで表現すると，どのようになるのであろうか。変数 Y の標本ベクトルを Y と表記し，$(1, 1, 1, 1, 1, \cdots)'$ というベクトルを d と表記すると，図 E-1 のような関係が成立する。つまり，すべての値を同一の定数で予測するのであるから，予測値によって定義される予測ベクトル P は，d によって決定される直線上にあるはずである。そして，予測する方法としては，誤差の平方和 $|Y-P|^2$ を最小にする最小2乗法を用いるのであるから，Y の先端から d へ下した垂線の足を先端とするベクトルが P になるはずである。垂線は，$|Y-P|^2$ を最小にする直線だからである。

　このようにして求めた最小2乗平均は，標本平均に一致することになる。実際，以下のように，標本平均からの誤差ベクトルと d の内積をとると，標本平均の定義により 0 となるからである。ただし，Y の標本平均を $\overline{Y}$，Y の i 番目の観測値を Y_i，観測数を n と表記している。

$$\left(Y - \overline{Y}d\right) \cdot d = \sum_{i=1}^{n} Y_i - n\overline{Y} = 0$$

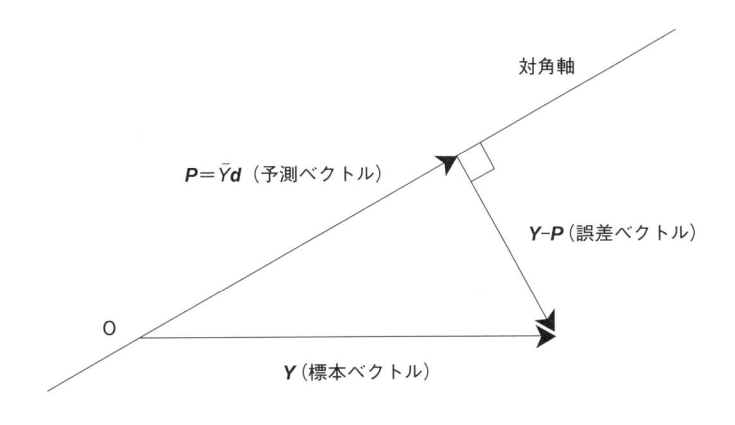

図 E-1 標本平均と最小2乗平均

---

[1] 重心という物理学的意味を持っている，と反論されるかもしれないが，問題にしたいのは，統計学的な意味である。

このとき，誤差ベクトルの長さの平方がいわゆる誤差の平方和（SS_Y）である。ところで，図 E-1 に描かれた空間は n 次元空間であるが，誤差ベクトルは常に定数ベクトル d に直交しているため，誤差ベクトルの独立した次元数は $n-1$ になる。誤差ベクトルには，d 方向の成分がないからである。したがって，1 次元あたりの平均平方を求めるには平方和を $n-1$ で除せばよいことになり，いわゆる不偏分散が定義される。すなわち，解析学で言う**自由度**（degree of freedom）という概念は，ベクトル空間においては次元数として幾何学的に解釈されるのである。誤差ベクトルは，常に d に直交するように制限されているため，1 次元分だけ不自由なのである。

$$SS_Y = \left| Y - \overline{Y} d \right|^2$$

また，図 E-1 に描かれた直角三角形に対して 3 平方の定理を考えると，$|d|^2 = n$ であるから，

$$\left| Y - \overline{Y} d \right|^2 = |Y|^2 - n \overline{Y}^2$$

となるが，この式は，記述統計学で分散を求める際によく利用されるお馴染みの方程式に他ならない。このように，$(1, 1, 1, 1, 1, \cdots)'$ で定義される d は，極めて重要な意味を持つのだが，n 次元立方体の対角線にあたるベクトルなので，**対角軸ベクトル**（diagonal axis vector）と呼ぶことにしよう。

3　母集団と標本

今，期待値が μ，母分散が σ^2 の母集団について n 回の独立した観測を行い，標本ベクトル $Y = (Y_1, Y_2, \cdots, Y_n)'$ を得たとする。変数 Y の期待値 μ は未知数であるが，すべての観測値の期待値は μ になるのだから，母平均ベクトルは μd となるはずである。したがって，このときの標本ベクトル空間の様子を図に描くと，図 E-2 のようになる。

期待値を求める演算を $E(\ )$ と表記すると，$E(Y_i) = \mu$ なので，$E(Y - \mu d) = 0$ である。しかし，$E(|Y - \mu d|^2) = 0$ とはならない。定義により，$E[(Y_i - \mu)^2] = \sigma^2$ であるから，$E(|Y - \mu d|^2) = n \sigma^2$ となるのである。つまり，標本ベクトル空間では，1 次元あたりの分散が σ^2 なのであり，$Y - \mu d$ は n 次元ベクトルなので，その分散は $n \sigma^2$ になるのである。同様に考えると，$(\overline{Y} - \mu) d$ は 1 次元であり，$Y - \overline{Y} d$ は $n-1$ 次元なのであるから，$E(|(\overline{Y} - \mu) d|^2) = \sigma^2$，$E(|Y - \overline{Y} d|^2) = (n-1) \sigma^2$ となるはずである。ところで，図 E-2 の直角三角形について 3 平方の定理を用いると，以下のようになる。

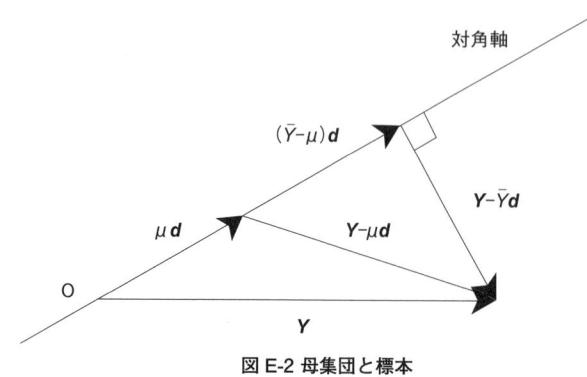

$$\left| Y - \mu d \right|^2 = \left| (\overline{Y} - \mu) d \right|^2 + \left| Y - \overline{Y} d \right|^2$$

図 E-2 母集団と標本

したがって，この両辺の期待値を求めると，

$$n\sigma^2 = \sigma^2 + (n-1)\sigma^2$$

という恒等式になるのである。

さて，$|\boldsymbol{d}|^2 = n$ なので，右辺の第1項についての式を変形すると $E[(\overline{Y}-\mu)^2] = \sigma^2/n$ となるが，これは標本平均の分散（標準誤差）が σ^2/n であることを示している。つまり，標本平均の分散は，$n \to \infty$ で0になる。これが，$n \to \infty$ において $\overline{Y} \to \mu$ になるという「**大数の法則 (the law of large number)**」に他ならない。また，

$$\hat{\sigma}^2 = \frac{1}{n-1}|\boldsymbol{Y} - \overline{Y}\boldsymbol{d}|^2$$

と定義すると，右辺第2項より，$E(\hat{\sigma}^2) = \sigma^2$ であることになり，いわゆる不偏分散が母分散の不偏推定量であることが示されることになる。このように，「大数の法則」と不偏分散は，3平方の定理によって密接に結びついているのである。

上の議論から，$n \to \infty$ においては $n^{1/2}(\overline{Y}-\mu) \sim \sigma$，$|\boldsymbol{Y}-\overline{Y}\boldsymbol{d}| \sim (n-1)^{1/2}\sigma$，$|\boldsymbol{Y}-\mu\boldsymbol{d}| \sim n^{1/2}\sigma$ とみなしてよいことがわかった。そこで，$Z_n = n^{1/2}(\overline{Y}-\mu)$ と表記し，$\mu\boldsymbol{d}$ の終点から距離 t の所に標本ベクトルの終点が来る確率密度を $f(t)$ と表記すると，$n \to \infty$ においては，

$$f(Z_n) \cdot f\left([n-1]^{\frac{1}{2}}Z_n\right) = f\left(n^{\frac{1}{2}}Z_n\right) \cdot f(0)$$

という関係式が成立する。両辺は，Y が与えられる確率を，2とおりの仕方で表したものだからである。ちょっとテクニカルだが，わかりやすいように $f(Z_n)/f(0) = g(Z_n^2)$ と書き直すと，

$$g(Z_n^2) \cdot g([n-1]Z_n^2) = g(nZ_n^2)$$

と変形される。これは指数関数の性質そのものを示しているので，

$$g(Z_n^2) \sim \exp(kZ_n^2)$$

であることになる。ただし，k は条件によって決まる定数である。この関数形の確率密度は，正規分布に他ならない。Z_n の期待値が0であり，分散が σ^2 になることと，確率密度を全領域にわたって積分すると1になるという条件を与えれば，結局のところ，Y の期待値が μ であり，母分散が σ^2 である場合には，その分布によらず，n が大きくなると，$n^{1/2}(\overline{Y}-\mu)/\sigma$ は $N(0,1)$ に従うことになるのである。これが「**中心極限定理 (central limit theorem)**」に他ならない。

4. 一般線形モデルの基礎

ここからは，議論を単純にするために，Y の期待値を0，Y の母分散を σ^2 とする。今，このような Y に対して n 回の独立な観測を行い，標本ベクトル $\boldsymbol{Y} = (Y_1, Y_2, \cdots, Y_n)'$ を得たとする。

このとき，図 E-3 のように，任意の定数ベクトル $C = (C_1, C_2, \cdots, C_n)'$ に対して，Y の C への正射影ベクトル P を考える。

Y と C のなす角度を θ とすると，$|P| = |Y|\cos\theta$ であり，$C \cdot Y = |C||Y|\cos\theta$ であるから，

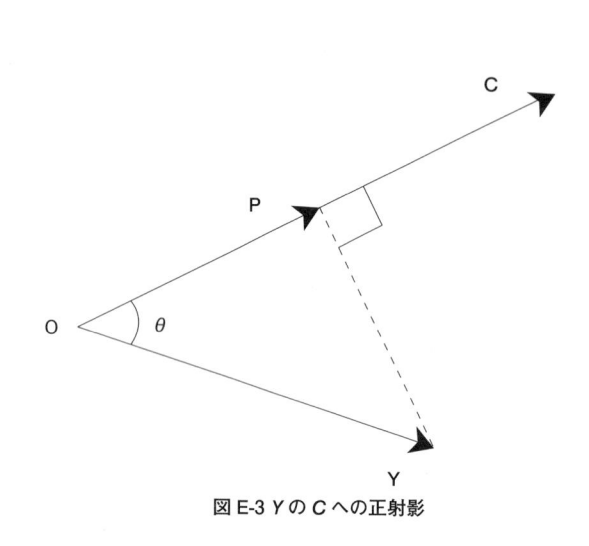

$$|P| = \frac{C \cdot Y}{|C|} = \frac{\sum_{i=1}^{n} C_i Y_i}{\left(\sum_{i=1}^{n} C_i^2\right)^{\frac{1}{2}}}$$

となる。$E(Y_i) = 0$，$\text{Var}(Y_i) = \sigma^2$ であるから，$E(|P|) = 0$，$\text{Var}(|P|) = \sigma^2$ となる。C が任意であることに注目して欲しい。Y の期待値が 0，Y の母分散が σ^2 であれば，観測数 n とは無関係に，また定数ベクトル C とも無関係に，C への正射影 $|P|$ の期待値は 0，$|P|$ の母分散は σ^2 となるのである。先程まで対角軸ベクトル d について述べてきたことは，この特殊なケースであったことになる。

図 E-3 Y の C への正射影

さて，Y の母集団に対してさらに条件を追加し，$Y \sim N(0, \sigma^2)$ とすると，正規分布に従う変数の線形結合はやはり正規分布に従うため，$|P| \sim N(0, \sigma^2)$ となる。また，$Z \sim N(0, 1)$ であるとき，Z^2 が従う分布を「自由度 1 のカイ 2 乗分布（$\chi_{(1)}$）」と呼ぶ。したがって，$|P|^2/\sigma^2 \sim \chi_{(1)}$ である。さらに，カイ 2 乗分布には**加法性（additivity）**と呼ばれる重要な性質があり，$X_1, \cdots, X_p$ が互いに独立でそれぞれ自由度 $n_1, \cdots, n_p$ のカイ 2 乗分布に従う場合，$X_1 + \cdots + X_p$ は自由度 $n_1 + \cdots + n_p$ のカイ 2 乗分布に従うのである。そこで，これまでは定数ベクトルへの正射影について考えてきたのであるが，続いて 2 次元平面への正射影について考えてみよう。今，図 E-4 のように，互いに直交するベクトル U_1 と U_2 によって張られる平面 S への Y の正射影を考える。Y の平面 S への正射影ベクトルを $P = U_1 + U_2$ とする。$U_1 \perp U_2$ の場合には，$|U_1|$ も $|U_2|$ も P の正射影になるので，$|U_1|^2/\sigma^2 \sim \chi_{(1)}$ であり，$|U_2|^2/\sigma^2 \sim \chi_{(1)}$ である。ところが，$|P|^2 = |U_1|^2 + |U_2|^2$ であるから，カイ 2 乗分布の加法性により，$|P|^2/\sigma^2 \sim \chi_{(2)}$ となるのである。つまり，2 次元平面への Y の正射影の長さの平方を σ^2 で除したものは，自由度 2 のカイ 2 乗分布に従うことになる。一般に，1 番最初の定数ベクトルへの正射影も含めて，p 次元超平面への Y の正射影の長さの平方和を σ^2 で除したものは，自由度 p のカイ 2 乗分布 $\chi_{(p)}$ に従うことになる。

ところで，またまた 3 平方の定理なのであるが，誤差ベクトルを $Y - P = e$ と表記すると

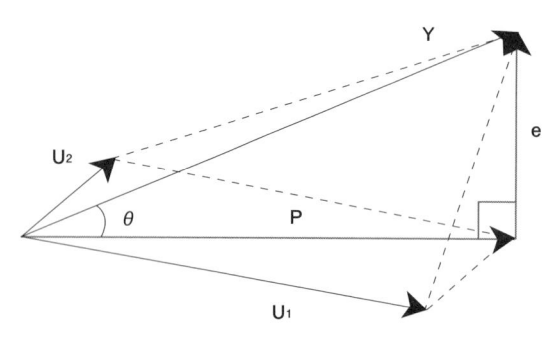

$$|Y|^2 = |P|^2 + |e|^2$$

図 E-4 Y の平面への正射影

である。$|Y|^2/\sigma^2 \sim \chi_{(n)}$ であり $|P|^2/\sigma^2 \sim \chi_{(2)}$ であるから，再びカイ2乗分布の加法性により，$|e|^2/\sigma^2 \sim \chi_{(n-2)}$ とならねばならない。そこで，それぞれの平方和をそれぞれの自由度で除して平均平方を求めてその比を取ると，すなわちモデルの効果の分散推定値と誤差の分散推定値の比を取ると，分散分析でお馴染みの F 値が求められる。わざわざ比を取るのは，未知数である σ^2 を消去するためである。この F 値の従う分布が自由度 $(2, n-2)$ の F 分布に他ならない[2]。

$$F = \frac{|P|^2/2}{|Y-P|^2/(n-2)}$$

以上が，一般線形モデルの基礎となる考え方である。単回帰分析では，予測変数の標本ベクトルを図 E-3 の C と考えればよい。Y と C をそれぞれ $|Y|$ および $|C|$ で除して正規化しておけば，回帰係数 β は $\cos\theta$ になる。$\cos\theta$ は，Y と C の相関係数である。1元配置分散分析では，それぞれの水準を表すベクトルが U_1, U_2 方向のベクトルになる。ただし，Σ制約のため，データがアンバランスな場合には，全体平均などのより上位の統計量を扱うためにタイプⅢ平方和が必要になる。重回帰分析では，U_1, U_2 が2つの予測変数の標本ベクトルになる。ただし，重回帰分析の場合には，通常 $U_1 \perp U_2$ ではないため，タイプⅠ平方和とタイプⅡ平方和を区別する必要が生じる。極端な場合，U_1 と U_2 が重なってしまうと，予測平面が決定できなくなる。これが多重共線性の問題である。共分散分析では，Y が全体平均からの偏差ベクトルではなく，各群平均からの偏差ベクトルになる。つまり，1元配置分散分析を実行した場合の誤差ベクトルが共分散分析の Y になるのである。そして，この Y に関して単回帰分析を行うことになる。この意味において，共分散分析は一種の残差分析であると考えることもできるだろう。また一般に，予測ベクトルと応答変数の標本ベクトルの長さの平方の比，すなわち $|P|^2/|Y|^2$ の比が R^2 に他ならない。R^2 は，Y と P のなす角度を θ とすると，$\cos^2\theta$ に相当するため，応答変数と予測値の間の相関係数の平方になる。などなど，それぞれの分析方法において少しずつ調整が必要ではあるが，以上述べた考え方が一般線形モデルの基礎となるのである。すなわち，予測変数の標本ベクトルによって決定される予測超平面へ，応答変数の標本ベクトルから垂線を下せば，その足によって予測ベクトルが決定される。これが最小2乗法である。そして，予測ベクトルの長さの平方である「モデルの平方和」を σ^2 で除したものは，予測超平面の次元数を自由度とするカイ2乗分布に従う。垂線ベクトルの長さの平方である「誤差の平方和」を σ^2 で除したものは，残りの自由度のカイ2乗分布になる。これらの平方和をそれぞれの自由度で除し，平均平方の比を取って F 検定するのが一般線形モデルなのである。予測変数の値によって応答変数の値を予測するという考え方は回帰分析の考え方であるが，検定の仕方は分散分析に他ならない。この意味において，すべての一般線形モデルは，スーパー・ウルトラ・ワンパターンである。

なお，図 E-2 の場合に F 値の平方根をとると，以下のような t になる。つまり，分子の自由度が1の場合，F 値の平方根は t 分布に従う t 値になる。F 分布は分子の自由度を任意とする

---

[2] 通常の分散分析では，Y の期待値を0にするために Y を標本平均からの偏差ベクトルとする必要があり，図 E-2 で示したように，Y の自由度は $n-1$ になる。したがって，水準数が p の要因による1元配置分散分析の場合，F 値の自由度は $(p, n-p-1)$ となる。

ことによって，t 分布を一般化したものに他ならない。

$$t = \frac{n^{\frac{1}{2}}|\overline{Y} - \mu|}{\hat{\sigma}}$$

最後に，タイプⅠ平方和とタイプⅡ平方和の違いを幾何学的に確認しておこう。図 E-5 は，図 E-4 の U_1 と U_2 が直交していない場合を図示したものである。

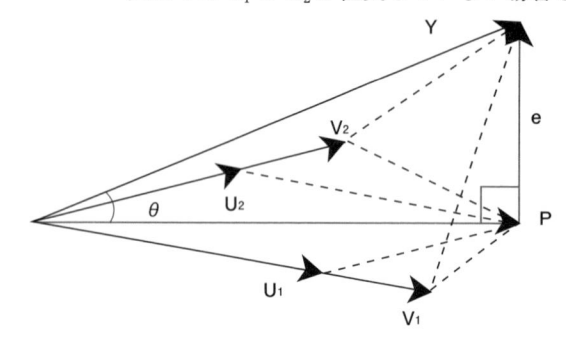

図 E-5 予測標本ベクトルが直交していない場合

Y の予測ベクトルは，U_1 と U_2 で決定される予測平面へ Y から降ろした垂線によって決定される P であり，モデル全体の効果の平方和は $|P|^2$ になる。しかし，今回は U_1 と U_2 が直交していないため，$P = U_1 + U_2$ ではあっても，$|P|^2 = |U_1|^2 + |U_2|^2$ とはならない。P の先端から U_1 へ垂線を下して決定されるベクトルを V_1 とすると，$|V_1|^2 + |P - V_1|^2 = |P|^2$ となる。同様に，$|V_2|^2 + |P - V_2|^2 = |P|^2$ である。ところで，$(Y - V_1) \perp V_1$ であるから，$|V_1|^2$ は Y を U_1 で単回帰分析した場合のモデルの平方和であり，U_1 を最初に，続いて U_2 を予測変数とする重回帰分析を行った場合の，U_1 のタイプⅠ平方和になる。続いて U_2 を予測変数に追加すると予測ベクトルは P になるのであるから，$|P - V_1|^2$ がこの場合における U_2 のタイプⅠ平方和になる。予測変数をモデルに追加する順序を入れ替えると，最初に U_2 で単回帰分析することになるため，$|V_2|^2$ が U_2 のタイプⅠ平方和になる。続いて U_1 を予測変数に追加すると $|P - V_2|^2$ だけ予測ベクトルの平方和が増加するため，$|P - V_2|^2$ が U_1 のこの場合のタイプⅠ平方和になる。U_1 の平方和についてまとめると，最初に U_1 を予測変数とする場合のタイプⅠ平方和は $|V_1|^2$ であり，後から U_1 を予測変数とする場合のタイプⅠ平方和は $|P - V_2|^2$ になる。U_1 と U_2 が直交している場合には，これらの値は等しくなる。そこで，最後にモデルに投入した場合に増加する予測ベクトルの平方和をタイプⅡ平方和とすると，U_1 のタイプⅡ平方和は常に $|P - V_2|^2$ であり，U_2 のタイプⅡ平方和は常に $|P - V_1|^2$ であることになる。いずれも，他の予測ベクトルに直交するベクトルの長さの平方になっている。言い換えれば，U_1 のタイプⅡ平方和は，予測ベクトル P を応答変数の標本ベクトルと考え，U_2 で回帰分析した場合の残差の平方和に相当することになる。つまり，P のうち U_2 では表現しきれない成分の平方和ということである。予測変数が 3 つ以上になっても，考え方は同じである。U_1 のタイプⅡ平方和は，P を U_1 以外の予測変数で重回帰した場合の残差の平方和に等しくなる。興味のある方は，統計ソフトを利用して確認されると面白いかもしれない。タイプⅡ平方和の場合，すべての予測変数の平方和を加えてもモデルの平方和 $|P|^2$ にはならない。

参考文献

本書を執筆するにあたり，参考にさせていただいた文献を紹介しておく．特に印象に残った本の個人的なリストなので，必ずしも関連文献を網羅しているわけではない．お役に立てれば幸いである．

辞典・辞書
1. 日本数学会編集（1969）『数学辞典』 第2版，岩波書店.
   何はともあれ，何かと役に立つ辞典．
2. 竹内 啓 他（1989）『統計学辞典』，東洋経済新報社.
   日本語で書かれた統計学全般についての辞典としては，最も定評のあるもの．古書でしか入手できない．

啓蒙書
1. 大村 平（2005）『統計のはなし』，日科技連出版社.
   初版は1969年．平易な語り口だが，しっかりした内容．
2. 大村 平（2005）『多変量解析のはなし』，日科技連出版社.
   初版は1985年．前掲書の姉妹本．
3. 豊田秀樹・前田忠彦・柳井晴夫（2005）『原因をさぐる統計学』，ブルーバックスB-926.
   初版は1992年．共分散構造分析の優れた入門書．
4. 豊田秀樹（2008）『違いを見ぬく統計学』，ブルーバックスB-1013, 講談社.
   初版は1994年．変量効果の意味を学ぶのに，とても有益．
5. Salsburg, D., (2001) *The Lady Tasting Tea*, Holt. （邦訳 竹内恵行, 熊谷悦生, (2006)『統計学を拓いた異才たち』, 日本経済新聞出版社）
   数式なしでピアソン以降の統計学の歴史がわかる．エピソードの宝庫．

統計学の歴史
1. Todhunter, I., (1865) *A history of the mathematical theory of probability: from the time of Pascal to that of Laplace*, Bibliolife. （邦訳 安藤洋美, (1975)『確率論史』, 現代数学社.）
   ラプラスまでだが，貴重な確率論の歴史書．夏目漱石にも登場するらしい．
2. Hald, A., (2007) *A History of Parametric Statistical Inference from Bernoulli to Fisher, 1713-1935*, Springer.
   薄い本だが，内容はとても豊か．ベルヌーイからフィッシャーまでの正確な文献紹介と，きちんとした説明がなされている．

統計学全般
1. DeGroot, M. H., & Schervish, M. J. (2002) *Probability and Statistics*, 3rd ed., Addison Wesley.
   理系の高校3年生レベルの話から始めて，一般線形モデルあたりまでの優れた教科書．きちんとした説明を知りたくて悶々としていた頃，初めて疑問に答えてくれた思い出深い本．
2. Hogg, R. V., McKean, J. W., &Craig, A. T. (2005) *Introduction to Mathematical Statistics*, 6th ed., Pearson Education.
   前掲書と人気を二分する数理統計学の名著．前掲書が漸進的に記述されているのに対して，本書は〔定理〕〔系〕といった仕方で，体系的に記述されている．
3. Sokal, R. R., &Rohlf, F. J. (1995) *Biometry*, 3rd ed., W. H. Freeman and Company.
   少し古典的になったが，さまざまな具体的分析方法についての確かな教科書．原理的な証明はないが，確かな情報を得ることができる．
4. Grafen, A., & Hails, R. (2002) *Modern Statistics for the Life Sciences*, Oxford. （邦訳 野間口謙太郎・野間口眞太郎, (2007)『生物科学のための現代統計学』, 共立出版）
   一般線形モデルに基づいた，現代的統計学の教科書．オックスフォード大学では，この教科書が使われているらしい．

5. Welkowitz, J., Cohen, B. H., & Ewen, R. B. (2006) *Introductory Statistics for the Behavioral Sciences*, John Wiley & Sons.
   「効果の大きさ（Effect Size）」についての説明がある。説明方法の新しさが新鮮。
6. 伏見康治, (1958)『確率論および統計論』, 現代工学社.
   歴史的名著。現代の説明とは少し異なっている部分もあるが，かえってとても新鮮に感じられる。
7. 小針晛宏, (1973)『確率・統計入門』, 岩波書店.
   歴史的名著。独特の語りかける文体は，抱腹絶倒。これほど楽しくしっかり統計の勉強ができる教科書は他にない。
8. 南風原朝和 (2007)『心理統計学の基礎』, 有斐閣アルマ.
   現代統計学の入門書として，とても優れた日本の教科書。新しい試みが新鮮。
9. 森　敏昭・吉田寿夫 (2001)『心理学のためのデータ解析テクニカルブック』, 北大路書房.
   初版は 1990 年。少し古典的になったが，心理学でよく利用される分析方法についての，きちんとした教科書。原理的な説明はない。

個別分野の参考書
1. Singer, J. D., & Willett, J. B. (2003) *Applied Longitudinal Data Analysis*, Oxford.
   マルチレベル・モデル（ランダム係数モデル）の理解のためには，一押しの名著。非常によく分かる。またこの本のサイトには，本文中で扱われたデータや SPSS, SAS のコードまでアップロードされており，至れり尽くせりである。
2. Ramon Littell, C. et al. (2006) *SAS for Mixed Models*, 2nd ed., SAS.
   SAS 用のドキュメントだが，混合モデルについての最も網羅的でしっかりした参考書の 1 つと思われる。
3. Searle, S. R. et al. (1992) *Variance Components*, Wiley.
   変量効果について，きちんと数式で理解したい人向けの参考書。
4. Searle, S. R. (1997) *Linear Models for Unbalanced Data*, Wiley.
   データがアンバランスな場合の一般線形モデルについて，きちんと数式で理解したい人向けの参考書。
5. Aiken, L. S., & West, S. G. (1991) *Multiple Regression: Testing and Interpreting Interactions*, Sage.
   交互作用のある重回帰分析についての丁寧な解説書。
6. Harville, D. A. (2008) *Matrix Algebra from a Statistician's Perspective*, Springer.
   統計学で使われる線形代数の教科書。一般化逆行列など，統計学で必要な行列演算についてはほぼ網羅されている。
7. Mulaik, S. A. (2010) *Foundations of Factor Analysis*, Chapman & Hall/CRC, Taylor & Francis Group.
   因子分析についての最も詳細な参考書。
8. Tabachnick, B. G., & Fidell, L. S. (2007) *Using Multivariate Statistics*, 5th ed., Pearson Education.
   多くの実例を扱った多変量分析の実用書。実際的な分析方法がよく分かる。
9. 田中　豊・脇本和昌 (1983)『多変量統計解析法』, 現代数学社.
   少し古くなったが，基本的なところからきちんと解説された多変量分析の名著。
10. 君山由良 (2006)『多変量回帰分析・正準相関分析・多変量分散分析』, 統計解説書シリーズA-16, データ分析研究所.
    印刷は読みにくいが，ベクトルを利用した多変量分析の理解にはとても有益。
11. 足立浩平 (2008)『多変量データ解析法』, ナカニシヤ出版.
    数学的なフォローはまったくないが，多変量分析の考え方がよく分かる良い教科書。
12. 佐々木義之 (2007)『変量効果の推定と BLUP 法』, 京都大学学術出版会.
    農学を専門とする人向けの，変量効果についての専門書。筆者自身が参加した BLUP 法誕生にまつわる歴史的な経緯などが詳しく，読み物として楽しむこともできる。

索　引

【数字・アルファベット】
1 元配置分散分析（one way layout ANOVA）　8
2 元配置分散分析（two way layout ANOVA）　16
−2 対数尤度（-2 log-likelihood）　43
AIC（Akaike's information criterion）　43
ANOVA（analysis of variance）　5
ANCOVA（analysis of covariance）　5
BIC（Bayesian information criterion）　43
EMS 法（estimated mean square method）　41
η^2（eta squared）　12
F 検定（F-test）　8, 165
F 分布（F distribution）　165
R^2 統計量（R squared statistics）　7, 165
SAS（Statistical Analysis System）　4, 122
Σ 制約モデル（model with Σ restriction）　9
Shapiro-Wilk 検定（Shapiro-Wilk test）　14
SPSS（Statistical Package for the Social Sciences）　4, 100
t 検定（t-test）　8
t 分布（t distribution）　165, 166
Tukey の HSD 検定（Tukey's honestly significant difference test）　12

【あ】
あてはめる（fit）　7
アンバランスなデータ（unbalanced data）　13, 16
逸脱度（deviance）　43
一般化線形モデル（generalized linear model）　6
一般線形モデル（general linear model; GLM）　5, 160
横断データ（cross-sectional data）　1
応答変数（response）　1, 34, 42

【か】
回帰係数（regression coefficient）　20
回帰直線（regression line）　20
階層線形モデル（hierarchical linear model）　4, 81
カイ 2 乗分布（chi-square distribution）　164
　　〜の加法性（additivity）　164
確率部分（stochastic part）　6
傾き（slope）　3, 20
観測ベクトル（observation vector）　160
観測数（sample size）　12
期待値（expected value）　6, 162
級内相関係数（intra-class correlation coefficient）　42, 60
共分散行列（matrix of covariance）　48, 60, 85
共分散分析（analysis of covariance; ANCOVA）　6, 34, 37
継時データ（longitudinal data）　2, 46, 67

欠損（missing）　2
効果（effect）　7
効果の大きさ（effect size）　12
交互効果（interaction effect）　18, 28, 37
高次多項式回帰分析（polynomial regression analysis）　30
構造部分（structural part）　6
誤差（error）　3, 6, 41, 165
個体（subject）　3, 46
個体成長モデル（individual growth model）　4, 81
固定効果（fixed effect）　3, 40, 41
混合共分散分析（Mixed ANCOVA）　65
混合分散分析（Mixed ANOVA）　65
混合モデル（mixed model; MIXED）　3, 40, 42

【さ】
最小 2 乗平均（least square mean）　12, 161
最小 2 乗法（method of least square）　6, 161
最尤法（maximum likelihood; ML）　4, 7, 43
最良線形不偏推定量（best linear unbiased estimator; BLUE）　7
最良線形不偏予測量（best linear unbiased predictor; BLUP）　43
雑音解析（noise analysis）　68
残差（residual）　5, 14
算術平均（arithmetic mean）　12
散布図（scatter diagram）　1, 14, 160
事後検定（posthoc test）　12
自由度（degree of freedom）　162
自由度調整 R^2（adjusted R squared）　12
重回帰分析（multiple regression analysis）　21
周辺平均（marginal mean）　18
主効果（principal effect）　18, 51
主成分分析（principal component analysis）　6, 22
処置（treatment）　53
水準（level）　3, 40
ステップワイズ法（step-wise method）　27
正規分位点プロット（normal quantile plots）　14
正規分布（normal distribution）　14, 163
正規性（normality）　6
制限最尤法（restricted maximum likelihood; REML）　4, 41, 43
接線（tangent）　32
切片（intercept）　20
セル（cell）　16, 17
線形（linear）　6
相関（correlation）　82
相関係数行列（matrix of correlation coefficient）　19, 21

【た】

対角行列（diagonal matrix） *118, 141*
対数変換（logarithm transformation） *32*
多重共線性（mulicollinearity） *22, 165*
多重比較（multiple comparison） *12*
単回帰分析（simple regression analysis） *19*
単純勾配（simple slope） *23, 30*
中心化（centering） *21*
調和平均（harmonic mean） *13*
適合度（goodness of fit） *7*
データセット（data set） *4, 8, 66, 160*
データテーブル（data table） *66*
等分散性（homoscedasticity） *6*
特質（feature） *53*
独立性（independence） *6*

【な】

夏休み効果（summer vacation effect） *50, 91*
ネストした分散分析（nested ANOVA） *14*

【は】

パラメータ（parameter） *3, 5, 6, 41*
バランスのとれたデータ（balanced data） *12*
反復測定混合分散分析（repeated measures mixed ANOVA） *56*
反復測定分散分析（repeated measures ANOVA） *46, 51*
ヒストグラム（histogram） *14, 15*
標準誤差（standard error） *8, 163*
標準偏回帰係数（standard partial regression coefficient） *27*
標準偏差（standard deviation） *20*
標本ベクトル（sample vector） *160*
標本平均（sample mean） *9, 161*
複合対称（compound symmetry） *60*
負の分散成分（negative variance component） *42*
不偏分散（unbiased variance） *163*

分散成分（variance component） *41*
分散説明率（proportion of variance accounted for） *7*
分散分析（analysis of variance; ANOVA） *6, 42*
分類学（taxonomy） *48*
平均への収縮（shrunk towards 0） *42*
平方和（sum of squares） *8, 161*
　タイプI——（type I sum of squares） *23, 24, 25, 166*
　タイプII——（type II sum of squares） *23, 24, 25, 166*
　タイプIII——（type III sum of squares） *16, 25*
偏η^2（partial eta squared） *16*
変化（change） *1*
偏回帰係数（partial regression coefficient） *22*
変量効果（random effect） *3, 41*
母集団（population） *3, 41*

【ま】

マルチレベルモデル（multilevel model） *4, 81*
無構造（unstructured） *61, 62, 86, 87*
名義尺度（nominal scale） *6, 8, 9*
モデル（model） *7*
モーメント法（moment method） *41* → EMS法

【や】

尤度（likelihood） *42*
要因（factor） *5*
予測変数（predictor） *5, 6*

【ら】

ランダム係数モデル（random coefficient model） *4, 81*
類型学（typology） *48*
連続尺度（continuous scale） *6, 8*

著者紹介

安藤正人（あんどう　まさと）

川崎医療福祉大学名誉教授

主要著書　デカルトにおける意志と情念，『現代デカルト論集 III』233-248（勁草書房，1996 年）
情念の分析と道徳『デカルト読本』118-127（法政大学出版局，1998 年）
心理臨床にかかわる倫理的問題，『臨床心理学キーワーズ』151-158（ナカニシヤ出版，2004 年）
［翻訳］光についての論考，科学の名著 II-10『ホイヘンス』195-360（朝日出版社，1989 年）
［翻訳］ガロアへの手紙『ライプニッツ著作集 II』98-120（工作舎，1997 年）

マルチレベルモデル入門
実習：継時データ分析

2011 年　9 月 30 日　初版第 1 刷発行
2023 年 12 月 25 日　初版第 4 刷発行

著　者　　安藤正人
発行者　　中西健夫
発行所　　株式会社ナカニシヤ出版
〒606-8161　京都市左京区一乗寺木ノ本町 15 番地
Telephone　075-723-0111
Facsimile　075-723-0095
Website　http://www.nakanishiya.co.jp/
Email　iihon-ippai@nakanishiya.co.jp
郵便振替　01030-0-13128

装幀＝白沢　正／印刷・製本＝創栄図書印刷
Copyright © 2011 by M. Ando
Printed in Japan.
ISBN978-4-7795-0597-3

本書のコピー，スキャン，デジタル化等の無断複製は著作権法上の例外を除き禁じられています。本書を代行業者等の第三者に依頼してスキャンやデジタル化することはたとえ個人や家庭内での利用であっても著作権法上認められていません。